XUNI DIANCHANG
GUANJIAN JISHU YU SHIJIAN

虚拟电厂
关键技术与实践

主　编　裴愉涛
副主编　张　锋　蒋衍君　杨乘胜
　　　　张　怡　纪　陵　李　洋

U0254173

中国电力出版社
CHINA ELECTRIC POWER PRESS

内 容 提 要

《虚拟电厂关键技术与实践》是一本全面探讨虚拟电厂关键技术与实际应用的专业书籍。本书旨在为电力系统领域的研究者、开发者、运营者和管理者提供深入的理论知识与实践经验。

本书共 10 章，第 1 章介绍了虚拟电厂的起源、发展阶段以及国内外的发展概况和对比；第 2～4 章系统阐述了虚拟电厂的基本概念、系统架构和技术基础等；第 5～9 章详细介绍了虚拟电厂的资源管理、运营管理、市场交易、商业模式和标准体系；第 10 章通过丰富的实践案例分析，展示了虚拟电厂在不同场景下的应用情况和成效。

本书适合电力行业的专业人士、研究人员、工程运维人员、技术开发人员以及对虚拟电厂技术感兴趣的高校师生阅读。

图书在版编目（CIP）数据

虚拟电厂关键技术与实践 / 裘愉涛主编；张锋等副主编. -- 北京：中国电力出版社，2024.8.(2025.5 重印) -- ISBN 978-7-5198-9212-8

Ⅰ. TM62

中国国家版本馆 CIP 数据核字第 2024AU6517 号

出版发行：中国电力出版社

地　　址：北京市东城区北京站西街 19 号（邮政编码 100005）

网　　址：http://www.cepp.sgcc.com.cn

责任编辑：赵　杨　代　旭

责任校对：黄　蓓　常燕昆

装帧设计：张俊霞

责任印制：石　雷

印　　刷：廊坊市文峰档案印务有限公司

版　　次：2024 年 8 月第一版

印　　次：2025 年 5 月北京第二次印刷

开　　本：710 毫米×1000 毫米　16 开本

印　　张：22.75

字　　数：369 千字

定　　价：136.00 元

编　委　会

编 写 组

主　　编　裘愉涛

副主编　张　锋　蒋衍君　杨乘胜　张　怡　纪　陵
　　　　　李　洋

参编人员（按姓氏笔画排序）

王　坤	王　璐	王明祥	王紫东	牛　雷
毛　田	方　敬	方壮志	邓韦斯	左建勋
申　皓	田　元	白　岩	冯佳峰	司　亮
司宇峰	毕于恒	吕　舟	吕星月	朱猛猛
刘　东	刘　航	刘　晨	刘文彪	刘晓欣
齐艳桥	关　立	汤成俊	孙成富	孙英英
杜　杰	李　瑞	李靖霞	杨　桦	杨　鑫
何鑫亮	余　帆	余　洋	汪付星	沃建栋
沈　华	宋　昕	张　松	张　程	张　雷
张征正	张承宇	张秋实	陈子君	陈扬波
陈浩飞	范新凯	罗鸿轩	金坚锋	金骆松
周才期	周江华	郑　涛	郑斯瑞	赵　越
赵文猛	南　豆	钟永洁	侯健生	莫建国
夏　炜	顾元沛	顾晓晔	倪雪婷	徐　瑜
徐明祺	黄光磊	黄军高	曹西安	曹献薇
梁志峰	董时萌	曾繁鹏	谢丽荣	蔡　莹
蔡　菁	蔡振华	樊进禄	戴佳炜	檀庭方

序 言
Foreword

随着我国新型电力系统建设和电力市场改革的进一步深化，虚拟电厂作为"源网荷储一体化"重要载体和推动能源结构转型的重要抓手之一，正逐渐成为电力系统领域的研究热点和实践焦点。虚拟电厂通过聚合传统电网运行模式无法控制调节的各类分布式电源及零散柔性资源，结合能源互联网和电力市场运营等技术，实现对以上资源的高效管理和灵活控制。虚拟电厂可以通过市场化方式为用户资源带来切实的经济收益和提供更多的商业模式，可以通过削峰填谷降低全社会能源系统的投资建设成本，还可以通过增强调节控制能力提高电力系统整体运行效率和安全运行水平。当前，新型电力系统建设如火如荼，虚拟电厂无疑是其中的一个典型代表。可以预见，随着"美丽中国"建设和实现"双碳"目标等国家重大战略决策的持续落地，全国统一电力市场及电网数智赋能赋效加快推进，虚拟电厂将迎来更为良性和更为快速的发展。

当前，国家电网有限公司（简称国家电网公司）、中国南方电网有限责任公司（简称南方电网公司）及各大发电集团先后就虚拟电厂开展重点研究。2023年4月，为服务行业领域标准统一认识和规范引导建设，经国家标准化管理委员会批准，由TC575（全国电力需求侧管理标准化技术委员会）归口管理，国网浙江省电力有限公司（简称国网浙江电力）、国家电网有限公司国家电力调度控制中心、中国南方电网电力调度控制中心、中国电力企业联合会科技服务中心等20家单位参编的国家标准《虚拟电厂管理规范》正式立项启动。在国家标准的编写过程中，编写组就虚拟电厂的基本概念、起源、发展、系统架构、技术基础、资源管理、运营管理、市场交易、商业模式和标准体系等方面进行了较为系统的收集和研读，同时也较为全面地掌握了国内各主流虚拟电厂体系建设发展模式，为本书的编写提供了契机和坚实的基础。

在本书的撰写过程中，以国网浙江电力、国电南京自动化股份有限公司、浙江水利水电学院（排名不分先后）为主编牵头单位，中国南方电网电力调度控制中心、南方电网科学研究院有限责任公司（简称南网科研院）、国网上海市电力公司、国网山西省电力公司、广东电网有限责任公司、南方电网广州供电局有限公司、南方电网深圳供电局有限公司、国网宁波供电公司、国网嘉兴供电公司、国网金华供电公司、广东粤能投资有限公司、华能浙江能源销售有限责任公司、中国华电集团广东分公司、中国华电集团重庆分公司、华电广东能源销售有限公司、华电江苏能源有限公司、浙江浙能能源服务有限公司、广东华电深圳能源有限公司、杭州量安科技有限公司、国网邯郸供电、国电南瑞科技股份有限公司、许继电气股份有限公司、东方电子股份有限公司、朗新科技集团股份有限公司、国能日新科技股份有限公司、林洋储能技术有限公司、山西风行测控股份有限公司、广州海颐软件有限公司、万帮数字能源股份有限公司、合肥原力众合能源科技有限公司等 33 家单位（排名不分先后）联合组成编写组，力求通过本书较为全面地为读者提供有关虚拟电厂的系统知识体系。同时，本书的一大亮点是在编写人员的共同努力下，汇集了国内虚拟电厂发展建设中较为有影响力的各类案例，向读者展现了各类虚拟电厂在不同场景下的应用情况和成效，便于读者深入了解我国不同地区、不同类型虚拟电厂的运营模式和发展方向。这些案例不仅反映了我国虚拟电厂从理论到实践不断探索和应用的成果，更可以为未来虚拟电厂进一步发展提供辅助参考和有益借鉴。

本书收集和整理了国内外虚拟电厂相关的研究成果和实践经验，内容丰富、结构清晰、理论和实践相结合。希望通过本书能够为从事虚拟电厂研究、开发、运营和管理的人员提供有益的参考和指导，同时也可成为相关领域学者和学生全面且深入学习虚拟电厂的参考书籍。虚拟电厂的发展和应用是一个不断探索和实践的过程，需要各方面的共同努力和合作。相信在各方的共同努力下，虚拟电厂一定能够发挥出更大的潜力和价值，为电力系统的高效、绿色、可持续发展做出积极贡献。

最后，感谢所有参与本书撰写和编辑人员的辛勤工作和付出，也感谢所有关注和支持虚拟电厂发展的同行和专家。后续，期待与广大读者一起，进一步加强沟通协作，共同推动虚拟电厂的持续研究与发展，奋力谱写新时代能源高质量发展新篇章。

2024 年 2 月

前言
Preface

在 21 世纪的能源领域，虚拟电厂作为新兴的技术模式，正逐渐成为电力系统转型的关键。虚拟电厂的产生背景是电力市场化改革和能源结构转型的需求，其发展历程标志着电力系统从传统向现代、从集中向分布的转变。目前，虚拟电厂已成为电力系统高效、绿色、可持续发展的重要推动力。

本书旨在系统性地收集和研读虚拟电厂的相关知识，为行业发展提供理论支持和实践指导。编写过程中，编写人员采用了深入研究、广泛讨论和案例分析的方法，本书的资料来源包括国内外的研究成果、行业报告、新闻报道和项目实践成果。

本书共 10 章，第 1 章介绍了虚拟电厂的起源、发展阶段以及国内外的发展概况和对比；第 2～4 章系统阐述了虚拟电厂的基本概念、系统架构和技术基础等；第 5～9 章详细介绍了虚拟电厂的资源管理、运营管理、市场交易、商业模式和标准体系；第 10 章通过丰富的实践案例分析，展示了虚拟电厂在不同场景下的应用情况和成效。

本书内容围绕虚拟电厂的关键技术与实践展开，特点在于理论与实践相结合，内容丰富、结构清晰。书中不仅包含了虚拟电厂的基础理论，还汇集了国内虚拟电厂发展建设中较为有影响力的案例，为读者提供了宝贵的参考。

本书的结构按照从基础到应用、从理论到实践的方式编排，写作风格力求严谨而不失通俗，旨在为读者提供一本既专业又易于理解的参考书籍。建议读者按照章节顺序阅读，以获得系统性的知识结构。

在本书的编写过程中，得到了来自行业内外众多专家和同行的支持与帮助，在此表示衷心的感谢。同时，由于虚拟电厂技术发展迅速，书中如有不足之处，恳请读者批评指正。

编　者

2024 年 2 月

目　录
Contents

序言

前言

1 虚拟电厂起源与发展

1.1 虚拟电厂起源阶段

"虚拟电厂（virtual power plant，VPP）"这一术语最早是由阿韦布赫博士于 1997 年在其著作《虚拟电厂：新兴产业的描述、技术及竞争力》中提出的，书中对虚拟电厂的定义为：虚拟电厂（或译为虚拟公共设施）是独立且以市场为驱动的实体之间的一种灵活合作，这些实体不必拥有相应的资产而能够为消费者提供其所需要的高效电能服务。虚拟电厂的提出已有 20 余年，21 世纪初在德国、英国、法国、荷兰等欧洲国家兴起，并已拥有多个成熟的示范项目，欧洲和北美对虚拟电厂的研究侧重点不同。欧洲已有的虚拟电厂项目，如欧盟虚拟燃料电池电厂（virtual fuel cell power plant，VFCPP）项目、荷兰基于功率匹配器的虚拟电厂项目、德国专业型虚拟电厂（professional VPP）项目及欧盟"灵活调整电网结构以适应预期变化"项目主要是实现分布式电源（distributed generator，DG）可靠并网和电力市场运营，DG 是虚拟电厂的主要考虑成分。而美国的虚拟电厂主要是基于需求响应计划发展而来，可控负荷占据主要成分。近几年，中国的虚拟电厂发展也受到越来越多的关注和重视，已在目前邀约阶段开展了一定程度的示范实践。

目前，中国电力系统的发电形式主要是以火力发电为主，水电、风电、光伏发电、核电等发电形式作为补充。传统电力能源生态系统和虚拟电厂能源生态系统示意图如图 1-1-1 所示，传统电力能源生态系统总体上围绕电力的生产和消耗，大体上可分为发电侧、输配侧、用电侧，传统电力能源生态系统发电、输电、变电、配电、用电界限较为清晰，生产者与消费者关系也是相对明确，能源系统为典型的"源随荷动"运行模式。相对于传统电力能源生态系统，虚拟电厂的能源生态系统出现了明显变化，发电、输电、配电、用电界限相互交

1

叉，生产者与消费者的角色同时兼有，根据需求可以改变角色身份特征，运行方式特征为"源荷互动"。虚拟电厂系统和服务平台将发电、输电、配电、用电聚合在一起，内部的每一部分都是一个小能源系统，虚拟电厂丰富了智能电网的内涵，也扩展了智能电网的外延，为保证安全、可靠、优质、高效的电力供应，满足经济社会发展对电力的多样化需求，解决能源与环保问题提供了可行的解决方案。电网对运行安全有着严格要求，而电网安全的首要目标就是保证发电、用电的实时平衡，需要发电侧的不断调节去拟合负荷曲线。但是，新能源发电严重依赖于光照强度、风力强度等自然资源，具有随机性、间歇性和波动性的特点，对负荷的支撑能力不足。若其能够实现规模化应用，直接并入电网发电，将会对电网造成巨大冲击，威胁电力系统安全及供电的稳定性。另外，由于小型新能源发电设施、储能设施、可控制用电设备、电动汽车等分布式电源持续发展普及，在用电侧，很多电力用户也从单一的消费者转变为混合形态的产销者，并且各类激增的大功率用电设备，如充电桩的大面积推广，也让电网供应尖峰负荷时压力倍增，显然不能任由其尖峰负荷一哄而上。因而，面对新的发用电势态，虚拟电厂应运而生，为电力能源的安全高效利用开辟了一条新的路径。

传统电力能源生态系统：发电、输电、变电、配电、用电界限清晰；源随荷动；生产者、消费者关系明确。

虚拟电厂能源生态系统：发电、输电、配电、用电界限交叉；源荷互动；生产者、消费者关系兼具。

图1-1-1 传统电力能源生态系统和虚拟电厂能源生态系统示意图

随着分布式能源发电技术的逐步成熟与推广，越来越多的分布式能源被广泛应用于电力系统用户侧，作为配电网中不可或缺的清洁能源，分布式能源的加入既能有效降低用户侧的碳排放水平，又能缓解电力供需间的不平衡现象。另外，如何实现源网荷储电力电量平衡、储能管理、策略运营和优化协调运行等功能成为未来价值投资的关键技术，而虚拟电厂作为分布式能源管理的重要技术手段在学术界与工业界都得到了广泛的研究和应用，其以技术可行、经济合理、互利共赢的模式实现低碳、经济转型，助力实现可持续发展、推动"双碳"目标实施。但随着"双碳"战略的推进，电网发展面临着以下新的机遇和挑战：

（1）多样化分布式灵活性资源的大量接入。随着新型电力系统建设的推进，超大城市电网分布式电源、用户侧储能及可控负荷等灵活性资源呈现出数量规模庞大、资源种类多样、单点容量小、地理位置分散等特征。这些海量分布式资源难以通过传统集中调度的方式进行调控，无法充分发挥其灵活性潜能；同时，灵活性资源的不确定性、随机波动性等特性可能会对电网的安全可靠运行造成不可忽视的影响，如何向下管理海量分布式资源是超大城市电网发展面临的重要挑战。

（2）电网日益增长的安全稳定性要求。随着经济社会的不断发展，超大城市电网的用电量与用电质量需求不断攀升，传统城市电网运行模式面临严峻挑战。以深圳为例，2021 年最高负荷比 2020 年提高 6.5%，电网面临一定程度的调峰、调压困难和阻塞问题。如何适应日益增长的城市用电需求，同时推动超大城市的绿色、低碳化发展，是超大城市电网发展面临的另一个重要挑战。

（3）区域统一电力市场的快速发展。构建更大范围的电力市场是电力市场化改革的趋势，目前区域电力市场建设已取得重要进展，但超大城市中的海量分布式灵活性资源仍然缺乏参与区域统一电力市场的有效途径和相关机制，利润空间受限，缺少支撑灵活资源持续参与电网调节的商业模式。如何抓住这一重要机遇，向上形成与区域统一电力市场的互动机制，是超大城市电网发展有待解决的重要问题。

虚拟电厂可通过聚合、协调用户侧海量分布式灵活资源参与电网运行，极大提升电力系统运行的安全性、可靠性、经济性和灵活性，同时协助分布式资源参与多品种电力市场交易。然而，虚拟电厂参与区域级电力市场仍面临诸多挑战。首先，分布式资源的异质响应特性和点多面广的地理分布特性增加了资源聚合难度，进一步使得虚拟电厂整体灵活响应能力难以量化；其次，虚拟电厂在电力系统运行层面可为电网提供调峰、调频、调压、备用、阻塞消除等辅助服务，在市场交易层面获取收益，而不同层次、不同品类市场间交互机理复杂，运行规则多样，造成虚拟电厂参与区域统一电力市场面临很大的困难和挑战；最后，超大城市虚拟电厂对资源调度和精准响应要求高，构建区域多元市场环境下虚拟电厂参与多品种市场交易的技术支撑平台是建设超大城市虚拟电厂必须攻克的技术难题。因此，亟待开展虚拟电厂关键技术研究攻关，破解虚拟电厂发展与建设中的一系列难题。

1.2 虚拟电厂发展阶段

依据外围条件的差异和市场发展规律，虚拟电厂的发展阶段通常可分为邀约型阶段、市场型阶段、自主调度型阶段。

1. 邀约型阶段

第一个阶段是邀约型阶段。在没有电力市场的情况下，由政府部门或调度机构牵头组织，通过政府部门或电力调度机构发出邀约信号，各个聚合商、虚拟电厂参与组织资源以可控负荷为主进行响应，共同完成邀约、响应和激励流程。

我国虚拟电厂目前主要处于邀约型阶段，在邀约阶段主要通过政府机构或电力调度机构发出邀约信号，由负荷聚合商、虚拟电厂组织资源进行削峰、填谷等需求响应。我国以广东、江苏、上海等省市为代表的试点项目就是以邀约型为主，业务上称之为需求响应。特别地，广东地区有较好的电力市场环境，该省发布了具体实施方案，按照需求响应优先、有序用电保底的原则，进一步探索市场化需求响应竞价模式，以日前邀约型需求响应起步，逐步开展需求响应资源常态参与现货电能量市场交易和深度调峰，有力促进源、网、荷、储友好互动，提升电力系统的调节能力，推动能源消费的高质量发展。

2. 市场型阶段

第二个阶段是市场型阶段。这是在电能量现货市场、辅助服务市场和容量市场建成或已建设成熟后，虚拟电厂聚合商以类似于实体电厂的模式，基于自身商业模式分别参与这些市场获得收益。在第二阶段，也会同时存在邀约型模式，其邀约发出的主体是系统运行机构，如德国的下一代发电厂公司运营的虚拟电厂。

3. 自主调度型阶段

第三阶段是自主调度型阶段，随着可聚合的资源种类越来越多、数量越来越大、空间越来越广，实际上可称之为"虚拟综合电力系统"，既包含分散在各地的分布式能源、储能系统和可控负荷等基础资源，也包括由这些基础资源进一步组合而成的微电网、主动配电网、多能互补多能源系统、局域能源互联网等。可以灵活制定运行策略，或参与能够跨区域的电力市场交易获得利润分成，或参与需求响应、二次调频等电力辅助获取补偿收益，并可使内部的能效管理更具操作性，实现发电、用电方案的持续优化。

1.3 国外虚拟电厂发展概况

国外虚拟电厂应用起步较早，自 2007 年起，欧洲已开展以集成中小型分布式发电单元为主要目标的虚拟发电厂研究项目，参与的国家包括德国、英国、西班牙、法国、丹麦等。已实施的虚拟电厂项目包括德国卡塞尔大学太阳能供应技术研究所的试点项目、欧盟虚拟燃料电池电厂项目等。北美则较少采用"虚拟电厂"的概念，而是主要推进利用用户侧可控负荷的需求响应。亚太地区虚拟电厂应用走在前端的是澳大利亚和日本。

由于各国电力结构不同和推广目的不同，各国虚拟电厂的定义、侧重点和电力市场环境也有所不同，因此虚拟电厂的概念与范畴并无统一规定。欧洲大多数国家分布式能源较为普及，重点是要解决可再生能源消纳和电网平衡问题，因此从发展分布式能源思路更加强调虚拟电厂在辅助市场的功能；美国电力需求旺盛，需要建设大量配套电站作为备用电源，为解决备用电源的经济性问题，从电源需求侧管理出发更加强调需求侧响应（demand response，DR）在容量市场的作用；日本由于能源短缺，从节能角度出发更加重视两者融合发展，故要兼顾容量市场与辅助市场。日本将广义虚拟电厂的概念和范畴定义为能源聚合业务（energy resource aggregation business，ERAB）商业模式。ERAB 商业模式主要有三大类交易产品：为售电企业提供"正瓦特"，为售电企业提供"负瓦特"，为系统运营商提供"正瓦特或负瓦特"。虚拟电厂具有提供电力供给、备用服务和平衡服务三大基本功能，并分别在批发市场、容量市场和辅助市场实现其价值。日本从2011~2014年在横滨、丰田、京阪奈学研、北九州建立了四个智慧能源城市示范工程，当时DR技术并未得到特别重视，只在单点上测试了DR技术的可靠性和经济性，但测试发现了一个意外结果：响应时间最快可达到10min，500个测试用户响应量竟达到11万kW，相当于一座较小规模电站的容量。于是，日本开始高度重视DR技术开发和推广应用。2015年6月，日本政府出台了《日本再兴战略（2015）》，首次明确提出推广虚拟电厂政策。2016年4月，《能源革新战略》报告又进一步提出了推动虚拟电厂技术开发的示范项目计划（2016~2020年）。该计划的政府补助金额从2016年度的26.5亿日元提高到2020年度的70亿日元，并计划到2020年实现虚拟电厂商业化目标。2020年日本启动了容量市场，这一市场未来将成为DR在日本的主战场，其对DR资源的基本要求是：参与交易的最小单位1000kW，响应时间3h，持续时间3h，每年发起12次。

基于虚拟电厂的理论研究，国外相继开展了一系列虚拟电厂工程示范项目。2005~2009年，在欧盟第6框架计划下，由来自欧盟8个国家的20个研究机构和组织合作实施和开展了"灵活调整电网结构以适应预期变化"项目，旨在将大量的分布式电源聚合成虚拟电厂并使未来欧盟的供电系统具有更高的稳定性、安全性和可持续性。"丹麦爱迪生"项目是由丹麦、德国等国家的7个公司和组织开展的虚拟电厂试点项目，研究如何聚合电动汽车成为虚拟电厂，实现接入大量随机充电或放电单元时电网的可靠运行。2012~2015年，在欧盟第7框架计划下，由比利时、德国、法国、丹麦、英国等国家联合开展了"二十岁青年"研究项目，其中对于虚拟电厂的示范重点在于如何实现热电联产、分布式电源和负荷的智能管理。"网络到能源"项目同样是在欧盟第7框架计划下开展的，以虚拟电厂的形式聚合管理需求侧资源和分布式能源。德国库克斯港的"电子情报"项目建立了能源互联网示范地区，其核心是建立一个基于互联网的区域性能源市场。而虚拟电厂技术是实现区域能源互联聚合的一种重要模式。

虚拟电厂理论和实践在发达国家正逐步成熟，各国各有侧重，其中美国以可调负荷为主，规模已超3000万kW，占尖峰负荷的5%以上；以德国为代表的欧洲国家则以分布式电源为主，德国一家公司整合了9516个发用电单元，总容量 817 万 kW，提供了全德国二次调频服务的 10%市场份额；日本以用户侧储能和分布式电源为主，计划到 2030 年超过 2500 万 kW；澳大利亚以用户侧储能为主，特斯拉公司在南澳建成了号称世界上最大的以电池组为支撑的虚拟电厂。美国特斯拉虚拟电厂的"能源资产实时交易和控制平台"，是用双向的控制，以社区配电网为单位，把分散式的源网荷储充都纳入进来，在需求侧小范围实现自平衡，然后再上一个层次自平衡，实现绿色电力的最大消纳。美国特斯拉虚拟电厂的"能源资产实时交易和控制平台"已有若干落地场景，比如集中式风光＋集中储能、单用户光储充、多用户光储充等。

1.3.1 国外虚拟电厂发展历程

从世界范围来看，欧洲、北美、澳大利亚等国家和地区均已开展了虚拟电厂工程实践。欧洲、北美自 2005 年起开展虚拟电厂的研究实践，澳大利亚于 2019年 7 月启动虚拟电厂示范工程。总体来看，欧洲虚拟电厂侧重于电源侧，北美虚拟电厂侧重于负荷侧，而澳大利亚虚拟电厂侧重于储能侧。

欧洲虚拟电厂建设的主要目标是提高分布式电源并网友好和智能互动性，以及打造持续稳定发展的商业模式。在欧盟第 6 框架和第 7 框架计划下先后开展了"灵活调整电网结构以适应预期变化"项目和"二十岁青年"项目。

"灵活调整电网结构以适应预期变化"项目旨在将大量的分布式电源聚合成虚拟电厂，提高欧洲电力系统的经济性、可控性和安全性。"二十岁青年"项目示范的重点在于如何利用虚拟电厂实现分布式电源的智能管理，并对虚拟电厂在提供电压控制、备用等辅助服务方面进行验证。德国下一代发电厂公司通过聚合分布式能源提供欧洲电网平衡服务、参与短期市场交易等，聚合容量已达10.836GW。英国等均开展了虚拟电厂商业实践，验证了在成熟市场环境下可调节资源参与电网运行和市场运营的必要性。

北美虚拟电厂建设的主要目标是通过自动需求响应和能效管理，提高综合能源的利用效率。"能源改革愿景战略"虚拟电厂项目实现了用户侧光伏和储能系统集群集中并网，提高了电网调峰、调频和紧急响应能力。美国加州独立系统运营商（California Independent System Operator，CAISO）在加州开展了分布式能源的智慧能量管理，通过分布式能源供应商（Distributed Energy Resource Provider，DERP）参与电力市场。美国联邦能源管理委员会（Federal Energy

Regulatory Commission，FERC）发布了第 2222 号命令，要求将分布式电源、储能、可调节负荷等聚合后，通过虚拟资源参与电力系统调度运行和市场交易，以降低电力系统的整体运行成本。

澳大利亚虚拟电厂建设的主要目标是降低用电成本，为电网提供调频辅助服务。澳大利亚能源市场运营商（Australian Energy Market Operator，AEMO）与美国特斯拉公司联合开展了虚拟电厂项目，该项目聚合分布式光伏和储能系统参与澳大利亚电力市场，并进行了紧急频率响应试验。

1.3.2 法国"普瑞米欧"示范项目

法国于 2008 年开展了"普瑞米欧"示范项目，目的是验证虚拟电厂对分布式能源、储能、负荷的整合效果进而形成新型、开放式、可复制的体系结构。"普瑞米欧"项目包括光伏发电及电储能、热泵及热水储罐、工业制冷及热储能、生物质发电及电取暖、照明等多个模块及专门开发的控制中心单元。该控制中心可实现日前、日间调度决策，首先接收电网调度下发的指令，然后收集各子系统运行状态信息并根据调度指令进行优化决策形成运行方案。该项目中虚拟电厂的运行状况由调度决定，控制中心的主要作用是对内协调、优化、决策。

1.3.3 欧盟"灵活调整电网结构以适应预期变化"项目

2005～2009 年，英国、西班牙、法国等欧洲 8 国 19 个研究组织实施了欧盟"灵活调整电网结构以适应预期变化"项目，目的是将分布式电厂融入大型虚拟电厂（large scale virtual power plant，LSVPP），并对其进行分层控制，实现其在电力系统中的优化运行。基于此研究，西班牙实施了南部方案，在配电系统中整合多种分布式电厂并将虚拟电厂划分为商业型虚拟电厂和技术型虚拟电厂 2 个模块。系统逻辑为：每个分布式电厂将实时信息传递给商业型虚拟电厂；商业型虚拟电厂整合、制定、分配分布式电厂的发电计划并将信息传递给技术型虚拟电厂；技术型虚拟电厂在配电系统中负责实施调度，保证虚拟电厂与电网接口处的电压稳定、缓解电网阻塞等。

1.3.4 丹麦"丹麦爱迪生"项目

为实现虚拟电厂对电动汽车的管理，丹麦于 2009 年提出了"丹麦爱迪生"

项目，以此应对越来越多的电动汽车充电需求带来的挑战。"丹麦爱迪生"项目设想采用集中或分散控制系统实现电动汽车电池的优化调度、控制。其中分散控制系统基于实时电力市场价格进行调度，但由于影响因素太多导致价格预测难度大而并未被采用。"丹麦爱迪生"项目特别之处在于考虑了电动汽车电池这一新兴电力资源，此外该项目针对电动汽车调度、控制开发了基于 IEC 61850 标准的平台。

1.3.5 德国"电子能源"计划

2008 年 12 月德国联邦经济和技术部发起了一个技术创新促进计划，以信息通信技术（information and communication technology，ICT）为基础构建未来能源系统，着手开发和测试能源互联网的核心技术。此后，德国联邦政府发起"电子能源"计划，并将其作为国家"灯塔项目"，旨在推动基于 ICT 的高效能源系统项目，致力于能源的生产、输送、消费储能各个环节之间的智能化。"电子能源"计划在 2020 年实现电网中覆盖信息网络，并使能源网络中所有元素都可通过互联网信息技术进行协调工作。

"电子能源"计划包含 6 个示范项目。其中"电子情报"项目所在地人口较少、风能丰富、负荷种类较为单一。该项目主要包括 1 个风力发电场、1 个光伏电站、2 个冷藏库、1 座热电厂和 650 户居民。该项目运行策略包括引入虚拟电厂这一概念，对各种分布式发电厂和多种负荷集中进行调控；运行参考分时电价和实时电价，实行峰谷电价；冷藏库的负荷根据购电价格和风电场出力变化而进行调整，从而利用对可控负荷的调节和控制达到提高可再生能源的消纳能力，进而实现用电侧和发电侧协调的目的；虚拟电厂将项目各成员整合为一个整体，参与到当地能源电力市场中。

"电子情报"项目取得了较好的经济效益与社会效益，主要体现在以下几个方面：

（1）虚拟电厂这一运行方式将风力发电出力不稳定造成的功率不稳定影响减少了 16%。

（2）分时峰谷电价的实行为居民家庭节约了 13%的电能，这一策略使谷电负荷增长了 30%，高峰时段负荷减少了 20%。

（3）虚拟电厂既是电能的生产者又是消费者，根据项目内部电量的供需变化向所在地区售电商进行购电或售电，可降低 8%～10% 的成本。

（4）虚拟电厂系统通过内部协调控制，保证了以供热为主要任务的热电厂的发电出力全部消纳，提高了能源利用效率，同时也使其利润有所增加。

"电子能源"计划中的"可再生能源示范"项目位于德国的哈慈山区，该项目主要包括 2 个光伏电站、2 个风力发电厂、1 个生物质发电厂，共计 86MW 发电能力。该项目的运行策略包括建立家庭能源管理系统，管理系统根据电价决定家电的运行，该项目能通过用户的负荷追踪可再生能源的发电量，实现用电侧和发电侧的双向互动；由光伏发电、风力发电、生物质发电、电动汽车和储能系统组成虚拟电厂，作为一个整体参与到电力市场中；通过对风力、太阳能、生物质能等可再生能源发电厂与抽水蓄能电站进行协调控制，使得可再生能源得到有效利用。

该项目的亮点在于虚拟电厂系统中的用电侧整合了储能系统、电动汽车和包括智能家居的家庭能源管理系统，基本形成了小型的能源互联网。

"可再生能源示范"项目取得了如下成果：

（1）基于 Java 开发了开源软件平台——开放网关能源管理联盟（Open Gateway Energy Management Alliance，OGEMA），可以为外接电气设备提供标准化的数据结构和设备服务，从而实现用能设备的"即插即用"。

（2）虚拟电厂直接参与电力交易，为分布式能源系统参与市场调节提供了参考。

（3）抽水蓄能电站加入虚拟电厂与风力发电、太阳能发电配合，很好地解决了可再生能源出力不稳定的问题，为可再生能源丰富地区的能源消纳提供了参考。

此外，莱茵—鲁尔地区的"智能互联的分布式能源社区"项目则使用户同时扮演能源生产者和消费者的角色；斯图加特地区的"基于互联网的区域型能源市场"项目通过 ICT 和智能电能表实现碳排放的有效控制。

1.3.6 德国下一代发电厂项目

德国下一代发电厂公司是德国一家大型的虚拟电厂运营商，同时也是欧洲电力交易市场认证的能源交易商，参与能源的现货市场交易。除自身的虚拟电厂相关业务，如资源接入、电力交易、电力销售、用户结算外，该公司也能够为其他能源运营商提供虚拟电厂的运营服务。截至 2018 年，德国下一代发电厂公司管理了超过 6854 个客户资产的分布式发电设备和储能设备，包括生物质发电装置、热电联产、水电站、灵活可控负荷、风能和太阳能光伏电站等，容量超过 5987MW。德国下一代发电厂公司管理的单个客户资源平均只有 0.87MW，单个资源规模偏小且零散，调度和交易难度大、成本高，因而以单个资源作为市场主体很难通过市场交易获利。

德国下一代发电厂公司通过其高超的资源聚合能力和创新的商业模式，创造了惊人的发展速度和优异的经营业绩。其主要盈利模式有三个。模式一：将风电、光伏等零或低边际成本的发电资源参与电力市场交易。模式二：利用每 15min 一次，每天 96 次的电力市场价格波动，虚拟电厂调节分布式电源的出力、需求响应，实现低谷用电、高峰售电，获取最大经济利润。模式三：利用微燃机、生物质发电等启动速度快、出力灵活的特点，参与电网的辅助服务，获取收益。

盈利途径背后是德国下一代发电厂公司的资源聚合能力，不同的客户资源各有其特点，虚拟电厂通过市场、技术手段并用，查缺补漏、优势互补，既包含"量"上的整合，更具有"质"上的提升，实现了分布式资源拥有方、虚拟电厂运营方甚至电网方的各方利益共赢。比如，风电、光伏等可再生能源，由于采用逆变器输出形式，缺乏足够的惯量，具有间歇性的固有属性，呈现出波动、不可控的外部特性。尽管发电边际成本低，但单独参与电能量市场，尤其是合约市场，存在一定的难度。分布式燃机、生物质等同步发电机输出形式的发电资源，与大电网友好、兼容，具有灵活、可调的优势。但与大机组相比，边际成本偏高，在电力市场中先天不足。虚拟电厂可以实现两种发电资源的整合，扬长避短，能以较大的竞争优势参与电力市场，获取最大收益。再比如，虚拟电厂通过聚合资源，使量变上升为质变，以聚合后资源参与电能量市场和辅助服务市场，提高议价能力，在获取最大收益的同时为电网安全稳定运行贡献力量。

1.3.7 美国特斯拉"特斯拉电力"计划

特斯拉公司的特斯拉电力墙是一个家用储能系统。特斯拉公司通过电力零售计划实现电力调度。2022 年 12 月，特斯拉公司推出电力零售计划"特斯拉电力"，支持当地用户向美国得克萨斯州的能源供应商出售特斯拉电力墙中未使用的电力来赚取电费。

参与该计划后，用户的特斯拉电力墙电池会自动决定何时充电以及何时向电网出售电力，即该系统可在低电价时为电动汽车充电或存储电力，在最有利的情况下将来自于业主储能系统的电力出售到电网。特斯拉还为能源供应商提供了能源价格跟踪和电力管理功能，帮助能源供应商监控特斯拉电力墙用户的贡献。

2022 年，加州公共事业公司（PG&E）借助特斯拉电力墙向用户直接购买电力。该项目是特斯拉与 PG&E 合作的"紧急减载计划"虚拟电厂项目的一部分，主要目的为解决加州夏季电力供应紧张的情况。

拥有特斯拉电力墙的 PG&E 客户可以自愿选择通过特斯拉的应用程序注册加入，而在电网用电紧急高峰期，所有参与计划的特斯拉电力墙将被调度，每提供额外的 1kWh 电能，其所有者将获得 2 美元的收益，远高于加州平均住宅电价 25 美分/kWh。聚合的廉价绿色能源可以有效替代原本使用的昂贵燃气火电，进而为虚拟电厂赚取差价收益。

1.3.8 澳大利亚"特斯拉"项目

澳大利亚开展虚拟电厂项目试点项目，通过可靠的控制和协调资源组合，参与频率控制辅助服务、能源和电网支撑服务。截至 2021 年，澳大利亚虚拟电厂项目共有 7 个市场主体参与，容量共 31MW，聚合资源以储能为主，主要提供频率控制辅助服务（frequency control ancillary service，FCAS）。目前，虚拟电厂可以参与紧急 FCAS 市场和电能量市场。澳大利亚虚拟电厂项目通过市场价格信号协调屋顶光伏系统、储能和可控负荷设备，如空调或水泵。实践结果表明，虚拟电厂可以有效响应电力系统运行需求和市场价格信号。

2019 年 10 月 9 日，澳大利亚国家电力市场中最大的发电机组（位于昆士兰）意外脱网，当时机组出力为 748MW，导致电力系统频率降低至 49.61Hz，低于电网正常运行范围（49.85～50.15Hz），虚拟电厂在检测到频率跌落后立即响应，向电力系统注入功率，支撑频率恢复，当 748MW 机组脱网时，系统频率跌落至 49.61Hz，虚拟电厂开始频率响应；当频率未恢复到 49.85Hz 时，虚拟电厂继续响应直至频率恢复至 49.85Hz 时，停止响应，直至频率再次跌落到 49.85Hz 以下时，虚拟电厂再次开始响应。

1.4 国内虚拟电厂发展概况

我国虚拟电厂于"十三五"期间起步，时至当下国内虚拟电厂仍处于试点示范阶段，其虚拟电厂的规模、聚合的能源范围及采取的新能源协调控制策略、调度算法等相关内容在全国还没有统一标准，可持续的商业模式也有待形成。各省份开展试点的虚拟电厂项目以邀约型试点为主，随着电力市场机制逐渐完善，我国虚拟电厂正处于邀约型向市场型过渡阶段。

1.4.1 国内虚拟电厂发展历程

我国虚拟电厂的发展主要经历了能效电厂、紧急负荷切除、基于经济补贴的需求侧管理、新型虚拟电厂 4 个阶段，前期在江苏省、广东省、上海市、冀北等省、市、地区初步开展了试点实践。

在第一阶段，通过对商业及民用建筑中制冷和照明设备、工业电机设备、家用器具等高耗能设备进行投资改造，提升这些设备的用电能效，并收取费用偿还贷款。该阶段主要是对用电设备本身进行改造，并收取相应费用，缺少与大电网的互动及经济激励，用户参与度和积极性不高。江苏省、广东省在 2005、2009 年分别开展了能效电厂试点实践，实践过程中暴露了配套政策不健全、缺乏持续稳定支持资金、商业模式不完善等问题，导致能效电厂在我国发展较慢。

在第二阶段，通过毫秒级的快速精准稳定控制切负荷，解决紧急情况下电力平衡出现大缺口的问题，以保障大电网安全稳定运行。该阶段主要是对电网安全稳定控制策略的优化，从传统的拉闸限电模式转变为精准实时快速的切负荷模式。江苏省在 2016 年建成了大规模源网荷友好互动系统，针对特高压直流闭锁导致的受端电网频率跌落问题，紧急切除相应数量负荷，保证电网频率稳定。但该模式仅在电网紧急情况下使用，动作次数少、切负荷量固定且缺乏灵活的经济激励机制。

在第三阶段，通过基于经济补贴、强制法律、营销宣传等手段的需求侧管理，调整用户用电模式，引导用户科学合理用电。该阶段一般为离线整定，时间尺度最小为日前，且整个过程需人工干预。上海市、广东省在 2019、2022 年分别开展了虚拟电厂试点实践，针对电网尖峰负荷问题，通过短信等方式提前向用户发出邀约，引导用户开展需求侧管理，降低尖峰期电力负荷，并给予负荷相应的政策补贴。此阶段注重单次、大规模的调节作用，虽然相比第二阶段改善了经济激励机制，但多由政策补贴支持，社会成本很高，在经济欠发达地区难以推广。

在第四阶段，通过聚合可调节资源参与电网调控和市场运营，提升电力系统灵活调节能力。该阶段虚拟电厂作为类似火电机组的可调度单元，纳入大电网调控范围，直接参与电网电力电量平衡，同时参与电力市场运营。我国冀北地区在 2019 年开展了虚拟电厂试点实践，并于 2019 年 12 月 12 日正式投入商业运营，实现了可调节资源的感知、聚合、优化、调控与运营，为电力系统提供连续、柔性的灵活调节能力，有效促进了新能源消纳。深圳市在 2022 年建成了虚拟电厂管理平台，运行模式类似冀北，市场机制还在不断完善。山西省在 2022 年明确规定了虚拟电厂参与现货市场的运行技术和运营管理规范。相比第二阶段和第三阶段，第四阶段虚拟电厂参与了电网闭环调度优化，可根据市场价格信号进行调节，具有连续、柔性、可持续的特征。

1.4.2 国内虚拟电厂发展相关政策

2015 年国务院颁发的《国务院关于积极推进"互联网＋"行动的指导意见》（国发〔2015〕40 号）中明确指出，"互联网＋"是把互联网的创新成果与经济社会各领域深度融合，推动技术进步、效率提升和组织变革，提升实体经济创新力和生产力，形成更广泛的以互联网为基础设施和创新要素的经济社会发展新形态。其中，大力推进"互联网＋智慧能源"是推进能源生产与消费模式革命，提高能源利用效率，推动节能减排，提高电力系统的安全性、稳定性和可靠性的必然趋势，而建立虚拟电厂是实现能源互联网的重要途径。

2021 年以来，我国密集出台虚拟电厂支持发展政策，部分省市也出台了明确的落地方案或补贴标准。2021 年 12 月，国务院发布的《2030 年前碳达峰行动方案》和 2022 年国家发展改革委、国家能源局发布的《"十四五"现代能源体系规划》《关于完善能源绿色低碳转型体制机制和政策措施的意见》等多个综合性政策从不同方面提出要引导虚拟电厂等多种资源参与系统调节。国家发展改革委印发的《关于加快建设全国统一电力市场体系的指导意见》提出："引导用户侧可调负荷资源、储能、分布式能源、新能源汽车等新型市场主体参与市场交易，充分激发和释放用户侧灵活调节能力。"国家能源局发布的《电力现货市场基本规则（征求意见稿）》提出："推动储能、分布式发电、负荷聚合商、虚拟电厂和新能源微电网等新兴市场主体参与交易。"《电力并网运行管理规定》与《电力辅助服务管理办法》重点提出：① 扩大电力辅助服务新主体，新增了对新能源、新型储能、负荷侧并网主体等并网技术指导及管理要求，扩大了辅助服务提供主体范围。② 丰富电力辅助服务新品种。新增了转动惯量、爬坡、稳定切机、稳定切负荷等辅助服务品种。③ 完善用户分担共享新机制。按照"谁受益、谁承担"的原则，进一步完善辅助服务考核补偿机制，明确跨省跨区发电机组参与辅助服务的责任义务、参与方式和补偿分摊原则，建立用户参与的分担共享机制。将以往仅可向下调节的用户可中断负荷，拓展到"能上能下"的用户可调节负荷，用户可结合自身负荷特性，承担必要的辅助服务费用或按照贡献获得相应的经济补偿，通过市场机制提升需求侧调节能力。④ 健全市场形成价格新机制。在现阶段以调峰辅助服务市场化交易为主的基础上，持续推动调频、备用、转动惯量、爬坡等品种以市场竞争方式确定辅助服务提供主体，形成交易价格，降低系统辅助服务成本，更好地发挥市场在资源配置中的决定性作用。

2023 年 5 月 19 日，国家发展改革委向社会公布了新修订的《电力需求侧管理办法（征求意见稿）》《电力负荷管理办法（征求意见稿）》，2023 年 9 月正式发布了《电力需求侧管理办法》《电力负荷管理办法》。新版《电力需求侧管理办法》丰富了电力需求侧管理的内涵，突出需求响应和电能替代两项重点内容，利用经济激励手段，引导具备响应能力的电力用户自愿调整用电行为，主动削峰填谷获取补偿收益，充分调动需求侧资源积极性。《电力负荷管理办法》将需求响应作为电力负荷管理的重要措施，按照"需求响应优先，有序用电保底"的原则，结合新型电力负荷管理系统建设，强化电力负荷调控管理能力。逐步将需求响应作为电网经济运行常态化调节措施，从实施执行层面进一步明确电力负荷管理中心等单位职责，加强新型电力负荷管理系统平台支撑，不断接入各类用户主体，精准实施负荷信息采集、预测分析、测试、调控、服务等工作。

各地也加大了对虚拟电厂的重视程度。北京、天津、上海等十余省市也相继发布"十四五"能源电力发展规划及碳达峰实施方案，均对发展虚拟电厂提出明确要求。2022年6月，山西省能源局发布《虚拟电厂建设与运营管理实施方案》，明确虚拟电厂的类型、入市流程、技术规范等要求，成为首份省级虚拟电厂实施方案。广东、山东等省份出台了虚拟电厂专项文件或在需求响应政策文件中对虚拟电厂提出了要求。目前，国内多家电力企业在积极推进虚拟电厂项目应用。

1.4.3 国内虚拟电厂示范项目概况

目前，国内已开展虚拟电厂示范的企业主要为国家电网公司，其下属的国网浙江综合能源公司、国网平湖市供电公司、国网上海市电力公司、国网综合能源服务集团有限公司、国网冀北电力有限公司等5家公司开展了此项试点。国电投深圳能源发展有限公司在广东开展了试点，南网科研院联合深圳供电局在广东开展了试点，华能浙江能源开发有限公司在浙江开展了综合型虚拟电厂示范项目。其他试点实施的单位主要为地方供电公司，包括深圳供电局、广州供电局、国网浙江电力、国网武汉供电公司、国网合肥供电公司。截至2022年底，上述企业共计开展了14个示范项目（见表1-4-1），综合型和侧重于需求侧响应的项目各半；从区域来看，广东省有5个，浙江省4个，湖北、安徽、上海、河北各1个，华北地区1个。

表1-4-1　　我国虚拟电厂示范项目清单（截至2022年底）

省份	项目名称	运行时间	实施单位	资源类型	主要内容
浙江	浙江省虚拟电厂	2022年11月25日	华能浙江能源开发有限公司	综合型	通过智慧管控平台广泛聚集浙江省内各地的分布式电源、新型储能、充换电站、楼宇空调等多元化需求侧可调节资源，采用秒级快速响应的协调控制技术，实时参与电网调峰、调频，实现"源随荷动"向"源荷互动"转变
广东	深圳虚拟电厂管理中心	2022年8月26日	深圳供电局	侧重于需求侧响应	已接入分布式储能、数据中心、充电站、地铁等类型负荷聚合商超过20家，接入容量超过100万kW

省份	项目名称	运行时间	实施单位	资源类型	主　要　内　容
浙江	国网浙江综合能源公司智慧虚拟电厂平台	2022年6月30日	国网浙江综合能源公司	侧重于需求侧响应	依托自主研发的智慧虚拟电厂平台，国网浙江综合能源公司聚了3.38万kW响应资源参与省级电力需求响应市场，所有参与企业均达到补贴最大区间
广东	国电投深圳能源发展有限公司虚拟电厂平台	2022年5月20日	国电投深圳能源发展有限公司	侧重于需求侧响应	国电投深圳能源发展有限公司的虚拟电厂平台，成功完成参与电力现货市场的功能试验。此次试验平均度电收益为0.274元，成为国内首个虚拟电厂参与电力现货市场盈利的案例
广东	网地一体虚拟电厂运营管理平台	2021年11月	深圳供电局、南网科研院	侧重于需求侧响应	该平台部署于南方电网调度云，网省两级均可直接调度；负荷侧资源在接到调度下发的紧急调控需求后，10min内负荷功率即下调至目标值，为电网提供备用辅助服务
广东	广州虚拟电厂	2021年9月13日	广州供电局	侧重于需求侧响应	该电厂接入负荷资源超过500MW，相当于约9万户家庭的用电报装容量，并接入分布式光伏容量300MW
浙江	嘉兴平湖县域虚拟电厂	2021年6月21日	国网平湖市供电公司	综合型	嘉兴平湖县域虚拟电厂已接入涵盖商业综合体、行政机关、酒店及商业写字楼等四类16家空调用户，累计运行容量23050kW，其中柔性调节能力2242kW，节能600kW
浙江	浙江丽水绿色能源虚拟电厂	2021年3月	国网浙江电力	侧重于水电发电侧	浙江丽水绿色能源虚拟电厂由全市境内800多座水电站组成，利用光纤、北斗通信等新技术，将全域水电发电信息聚合，进行智慧调度
湖北	湖北武汉虚拟电厂	2021年6月	国网武汉供电公司	综合型	可在武汉市东西湖、黄陂、汉口后湖、百步亭、徐东、南湖、东湖高新等区域局部降低监控负荷70万kW，折合电网基建投资12.8亿元，减少碳排放300万t
上海	上海黄浦商业建筑虚拟电厂	2021年5月5日	国网上海市电力公司	侧重于需求侧响应	开展了国内首次基于虚拟电厂技术的电力需求响应行动，仅仅1h的测试，就能产生15万kWh的电量
安徽	安徽合肥虚拟电厂	2021年1月25日	合肥供电公司	综合型	实现光伏、储能、充（换）电、微电网等多种电力能源形式互联互动。国网合肥供电公司电力调度控制中心通过合肥市虚拟电厂向全市15座蔚来换电站发出削峰填谷调峰指令。1min内，合肥电网累计降低负荷1400kW，实现削峰填谷
华北	华北国网综能虚拟电厂	2020年12月1日	国网综合能源服务集团有限公司	综合型	聚合15.4万kW可调资源参与华北电力辅助服务市场。在建设过程中，该虚拟电厂累计对接筛查负荷20余万kW，成功接入可调负荷10万kW。按照当前接入水平计算，该虚拟电厂每天可创造23万kWh的新能源电量消纳空间
广东	广东深圳自动化虚拟电厂	2020年10月26日	深圳供电局	综合型	首套自动化虚拟电厂系统已在深圳110kV投控变电站投入试运行。承载该系统的装置占地不足1m²，却可凭借前沿的通信和自动化聚合技术，发挥出与大型电厂等效的调峰、电压控制等功能

省份	项目名称	运行时间	实施单位	资源类型	主 要 内 容
河北	国网冀北虚拟电厂示范项目	2019年12月11日	国网冀北电力	综合型	国网冀北虚拟电厂示范项目已在线连续提供调峰服务超过4800h，累计增发新能源电量3701万kWh。此外，河北电网也在分步推进虚拟电厂建设，雄安虚拟电厂运营平台已部署上线

1. 江苏大规模源网荷友好互动虚拟电厂

近年来，江苏省空调负荷高速增长，成为夏季和冬季负荷尖峰的主要因素。2018年江苏省全省最高负荷达到10288万kW，其中空调负荷占比36%，而南京地区的空调负荷占比高达50%。截至2019年，江苏大规模源网荷友好互动虚拟电厂共聚合了非工业柔性负荷2715户、工业刚性负荷1726户、主动需求响应20.8万户。2017年5月，江苏大规模源网荷友好互动虚拟电厂在245ms内成功切除全部参与签约的233户电力用户，共计25.5万kW，平衡苏州电网3000MW的负荷缺口。江苏大规模源网荷友好互动虚拟电厂是一个较为庞大的工程，具有许多子系统，如江苏南京的珠江壹号虚拟电厂用电典型负荷约为4500kW，可控负荷达1800kW，2017年7月25日，珠江壹号虚拟电厂参与了当日13:00~13:30的需求侧响应，累计切负荷386.14kW，获得收益11584.2元。

江苏省大规模源网荷友好互动系统虚拟电厂在用户侧安装智能网荷互动终端装置，实现安全快速的计量、通信和控制。信息通信方面，江苏省大规模源网荷友好互动虚拟电厂骨干层采用基于同步数字体系光传输网的2M专用通道，接入层采用专用光纤、无线4G和光电实时转换等多种通信技术，能够实现虚拟电厂的毫秒级精准切负荷。

协调控制方面，江苏大规模源网荷友好互动虚拟电厂采用完全分散式控制模式，虚拟电厂具有多个子系统。各子系统根据自身运行情况，对内部分布式资源进行优化调度。同时各子系统之间、子系统和电网之间相互通信、协调运行。与上海黄浦区商业建筑虚拟电厂类似，江苏大规模源网荷友好互动虚拟电厂主要实现电源、电网和负荷的友好互动，可以通过协调优化负荷和发电资源的出力促进新能源的消纳，实现低碳运行。

2. 上海黄浦商业建筑虚拟电厂

上海是典型的国际化大都市，空调负荷占比高、用户负荷波动性强及用电峰谷差较大等问题严重。上海黄浦区夏日峰值负荷约500MW，区内有着大量的商业建筑，空调类商业负荷资源丰富，这也是黄浦区负荷高峰的主要原因之一。

上海黄浦商业建筑虚拟电厂（简称上海虚拟电厂），通过控制、通信技术，将众多用电设备削减负荷的能力视为虚拟出力，将这一能力视为用电负荷侧接入系统的虚拟发电机组，从而参与市场和电网运行。该项目建立了柔性负荷响应系统，在冬、夏两季用电高峰期，该系统通过对商业楼宇中央空调的预设温度、风机转速、送风量等参数进行一定的柔性调节，从而削减用电负荷为电网释放出电能。此外，柔性负荷控制还能在用电低谷利用空调所属房间的储热能力，自动调整几十个特性参数变量，增加空调负荷，可提前储存一部分冷量，使电力系统的利用率增高。该项目通过削峰填谷提高了电力系统的稳定性和安全性，也为系统成员取得了额外收益。

上海虚拟电厂内部商业建筑主要为办公楼、酒店、商贸中心和综合大厦等，虚拟发电主要来源于中央空调、照明、生活用电及新风系统负荷。截至2020年，虚拟电厂累计实现59.6MW商业建筑需求响应资源的开发，共整合了550个可调资源（其中空调资源占比74%，其他资源占比26%），楼宇130幢（其中办公建筑68幢、酒店30幢、商贸中心10幢、综合体22幢）。2018～2020年，上海黄浦区商业建筑虚拟电厂累计响应削峰负荷超过200MW，曾在1h内削减电力负荷20.12MW。

上海虚拟电厂内所有用户楼宇安装了智能计量系统，可以实现用户楼宇内电、气、水和热等能源的自动测量读取，而虚拟电厂内用户可以通过室内网络查看所有的计量数据，了解实时的电能产销情况和相应费用等数据。信息通信方面，上海虚拟电厂骨干层采用Internet网络和移动通信网络；接入层主要由位于用户楼宇内本地宽带网络架构而成；采集器用RS485总线，采集间隔为5min。协调控制方面，上海虚拟电厂采用集中式控制模式。电网企业调度部门提前一天或几个小时通过场外平台将需求下发给黄浦区商业建筑虚拟电厂控制中心，虚拟电厂控制中心进行相应的内部分解。从低碳调度的层面来看，上海虚拟电厂所聚合的居民楼宇负荷主要通过需求侧响应参与电力市场，可以通过参与电网调峰，在新能源高发时段进行用电需求的调节，从而促进新能源的消纳。

此外，上海虚拟电厂采用了先进的自动需求响应技术，遵循开放自动需求响应通信规范协议 OpenADR 与行业标准 DL/T 1867—2018《电力需求响应信息交换规范》，设计了双兼容的通信数据模型进行自动化的调度。此外，还在虚拟电厂的用户楼宇内安装二次开发定制化的自动需求响应网关及智能控制器。虚拟电厂对用户设备的操作方式主要分为 3 种：

（1）用户默认方式。虚拟电厂控制中心直接对用户设备进行启停或调整，调整时间约 25s，用户虽无需确认，但却拥有被通知和拒绝的权利。

（2）用户确认，直接控制方式。虚拟电厂控制中心将分解任务发送给用户，经用户确认后由虚拟电厂远程进行设备的操作，调整时间约 1min。

（3）用户确认，就地控制方式。对于部分不具备远程控制能力的用户，需要在确认后由用户自己就地控制，实现设备操作，调整时间约 15min。

3. 国网冀北虚拟电厂示范项目

2019 年，国网冀北虚拟电厂示范项目（简称冀北虚拟电厂）投运启动，成为全国首个以市场化方式运营的示范工程，并正式投入商业运营。该工程运行依托泛（FUN）电平台，具备秒级感知、计算、存储能力，可有效降低发、输、供电环节投资。工程一期接入实时控制蓄热式电采暖、可调节工商业、智能楼宇、智能家居、储能、电动汽车充电站、分布式光伏等 11 类 19 家泛在可调资源，容量约 160MW。依托华北电力调峰辅助服务市场，截至 2020 年，冀北电网夏季空调负荷达到 6000MW，其中 10%的空调负荷通过虚拟电厂进行实时响应，相当于少建一座 600MW 的传统电厂。"煤改电"最大负荷达 2000MW；蓄热式电采暖负荷通过虚拟电厂进行实时响应，可增发清洁能源 720GWh，减排二氧化碳 63.65 万 t。

4. 浙江丽水绿色能源虚拟电厂

浙江丽水市 2020 年度全社会用电量 118.1 亿 kWh，负荷 97%、95%尖峰持续时间仅为 45、60h。该市境内电源装机总容量 389.8 万 kW，其中水电装机容量占比高达 72.5%，光伏占比 21.4%，绿色能源是全域内的主要发电资源。

该市绿色能源虚拟电厂由全市境内 800 多座水电站组成，同时聚合光伏、电动汽车和柔性负荷等绿色资源。2021 年 1 月，浙江电网远程控制该市绿色能源虚拟电厂辅助电网调峰 43 万 kW，经测算，共增加新能源消纳量 108 万 kWh，节约需求侧响应资金 130 万元，同时减少发电耗煤 94t，相当于减排二氧化碳 253t。

该市绿色能源虚拟电厂在终端安装机组智能控制设备，除了能够完成自动计量、智能管理等功能外，还可以实现安全可靠的远程控制。信息通信方面，该市绿色能源虚拟电厂骨干层采用专用数字通道，接入层应用无线 5G 网络和北斗通信系统。协调控制方面，该市绿色能源虚拟电厂采用集中一分散式控制方式。电网企业提前一天下发需求给虚拟电厂，虚拟电厂控制中心将任务分解给各地调部门，各地调部门进一步将任务分解，确定各分布式单元的调度指令。该市绿色能源虚拟电厂聚合的资源以绿色发电资源为主，调度的目标是为了最大化地利用区域内的清洁能源发电和灵活性资源，虚拟电厂在消纳内部可再生能源发电量的基础上，可以通过提供电能、电力服务，从而降低虚拟电厂以外的碳排放量。

5. 网地一体虚拟电厂运营管理平台

2021 年，由深圳供电局、南网科研院联合研发的国内首个网地一体虚拟电厂运营管理平台在深圳试运行。该平台部署于南方电网调度云，网省两级均可直接调度，为传统"源随荷动"调度模式转变为"源荷互动"新模式提供了解决方案。深圳供电局通过该平台向 10 余家用户发起电网调峰需求，深圳能源售电公司代理的深圳地铁集团站点、深圳水务集团笔架山水厂参与响应。随后，深圳地铁、深圳水务在保证正常安全生产的基础前提下，按照计划精准调节用电负荷共计 3000kW，相当于 2000 户家庭的空调用电负荷量。

1.4.4 国内虚拟电厂发展面临的挑战

国内虚拟电厂发展仍存在以下问题和挑战。

（1）虚拟电厂政策还有待完善，亟待出台国家和省级层面专项政策标准。目前，国家层面还没有出台专项的虚拟电厂政策标准，省级层面仅有上海、广东、山西分别出台了《关于同意进一步开展上海市电力需求响应和虚拟电厂工作的批复》《广州市虚拟电厂实施细则》《虚拟电厂建设与运营管理实施方案》。

（2）虚拟电厂总体处于试点示范阶段，且省级层面缺乏统一的虚拟电厂平台。虚拟电厂目前开展虚拟电厂试点的省份最具特色的是上海、冀北、广东、山东等。江苏主要参与需求响应市场而非严格意义上的虚拟电厂，上海主要以聚合商业楼宇空调资源为主开展虚拟电厂试点，冀北主要参与华北辅助服务市场为主，广东主要以点对点的项目测试为主，山东试点项目目标是开展现货、备用和辅助服务市场三个品种交易、完成现货和需求响应两个机制衔接及建设一个虚拟电厂运营平台。开展虚拟电厂市场主体主要有国网冀北电力有限公司、国网上海市电力公司、国网合肥供电公司、国网综合能源服务集团有限公司、南方电网公司、国家电力投资集团公司等。目前，省级层面还缺乏统一的虚拟电厂平台。已建的虚拟电厂平台参差不齐，没有统一的标准和接口，主要以分散的不同市场主体自建虚拟电厂为主，并没有接入到统一的省市县级虚拟电厂平台上，实现与大电网的互动控制。

（3）虚拟电厂商业模式仍不清晰，均处于探索阶段。当前虚拟电厂商业模式尚不清晰，更多的是通过价格补偿或政策引导来参与市场。江苏主要参与需求响应，进行削峰填谷，在实践规模、次数、品种等方面均位居国内前列；上海主要参与需求响应、备用和调峰三个交易品种，是国内参与负荷类型最多、填谷负荷比例最高、参与客户最多的；冀北主要参与调峰为主的辅助服务市场，以促进消纳风电、光伏等可再生能源的填谷服务为主，是少有的完全市场化运营模式；广东主要参与需求响应市场，尽管其调频辅助市场已经运行，但由于技术难题尚未解决，用户侧资源仍未纳入到调频辅助服务中；山东试点主要参与现货能量、备用和辅助服务市场交易，完成报价报量参与日前现货、需求侧管理机制的衔接，逐步从政策补贴向市场化过渡。

1.5 国内外虚拟电厂发展对比

在聚合资源类型上，国外聚合的资源类型丰富，包括源侧、荷侧及储能等各类资源，尤其欧洲以分布式可再生能源为主，负荷侧资源类型占比较小。国内则相反，仍旧以负荷侧资源调节为主。未能发挥国内丰富的可再生能源资源优势，从而难以实现虚拟电厂的规模效益。

在政策及市场成熟度上，国外的辅助服务市场和电力现货市场较国内市场机制更加完善，尤其是电力现货市场更加成熟。而国内这两类市场政策尚不完善，市场尚不成熟，大部分以试点省份的方式在推进。

在商业模式上，国外的虚拟电厂已实现商业化，主要通过以下方式获取收益：① 通过提供电力市场交易获得利润分成。② 主要通过参与调峰、调频市场获取收益。③ 通过配置储能装置获得辅助服务收益。而目前国内虚拟电厂商业模式尚不清晰，以参与相对成熟的需求响应市场及以虚拟电厂方式提供节能、用电监控等增值服务为主，参与辅助服务市场为辅，参与电力现货仍在尝试探索中。

1.6　小结

经过二十余年发展，学界对于虚拟电厂的相关理论技术研究已迈入新阶段，虚拟电厂作为新型电力系统转型中的重要配置，在破解清洁能源消纳难题、实现绿色能源转型方面将发挥重要作用。目前，国内外关于虚拟电厂健康发展的部分宏观问题尚未得到解决，关于虚拟电厂的概念内涵、功能形态、技术体系等内容仍然缺乏权威、统一的标准。相较于更为成熟完善的国外市场，国内虚拟电厂建设起步较晚，主要在核心技术发展程度、政策市场成熟度、商业模式成熟度等方面存在差距。尽管虚拟电厂在发展应用的道路上仍然存在诸多亟待解决的问题，但其未来的应用仍然具备巨大的市场潜力，随着相关热点研究的不断推进，国内的虚拟电厂应用正朝着健康有序方向蓬勃发展。

2 | 虚拟电厂基本概念

2.1 虚拟电厂的定义

目前，国内外尚未对虚拟电厂给出统一权威的定义。国外学者阿斯姆斯将虚拟电厂定义为一种依赖于远程控制的自动分配储能和需求响应的能源互联网；比格努科罗等将虚拟电厂定义为分散在中低压配电网不同节点的不同类型的分布式能源（distributed energy resource，DER）的集合点，其在电网中的运行特性是各 DER 特性参数的整合，且电网对各 DER 影响的叠加可等效为电网对此虚拟电厂的影响；马舒尔等基于欧盟"灵活调整电网结构以适应预期变化"项目，将虚拟电厂定义为聚合并综合表征众多不同容量的分布式能源特性的一种运行模式，并包含了分布式能源对网络的影响，虚拟电厂可在电力市场中签订合同，并为系统操作员提供各种服务；国内还有些学者将虚拟电厂作为一种需求响应方式，通过用户参与需求响应以缓解终端用电需求，从而达到与实际发电厂相同的效果，这种虚拟电厂也被称为"能效电厂"。

结合已有的研究和目前实践情况，虚拟电厂可以定义为一种通过先进信息通信技术和软件系统，实现分布式电源、储能系统、可控负荷、微电网、电动汽车等分布式能源资源的聚合和协同优化，作为一个特殊电厂参与电力市场和电网运行的电源协调管理系统。虚拟电厂通过分布式能源管理系统将分散安装的清洁能源、可控负荷和储能聚合作为一个特别的电厂参与电网运行。汇聚的资源可以是发电侧的"正电厂"，也可以是用户侧的"负电厂"，还可以是发电、用电都有的综合电厂，其核心思想就是把各类分散可调电源、可控负荷、储能聚合起来，通过数字化的手段形成一个虚拟的电厂来做统一的管理和调度，同时作为聚合主体参与电力市场。因此，虚拟电厂本质上可通过一套软件平台系统，聚合现有的分布式资源，并通过协同控制，参与电力市场，并能实现真实物理电厂的对外功能特性。

　　从虚拟电厂的定位、作用和价值分析，虚拟电厂实质上是一种虚拟化的电厂，其结构示意图如图 2-1-1 所示，它不是一个真实的物理电厂，但起到了电厂的作用，即可以聚合分布式发电来发出电能，参与能量市场；也可以通过调节功率来参与辅助服务市场调峰、调频等。虚拟电厂内部通过信息技术将发电、用电、储能等资源进行梳理聚合，与外部调控系统、管理平台配合进行协同控制、协同优化，实现数据分析、运行策略调整。虚拟电厂对外进行能量传输，根据市场变化需求进行电力市场交易、碳市场交易。因此，可以将虚拟电厂理解为一种能发挥电厂作用的某种"黑匣子"，它不需要新建一个电厂，但是对外既可以作为"正电厂"向系统供电，也可以作为"负电厂"接收系统的电力。"黑匣子"包含分布式电源、多元储能设施、电动汽车、可控负荷等资源。但只有这些资源还不足以使之成为有效的能源系统，虚拟电厂还需要一套技术和系统来将它们智能地聚合起来。

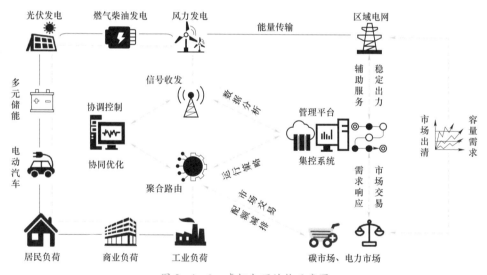

图 2-1-1　虚拟电厂结构示意图

2.2　虚拟电厂构成

　　虚拟电厂主要由发电系统、储能设备、通信系统三部分构成：① 发电系统主要包括分布式能源（distributed generation，DG）和公用型分布式能源（public distributed generation，PDG）。DG 的主要功能是满足用户自身负荷。如果电能盈余，则将多余的电能输送给电网；如果电能不足，则由电网向用户提供电能。典型的 DG 系统主要是小型的分布式能源，为个人住宅、商业或工业分部等服务。PDG 主要是将自身所生产的电能输送到电网，其运营目的就是出售所生产的电能。典型的 PDG 系统主要包含风电、光伏等容量较大的新能源发电装置。② 能量存储系统可以补偿分布式能源发电出力波动性和不可控性，适应电力需求的变化，改善分布式能源波动所导致的电网薄弱性，增强系统接纳分布式能源发电的能力和提高能源利用效率。③ 通信系统是虚拟电厂进行能量管理、数据采集与监控及与电力系统调度中心通信的重要环节。通过与电网或者与其他虚拟电厂进行信息交互，虚拟电厂的管理更加可视化，便于电网对虚拟电厂进行监控管理。

随着虚拟电厂概念的发展，负荷也成为虚拟电厂的基本组成之一。用户侧负荷与发电能力、电网传输能力一样，可以进行动态调度管理，有助于平抑分布式能源间歇性，维持系统功率平衡，提升分布式能源利用效率，实现电网和用户的双向互动。需求响应是负荷实现调度的有效手段。

虚拟电厂通过网络通信设备将可控机组、不可控机组，如风、光等分布式能源、储能、可控负荷、电动汽车等聚合起来，并进一步考虑需求响应、不确定性等要素，通过与控制中心、云中心、电力交易中心等进行信息通信，实现与大电网的能量互换。在更广义的概念中，虚拟电厂是基于互联网的能源高度聚合，以及以此为基础而拓展出的多样化衍生服务，其核心是聚合和通信。将资源进行聚合，并将接入的资源参与到电网互动中，互动内容包括需求响应、辅助服务、电力现货交易等，优化电网的运行状态与电力市场的广泛参与，是虚拟电厂近期和远期所能提供的主要服务。

2.3 虚拟电厂典型特征

虚拟电厂是需求侧响应的升级，需求侧响应主要是削峰，主要针对用户负荷；虚拟电厂则是削峰和填谷兼顾，部分具有储能特征，源、网、荷、储都包含在内。与需求响应的调节方式相比，虚拟电厂由于接入了更多元化的用户，如储能、分布式发电、可控负荷等，在用户参与调节时，不仅负荷侧的用户可以调节自身用电增减，还可以召集储能侧、电源侧的用户调节电能输出，具有丰富的调节方式和手段。

从外部特征来看，虚拟电厂由于聚集了分布式能源（发电）、储能（充电/放电）、可控负荷（用电）等，因此可以根据实际的组成将其划分为电源型、负荷型、储能型、混合型四类，其对外特征如图 2-3-1 所示。

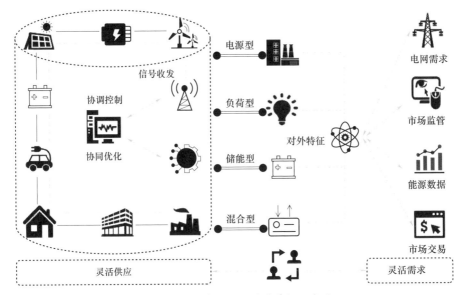

图 2-3-1 虚拟电厂对外特征示意图

虚拟电厂作为一类特殊的电厂参与电力系统的运行，具备传统电厂的发电特征，能够实现精准的自动响应，机组特性曲线也可模拟常规发电机组。但与传统电厂相比，虚拟电厂具有以下几点显著的特征：

（1）虚拟电厂所包括的资源具有多样性。虚拟电厂既可以将风电、光伏发电、微型燃气发电机组、小型水电机组等多种分布式能源与余热余压回收、变配电节能技术等技术性节能资源进行合理组合，实现多种能源联合供应，满足电力系统的用电需求，又能利用分时电价、可调负荷等方式，改变用户用能行为，提升系统运行效率。

（2）虚拟电厂的构成资源具有环保性。一方面，虚拟电厂通过节能技术和负荷管理手段以降低电力需求，以低排放甚至零排放的运行管理方式实现了虚拟电厂电力生产。另一方面，虚拟电厂有效聚合了分散的清洁能源机组，并与传统能源发电机组实现了互补协调调度，抑制了可再生能源电力的随机波动性，实现了其并网运行与市场交易。

（3）虚拟电厂的运营过程具有协同性。虚拟电厂所涉及的分布式能源具有地域分散性。虚拟电厂通过系统控制中心实现了对不同区域、不同特性的分布式能源的集中管理，区域内多种形态的电源与不同特征的用电负荷实现了有效聚集和高效控制。虚拟电厂通过整合电源资源、可控负荷资源、储能资源等，全面参与电力产业链中的所有环节，与多种电力市场参与者形成良性互动。不同虚拟电厂运营管理者能通过相互协助与共同合作来促使虚拟电厂参与不同类型电力市场的交易。

（4）虚拟电厂可促进电力市场的竞争。虚拟电厂所生产的电，可实现安全调度，能够在现货市场中与传统电厂展开竞争。同样，虚拟电厂也可参与辅助服务市场与容量市场，以节约备用容量资源，降低电力系统中的备用成本。

（5）虚拟电厂的管理控制具有智能化特征。基于云计算技术，虚拟电厂中各构成单元通过互联网实现互联，实现了智能化控制管理。制定市场交易组合策略与调度运行计划时，控制管理系统综合考虑了各个分布式能源单元的技术特性、天气预报信息、系统供能和用能历史数据，实现了对系统发、用电功率的预测。

根据虚拟电厂的对外特征，不同类型特征的虚拟电厂具有不同的服务能力：① 电源型虚拟电厂，具有能量出售的能力，可以参与能量市场；并视实际情况参与辅助服务市场。② 负荷型虚拟电厂，具有功率调节能力，可以参与辅助服务市场；能量出售属性不足。③ 储能型虚拟电厂，可参与辅助服务市场，也可以部分时段通过放电来出售电能。④ 混合型虚拟电厂，全能型角色。

2.4 虚拟电厂与微电网

微电网是指由分布式发电、储能装置、能量转换装置、相关负荷和监控、保护装置汇集而成的小型发配电系统，是一个能够实现自我控制、保护和管理的自治系统，既可以与外部电网并网运行，也可以孤立运行。微电网技术的提出，旨在解决分布式发电并网运行时的主要问题，同时由于它具备一定的能量管理功能，并尽可能维持功率的局部优化与平衡，可有效降低系统运行人员的调度难度。

实际上，虚拟电厂和微电网都是实现分布式能源接入电网的有效形式，且虚拟电厂和微电网都是对分布式能源进行整合，但是两者在以下方面有着较大的区别。

（1）两者对分布式能源聚合的有效区域不同。微电网在进行分布式能源聚合时对地理位置的要求比较高，一般要求分布式能源处于同一区域内，就近进行组合。而虚拟电厂在进行分布式能源聚合时可以跨区域聚合。

（2）两者与配电网的连接点不同。由于虚拟电厂是跨区域的能源聚合，所以与配电网可能有多个公共连接点（point of common coupling，PCC）。而微电网是局部能源的聚合，一般只在某一公共连接点接入配电网。由于虚拟电厂与配电网的公共连接点较多，在同样的交互功率情况下，虚拟电厂更能够平滑联络线的功率波动。

（3）两者与电网的连接方式不同。虚拟电厂不改变聚合的分布式能源的并网形式，更侧重于通过量测、通信等技术聚合。而微电网在聚合分布式能源时需要对电网进行拓展，改变电网的物理结构。

（4）两者的运行方式不同。微电网可以孤岛运行，也可以并网运行。虚拟电厂通常只在并网模式下运行。

（5）两者侧重的功能不同。微电网侧重于分布式能源和负荷就地平衡，实现自治功能。虚拟电厂侧重于实现供应主体利益最大化，具有电力市场经营能力，以一个整体参与电力市场和辅助服务市场。

2.5 虚拟电厂与需求响应

需求响应是以智能电网为技术支撑，电力用户根据电力市场动态价格信号和激励机制，以及供电方对负荷调整的需求所自愿做出的响应，在满足用户基本用电需求的前提下，通过改变原有的用电方式实现负荷调整的需求，达到提高系统消纳可再生能源电量并保障电力系统稳定运行的目的。由以上定义可以看出，需求响应既要满足负荷侧需求，又要适应供给侧的特点，还要保障电力系统的安全运行。随着需求响应所发挥的调节作用越来越大，可缓解供应侧容量资源的压力，减少供应侧、电网侧尖峰的资源建设，实现资源优化配置，促进能源结构优化，推动能源供给侧结构性改革。

在这种环境下，需求响应的提出打破了传统发电、用电侧之间的界限，以一种新的区域化集成管理模式，实现需求侧分布式能源和柔性负荷的综合协调控制。其以智能电网为技术平台，鼓励用户根据电力市场动态价格信号和激励机制及供电方对负荷调整的需求自愿做出响应，在满足用户基本用电需求的前提下，通过改变原有用电方式满足负荷调整的需要。

虚拟电厂与需求响应既有联系，又有区别。实际上虚拟电厂是利用物联网技术聚合分散式资源，通过需求响应方式调节电力供给和电网平稳的一项技术。因此，需求响应是虚拟电厂发展的基础。虚拟电厂的侧重点在于增加供给，会产生逆向潮流现象；需求响应则重点强调削减负荷，不会发生逆向潮流现象，是否会造成电力系统产生逆向潮流是虚拟电厂和需求响应两者最主要的区别之一。

虚拟电厂可理解为是需求响应的升级版。依据外围条件的不同，把虚拟电厂的发展分为三个阶段。第一阶段称之为邀约型阶段。这是在没有电力市场的情况下，由政府部门或调度机构牵头组织，各个聚合商参与，共同完成邀约、响应和激励流程。第二阶段是市场型阶段，这是在电能量现货市场、辅助服务市场和容量市场建成后，虚拟电厂聚合商以类似于实体电厂的模式分别参与这些市场获得收益。在第二阶段，也会同时存在邀约型模式，其邀约发出的主体是系统运行机构。第三阶段是未来的虚拟电厂，称之为自主调度型虚拟电厂。随着虚拟电厂聚合的资源种类越来越多，数量越来越大，空间越来越广，实际上这时候应称之为"虚拟电力系统"，其中既包含可调负荷、储能和分布式能源等基础资源，也包含由这些基础资源整合而成的微电网、局域能源互联网。

实际上，在我国第一阶段的虚拟电厂与需求响应几乎是同等的概念，可视为新型需求响应。它可完全实现自动调控，在电力供应紧张时，自动向用户发出削减负荷的需求响应信号，组成虚拟电厂的各类资源（相比传统需求响应新增添了各类分布式能源）自动接收需求响应信号，通过自己的能量管理系统控制调整用电，并对需求响应结果自动进行报告。新型需求响应能够实现迅速、高效和精准的电力实时动态调控、能有效解决电力供给侧可再生能源发电带来的巨大不确定性，因此可被列入广义虚拟电厂的范畴。

2.6 小结

本书将虚拟电厂定义为一种基于先进信息通信技术和软件系统实现分布式能源资源的聚合和协同优化的电源协调管理系统。其构成部分主要涵盖发电系统、储能设备、通信系统三方面内容，通过分布式能源管理系统将配电网中分散安装的清洁能源、可控负荷和储能系统合并作为一个特别的电厂参与电网运行。考虑到虚拟电厂存在资源多样性、运营协同性、管理智能化等典型特征，可依据典型特征与服务能力将其划分为电源型、负荷型、储能型、混合型四种类型。相较于广为人知的微电网系统和需求响应机制等热门应用，虚拟电厂更侧重于强化分散能源的高效供给来实现供应主体利益最大化，以其高效、合理的控制策略推动资源消纳利用。

3 虚拟电厂系统架构

3.1 系统架构

虚拟电厂系统架构可分为接入层、网络层、平台层和应用层。

（1）接入层通过资源侧的边缘通信设备，将资源与虚拟电厂平台经过网络层连接起来。网络层可包括电力专网、无线专网、工业物联网和加密的互联网等多种网络。

（2）平台层包括物联接入平台和云化超融合平台，监控平台在资源接入后，基于数据库、系统总线和系统管理及公共服务基础上，提供监控功能。云化超融合平台基于容器化和微服务架构，实现资源管理、日志分析、安全管理、容灾备份、应用部署、容器编排、卡片集成、业务一体化云边协同 8 个模块。

（3）应用层通过跨区域自主调度、集控控制、投标决策、互动交易及评价分析 5 个子系统，解决目前虚拟电厂领域难以适应跨区域海量资源接入、无法参与跨区域多品种电力市场交易、资源集群跨区域协同调控难等问题，实现多品种、多时空集群协同自主调度的新一代虚拟电厂。

虚拟电厂系统架构示意图如图 3-1-1 所示。

3.2 技术架构

虚拟电厂通过先进的控制、计量、通信等技术聚合分布式电源、储能系统、需求响应资源等不同类型的分布式能源，利用更高层面的软件架构进行负荷资源及分布式电源的协调优化控制，实现资源的合理优化配置及利用。虚拟

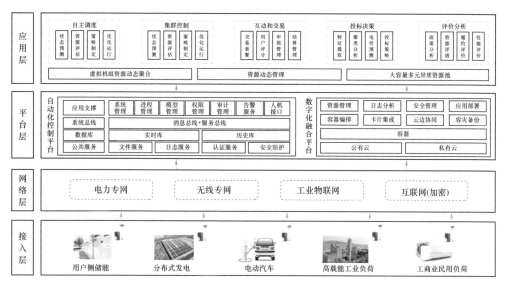

图 3-1-1　虚拟电厂系统架构示意图

电厂不仅可以向电网供电，还能消纳电网的盈余电力，具有"源—荷"双重身份，可以通过源—荷友好互动向电网提供调频、调峰等辅助服务。虚拟电厂技术主要分为市场运营、协调优化运行、物联网技术。虚拟电厂技术架构示意图如图 3-2-1 所示。

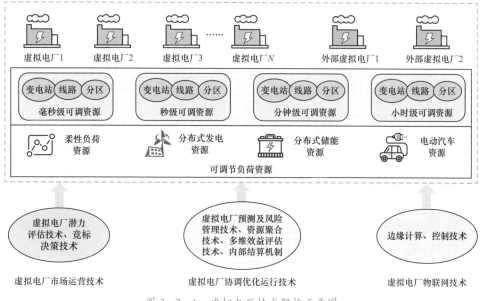

图 3-2-1　虚拟电厂技术架构示意图

1. 虚拟电厂市场运营技术

虚拟电厂作为负荷及需求侧资源的管理者，必须保证其参与虚拟电厂后市场利润不少于其单独参与电力市场的利润，同时尽可能从中获取利润以支付运营管理成本，这就需要虚拟电厂市场竞价技术的支撑。市场运营技术主要包含以下两个方面：

（1）虚拟电厂潜力评估技术。潜力指的是具有时间属性的虚拟电厂发电能力及辅助服务能力，包含各时间段最大和最小发电能力（运行功率约束及成本等指标）、各时间段虚拟电厂爬坡率、各时间段虚拟电厂各类型辅助服务能力（备用容量、成本及性能等指标）等属性。合理的虚拟电厂潜力评估技术是虚拟电厂进行运行及市场风险管理，实现经济运行与安全可靠供电质量的关键。

（2）虚拟电厂竞标决策技术。在电力市场化进程中，虚拟电厂竞标技术解决其作为发用电实体参与电力市场的关键问题。高效的竞标决策技术为虚拟电厂带来更多的利润，吸引更多的需求侧资源参与，进一步提供更加优质可靠的发电及辅助服务。决策技术主要包括各时段日前现货市场下的能量竞标决策、实时现货市场下的能量竞标决策、各时段辅助服务市场下的日前竞标决策、实时下能量及辅助服务安排决策等。

2. 虚拟电厂协调优化运行技术

虚拟电厂安全经济运行需要以预测技术及风险管理技术为支撑，以虚拟电厂的多维社会效益评估技术为基础，发展经济高效与安全可靠的资源聚合技术及与内部用户的交易及结算机制。虚拟电厂协调优化运行技术主要包括以下几个方面：

（1）虚拟电厂预测及风险管理技术。虚拟电厂投资者及用户多属于风险厌恶者，市场价格波动及可再生能源波动所带来的极端风险是其不愿意或无法承担的。预测技术包括可再生能源预测技术、负荷预测技术、中长期负荷预测技术及短期风电波动功率与负荷预测技术。虚拟电厂风险管理技术包括一般统计方法、风险价值及条件风险值技术等。

（2）虚拟电厂资源聚合技术。虚拟电厂资源聚合技术包括资源评估、挑选及聚合等过程，实现对分散资源的聚合、运行、控制与管理。虚拟电厂资源评估技术主要用于筛选和鉴别可靠合格的或符合虚拟电厂运行目标的资源，是虚拟电厂资源聚合的前提。资源挑选技术是虚拟电厂资源聚合的基础，在一定的虚拟电厂运营目标下，对资源的组合方式寻优，挑选合适的发电、用电资源进行合作，是虚拟电厂效益最大化的重要策略。虚拟电厂聚合方法包括不同种类的资源群控策略及对不同资源的优化运行策略，如空调负荷和电动汽车的控制策略与优化策略等。

（3）虚拟电厂多维效益评估技术。无论是技术型虚拟电厂还是商业型虚拟电厂，实现其运营目标的同时是否造成其他维度的社会效益或社会福利降低等问题，是系统运营者应给予关心的问题。主要的效益评估包括环境效益、经济效益、节能减排及可再生能源消纳等方面。

（4）虚拟电厂内部结算机制。虚拟电厂内部结算机制相关参与方包括分布式能源所有者、集成运营商、配电网或输电网运营者及电力市场运营者。设计有利于调动各方资源参与积极性的激励机制，也是虚拟电厂内部结算机制的重要研究内容。

3. 虚拟电厂物联网技术

在虚拟电厂应用场景下，控制领域将从当前的星形集中连接模式向点到点分布式连接切换，主站系统将逐步下沉，出现更多的本地就近控制和边缘计算。

在靠近物或数据源头的一侧，采用网络、计算、存储、应用核心能力为一体的开放平台，就近提供最近端服务。

虚拟电厂物联网关键技术主要为局域网技术、广域网技术、互联网技术、传输控制协议/网际协议和云计算等技术，其具备高精度、低功耗、微型化、智能计算的特点，可以完成设备信息的采集、提取及传递，通过本地边缘计算，实现终端智能化，完成本地自控。

3.3 平台架构

虚拟电厂是聚合地理位置相对分散的需求侧资源的虚拟实体，主要依托调控中心、电力交易平台等，通过一定的优化控制策略，辅以数据交互通信技术，在系统安全稳定运行前提下参加电网运行。虚拟电厂管理平台架构如图 3 – 3 – 1

所示，按照"统一管理、分布式接入、协同调控"的运营管理模式，以电力物联网为基础，通过智能边缘计算、感知终端，运用包括终端智能感知、数据智能融合分析、辅助管理决策等技术构建虚拟电厂管理平台。

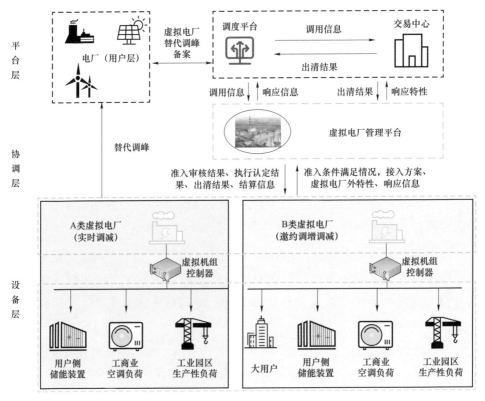

图 3-3-1 虚拟电厂管理平台架构

虚拟电厂管理平台运行架构整体上分为平台层、协调层和设备层三个层次。其中，平台层是电力交易中心与调度中心，其负责管理电力批发市场的电力交易。根据系统运行状态，确定系统所需的辅助服务数量，并以社会福利最大化为目标，进行能量市场和辅助服务市场的联合出清，形成正确有效的电力价格信号。

协调层是虚拟电厂的运营商，用于协调平台层和底部设备层的信息交互，确保所有参与主体信息的互联互通。同时，运营商负责需求响应计划的具体制定，协调用户之间、用户与电网之间能量流和信息流的互动。协调层设有能量管理主站，接收来自执行层的用户能量管理系统上传的负荷信息，并发布相关响应需求，组织用户报价，经过优化调度后形成削峰计划，并通过加速并行等形式向所有用户开放和共享，实现各层级信息的对等，提高用户参与互动的积极性。

设备层主要包括各类工商业用户、居民用户及其他可调度的分布式资源。用户配备有分布自治控制系统，负责自身的能量管理和生产优化，并与运营商进行信息交流和能量交流。用户通过自身的分布式自治控制系统与主站通信，将自身的用能计划、负荷预测等上传给主站，并接收主站发布的削峰需求，根据自身设备使用情况、生产流程、可调容量等，以自身利益最大化为目标，制定响应计划并进行报价，主要措施包括中断部分负荷、调整用能需求、调整生产计划或启用自备电厂等。

3.4　控制架构

虚拟电厂的控制对象主要包括各种分布式电源、储能系统、可控负荷及电动汽车，控制结构主要包括集中控制、集中—分散控制、完全分散控制 3 类。

（1）集中控制结构中，虚拟电厂的全部负荷信息均传递至控制协调中心（control coordination center，CCC），CCC 拥有对虚拟电厂中所有单元的控制权，制定各单元的发电或用电计划。CCC 控制力强且控制手段灵活，但通信压力大且计算量繁重，兼容性和扩展性也不理想。

（2）集中—分散控制结构中，虚拟电厂被分为 2 个层级，分别为低层控制和高层控制。在低层控制中，本地控制中心管理本区域内有限个发、用电单元，彼此进行信息交换，并将汇集的信息传递到高层控制中心；高层控制中心将任务分解并分配到各本地控制中心，然后本地控制中心负责制定每一个单元的发电或用电具体方案。此结构有助于改善集中控制方式下的数据拥堵问题，并使扩展性得到提升。

（3）完全分散控制结构中，虚拟电厂被划分为若干个自治的智能子系统，这些子系统通过各自的智能代理彼此通信并相互协作，实现集中控制结构中控制中心的功能，控制中心则成为数据交换与处理中心。

3.5 能量信息流架构

虚拟电厂对其聚合的分布式电源、可调节负荷及储能等进行分散式或集中式的控制运营，实现多个单元的协调优化。虚拟电厂与其内部用户（可控资源）、外部市场运营机构（调度、交易等）进行能量、信息和业务之间的交换协调，虚拟电厂信息框架结构如图3-5-1所示。

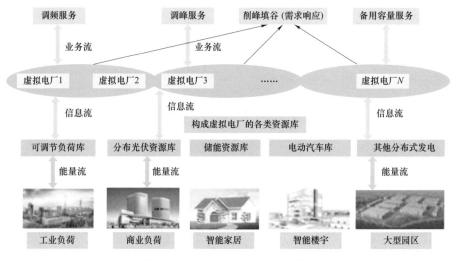

图 3-5-1 虚拟电厂信息框架结构

（1）能量流。由虚拟电厂所聚合的分布式电源、储能等提供电能，或减少分布式电源发电、用户用电和储能用电。虚拟电厂作为市场主体参与市场运营机构组织的各类电力市场，并根据自身需求进入市场形成发电或用电交易结果，实现电量交割。或根据系统调节需求，按指令或市场化方式发挥自身灵活能力，提供增减电力调节服务。

（2）信息流。虚拟电厂所聚合的分布式电源、储能、用户等各类可调节资源与虚拟电厂控制中心相互传递的信息，包括设备性能、状态、发用电需求、价格信号、控制指令等。虚拟电厂与交易机构之间传递市场价格信号、交易申报、交易出清结果等信息。与调度机构之间传递设备调节性能、系统调节需求和指令等信息。

（3）业务流。虚拟电厂运营机构与各类发用电聚合单元的业务关系包括签订合同或协议、资金支付与收取等。虚拟电厂在市场运营机构组织的各类市场中进行交易，通过辅助服务市场或指令性方式与系统调度机构签订系统调节合同、电力和电量结算、资金支付与收取等。

3.6 运营交易架构

虚拟电厂交易组织离不开三个重要角色，即服务购买方、市场运营方、服务提供方，其市场主体架构如图3-6-1所示。虚拟电厂的交易组织由市场运营方完成。

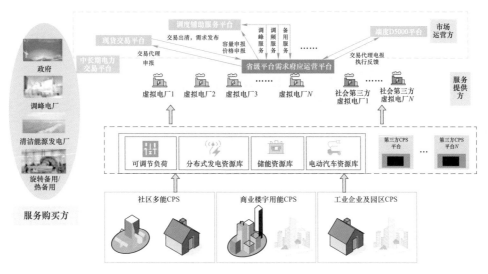

图3-6-1 虚拟电厂市场主体架构示意图

（1）服务购买方。

1）政府。电网供电尖峰阶段，利用尖峰电价资金池购买需增/需减服务（对应需求响应的填谷/削峰业务）来维持电网供需平衡。

2）调峰电厂。因故无法完成调峰目标时，购买需增服务以规避调峰辅助服务考核。

3）清洁能源发电厂。产生弃风弃光时，购买需增服务促进清洁能源消纳并获得相应补贴。

4）旋转备用/热备用。因故无法完成备用目标时，购买需减服务以规避备用辅助服务考核。

（2）市场运营方。调度机构负责建设、维护市场技术支持系统，负责市场日常运营，向相关机构提供调用结果等信息。交易机构负责市场成员注册管理、竞价、出清、市场交易信息披露等交易流程管理，并提供电力市场交易结算依据及相关服务。

（3）服务提供方。虚拟电厂服务的提供方即提供可调节资源，出售虚拟电厂服务产品的一方。在山西省能源局发布的《虚拟电厂建设与运营管理实施方案》中，明确这类提供方有两种：

1）"负荷类"虚拟电厂指虚拟电厂运营商聚合其绑定的具备负荷调节能力的市场化电力用户（包括电动汽车、可调节负荷、可中断负荷等），作为一个整体（呈现为负荷状态）组建成虚拟电厂，对外提供负荷侧灵活响应调节服务。

2）"源网荷储一体化"虚拟电厂指列入"源网荷储一体化"试点项目，建成后新能源、用户及配套储能项目通过虚拟电厂一体化聚合，作为独立市场主体参与电力市场，原则上不占用系统调峰能力，具备自主调峰、调节能力，并可以为公共电网提供调节服务。

3.7 小结

虚拟电厂作为集成分布式资源和智能控制的新型能源管理体系，通过先进的技术架构提高对于分散资源的掌控，并结合其市场运营、协调优化运行、物联网等技术，实现对分散能源资源的协同优化管控。这使得虚拟电厂既能适应市场需求，实现经济运行给用户带来切实客观的利益；又能有效协调和优化各类能源的利用，保障电网安全稳定运行。物联网技术的引入使得控制与管理更加智能化，提高了系统的适应性和灵活性。

在未来，虚拟电厂的架构会随着聚合资源规模的继续发展和完善，将具体体现在以下几个方面：

（1）更加智能化的管理平台。通过引入更多的人工智能和机器学习技术，虚拟电厂的管理平台可以更加智能化地分析和处理数据，提高能源管理和调度的精度和效率。

（2）更加高效的信息传输。虚拟电厂的通信网络层将变得更加高效和可靠。

这将有助于提高虚拟电厂的信息传输速度和稳定性，实现更加实时的能源管理和调度。

（3）更加灵活的市场参与。虚拟电厂的市场参与能力将得到进一步提升。未来，虚拟电厂可能会更加灵活地参与到电力市场交易中，实现更加高效的经济效益和社会效益。

总体而言，虚拟电厂为电力系统注入了新的活力，为清洁能源的大规模应用提供了可行的技术方案，同时也推动了电力市场的发展与创新。

4 ┃ 虚拟电厂技术基础

虚拟电厂技术支持平台上接电网调度和交易中心，对下接入各类可调节资源的工业控制系统。一方面要满足各种异构资源系统对于电网调节秒级，甚至毫秒级的响应要求；另一方面要满足虚拟电厂通过公网与电网内部系统的通信安全要求。因此在满足基础的物联和通信技术外，更需要基于"云—管—边—端"灵活的物联网体系架构，持续优化系统通信承载技术，提升虚拟电厂的性能参数，以获得更高的响应收益和系统安全防护能力。

虚拟电厂技术支持平台作为运营商实现其商业运营的载体，除了支撑可调节资源的运行调控，还要支撑虚拟电厂的商业运作，因此其包括虚拟电厂运营管理和可调节资源运行调控"一体两面"的双重应用。虚拟电厂管控平台建设工作在架构上可分为4层，各层之间具备一定的独立性，4层配合共同组成了虚拟电厂运营管控技术架构，进而支持海量分布式资源的泛在接入，并应对多市场主体的建设运营需求。数据流和功能视角，各层相互依赖。稳定可靠的数据平台层应在采用高可靠、弹性扩展的云计算和边云协同的分布式计算技术基础上，通过微服务架构、边缘计算架构、边云协同架构等分层鲁棒架构，实现弹性扩展、灰度发布、动态调整，即对智慧应用支持在线扩展，亦可对集采终端及优化策略进行在线升级和优化。

4.1 信息通信技术

4.1.1 电力通信的特点

我国电力通信网是国家专用通信网之一，是电力系统不可缺少的重要组成部分，是电网调度自动化、网络运营市场化和管理现代化的基础。我国电力通信网是以光纤、微波及卫星电路构成主干线，各支路充分利用电力线载波、特种光缆等电力系统特有的通信方式，并采用明线、电缆、无线等多种通信手段及程控交换机、调度总机等设备组成的多用户、多功能的综合通信网。电力系统通信有如下特点：

（1）要求有较高的可靠性和灵活性。

（2）传输信息量少但种类复杂、实时性强。

（3）具有很大的耐冲击性。雪灾和地震带给人们的信息是：人类社会已经进入高风险社会，各种突发事件随时可能发生，应把非常态管理置于常态管理之中。在发生重大自然灾害时，各种应急、备用通信手段应能充分发挥作用。

（4）电力系统通信网中有着种类繁多的通信手段和各种不同性质的设备、机型，它们通过不同的接口方式和不同的转接方式，如用户线延伸、中继线传输、电力线载波设备与光纤、微波等设备的转接及其他同类、不同类通信设备的转接等，构成了电力系统复杂的通信网络结构。

（5）通信范围点多面广。除发电厂、供电局等通信集中的地方，供电区内所有的变电站、电管所也都是电力通信服务的对象。很多变电站地处偏远，通信设备的维护半径通常达上百千米。

（6）无人值守机房居多。通信点的分散性、业务量少等特点决定了电力通信各站点不可能都设通信值班。事实上除中心枢纽通信站，大多数站点都无人值守。这一方面减少了费用开支，另一方面又给设备的维护维修带来了诸多不便。

4.1.2 虚拟电厂中的通信要求

利用先进的通信、信息和控制技术，构建以信息化、自动化、互动化为特征的国际领先、自主创新、具有中国特色的智能电网，是我国电力行业未来的发展方向。而建立高速、双向、实时、集成的通信系统是实现智能电网的基础，没有先进的通信系统，任何智能电网的特征都无法实现。由于智能电网的数据获取、保护和控制都需要通信系统的坚强支持，所以建立先进的通信系统是迈向智能电网的关键一步。

遍布整个智能电网多种方式的通信设备将各类信息在测量装置、控制设备和执行元件之间进行相互传递，以保证电网安全、可靠、高效、经济的生产运行。总体来说，智能电网的通信系统必须满足以下的技术要求。

（1）数据量要求。智能电网通信系统不仅要考虑目前数据传输的需要，还要考虑系统升级的要求。

（2）实时性要求。智能电网对信息通信通道的实时性要求是变电站内部小于 1ms，其他小于 500ms；同步时间偏差小于 1ms。据 IBM 公司对带宽需求的预测，每个先进的变电站需 0.2～1.0Mbit/s 的带宽，连续抄表每百万先进的电能表需 1.85～2.0Mbit/s 的带宽，每万个智能传感器需 0.5～0.75Gbit/s 的带宽。

（3）环境适应性要求。智能电网的通信设备很多暴露在室外，环境恶劣，因此必须能够抵御高温、低温、日晒、雨淋、风雪、冰雹和雷电等自然环境的侵袭。同时，尽量避免各种电磁干扰，保证长期稳定可靠工作。

（4）网络安全性要求。通信网络安全是指在利用网络提供的服务进行信息传递的过程中，通信网络自身的可靠性、生存性，网络服务的可用性、可控性，信息传递过程中信息的完整性、机密性和不可否认性。智能电网通信网络安全涉及攻击、防范、检测、控制、管理、评估等多方面的基础理论和实施技术。

虚拟电厂作为智能电网的一种有效的组织利用形式，其依托电力网络进行通信，采用双向通信技术，不仅能够接收各个单元的当前状态信息，而且能够向控制目标发送控制信号。应用于虚拟电厂中的通信技术主要有基于互联网的技术，如基于互联网协议的服务、虚拟专用网络、电力线路载波技术和无线技术等，其中无线技术主要采用全球移动通信系统（global system formobile communication，GSM）/通用分组无线服务技术（general packet radio service，GPRS）、第三/四代移动通信技术（3G/4G）等。在用户住宅内，Wi-Fi、蓝牙、ZigBee 等通信技术构成了室内通信网络。根据不同的场合和要求，虚拟电厂可以应用不同的通信技术。对于大型机组而言，可以使用基于 IEC 60870-5-101 协议或 IEC 60870-5-104 协议的普通遥测系统。随着小型分散电力机组数量的不断增加，通信渠道和通信协议也将起到越来越重要的作用，昂贵的遥测技术很有可能被基于简单的 TCP/IP 适配器或电力线路载波的技术所取代。在欧盟 VECPP 项目中，设计者采用了互联网虚拟专用网络技术；荷兰功率匹配器虚拟电厂采用了通用移动通信技术（universal mobile tele communications system，UMTS）、无线网通信技术；在欧盟"灵活调整电网结构以适应预期变化"项目中，虚拟电厂应用了 GPRS 技术和 IEC 104 协议通信技术；德国 ProViPP 的通信网络则由双向无线通信技术构成。

虚拟电厂的通信不同于一般通信系统，对通信系统的带宽、实时性、可靠性和安全性的要求浮动范围宽广，现行互联网物理设备和通信协议在虚拟电厂应用的很多方面尚不能满足要求。尽管 IEC 61850 等已有通信协议给电力信息通信提供了解决方案，但是许多虚拟电厂领域的信息通信需求仍得不到满足。除了满足智能电网的通信要求，虚拟电厂通信的特殊要求，主要表现在以下 4 个方面。

（1）高综合性。虚拟电厂通信的高综合性要求表现在技术与业务的双综合；虚拟电厂通信融合了计算机网络技术、控制技术、传感与计量技术等，同时虚拟电厂可以与各种电力通信业务网（电话交换网、电力数据网、继电保护网、电视电话会议网、企业内联网、安防系统）相互连接，实现从发电到用电各个环节的无缝连接，允许不同类型的发电和储能系统自由接入，简化联网过程，满足虚拟电厂业务和应用的"即插即用"。

（2）高可靠性。相对于坚强的大电网，虚拟电厂相对脆弱，这就要求其具有快速恢复能力，这要取决于其通信系统的高可靠性。当虚拟电厂出现故障或发生问题时，能够迅速切除故障并且将负荷切换到可靠的电源上，及时提供来自故障部分的核心数据，减少虚拟电厂在出现较大故障时的恢复时间。

（3）公认的标准。为了满足双向、实时、高效通信的要求，虚拟电厂通信就必须基于公开、公认的通信技术标准；公认的标准将会为传感器、高级电子设备、应用软件之间高速、准确的通信提供必要的支持，目前缺少被用户和虚拟电厂运营商共同认可的通信标准，在未来的发展中需要尽快制定。

（4）高经济性。虚拟电厂的通信系统辅助其运营，通过预测、阻止对电网可靠性产生消极影响的事件发生，避免因电能质量问题造成的成本追加，同时基于虚拟电厂的通信自动监测功能也大大减少人员监控成本和设备维护成本。

总之，为了实现虚拟电厂内部分布式电源及虚拟电厂之间的协调优化，先进的通信技术及标准化的通信协议至关重要。媒体技术和光纤通信可考虑作为新的通信技术。数据的交换也应基于同一标准，如采用可扩展标记语言（extensible markup language，XML）。此外，虚拟电厂应具有良好的开放性和可扩展性，如兼容微电网和需求侧技术等，这就对通信结构的设计提出了要求。

4.1.3 虚拟电厂通信的设计原则

虚拟电厂要求建设高速、双向通信、宽带、自治的信息通信系统，支持多业务的灵活接入，提供"即插即用"的虚拟电厂信息通信保障，因此规划设计虚拟电厂通信系统时，一般应遵循以下原则。

（1）规划设计的统一性。虚拟电厂的通信系统不仅是其自身控制与运行的基础，更是其商业运营的保证，因此虚拟电厂通信的规划设计需要与其业务配合进行统一，满足公认的通信标准、可扩展的网络架构及安全可靠的开放性原则。

（2）安全可靠的开放性。虚拟电厂的用户类型较多，互动程度高，通信系统的设计既要满足开放性的原则，同时又要保证虚拟电厂关键设备及用户隐私数据的安全性。

（3）充分考虑的扩展性。随着接入分布式电源和用电设备的增加，以及快速增加的采集数据量的不断汇聚，对传输网络带宽和网络传输可靠性都会提出更高的要求，因此虚拟电厂通信系统的设计就应充分考虑到这个因素，为网络扩展和维护更新做好冗余配置。

4.1.4 通信体系结构

和智能电网类似，虚拟电厂的通信系统应用于电力生产、运行的各个环节，按适用范围可分为电力生产过程监控的通信网络（虚拟电厂生产监控通信网）和面向虚拟电厂用户服务的通信网络（虚拟电厂配用电通信网），以及虚拟电厂与常规配电网调控中心的通信网络三部分。

（1）虚拟电厂生产监控通信网。虚拟电厂生产监控通信网架构如图 4-1-1 所示。利用先进的通信技术，虚拟电厂生产调控网能够解决的主要问题有电力调度、电力设备在线实时监测、现场作业视频管理、户外设施防盗等。采用的主要电力通信方式有电力线载波、无线扩频、微波通信、光纤通信、GPRS 移动通信、新一代 3G/4G 移动通信等。

（2）虚拟电厂配用电通信网。虚拟电厂用户服务通信网络架构如图 4-1-2 所示。针对虚拟电厂用户的需求，主要用于用户电能信息采集、智能家居、无线传感安防、社区服务管理等。其利用先进的通信技术，对家庭用电设备进行统一监控与管理，对电能质量、家庭用电信息等数据进行采集和分析，指导用户进行合理用电，实现虚拟电厂与用户之间智能供、用电。此外，通过智能交互终端，可为用户提供家庭安防、社区服务、互联网等增值服务。用户服务通信主要通过低压电力线载波通信、光纤复合低压电缆（optical fiber composite low-voltage cable，OPLC）、无线宽带通信等通信方式相结合的通信平台来实现。

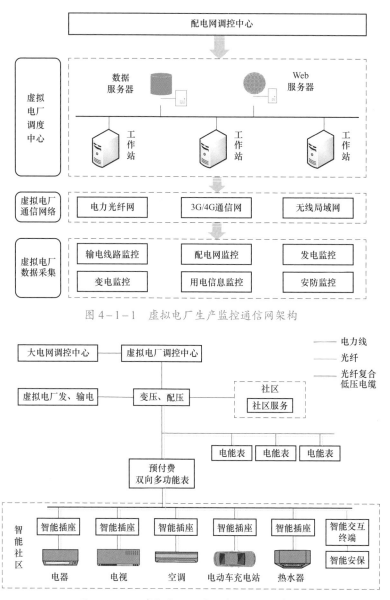

图 4-1-1　虚拟电厂生产监控通信网架构

图 4-1-2　虚拟电厂用户服务通信网络架构

（3）虚拟电厂与常规配电网调控中心的通信网络。一般参照智能电网配电网的通信网络架构进行构建，将虚拟电厂作为一个有源可控客户端来处理。

4.1.5 虚拟电厂通信系统的设计

在进行虚拟电厂通信方案设计时，要根据不同通信技术的优势和应用场合，综合考虑成本、应用环境等诸多因素，合理选取通信技术，进行适当的搭配，以期最大限度地发挥不同通信技术的优势。虚拟电厂通信技术的选取，主要根据所传输数据的类型、通信节点的地理位置分布和虚拟电厂的规模等因素综合考虑来决定。

虚拟电厂通信系统要负责监控、用户等多类型数据信息的双向、及时、可靠传输，是一个集通信、信息、控制等技术为一体的综合系统平台，虚拟电厂通信流程结构图如图4-1-3所示。

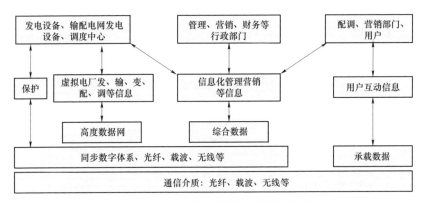

图4-1-3 虚拟电厂通信流程结构图

虚拟电厂的发、输、变、配、调过程的控制信息由调度数据网承载，保护、安全等对时延要求严格的控制信息采用专用线承载。虚拟电厂的用户信息采用先进的、适用于电力系统用户网接入特点的、满足互动要求的通信承载技术。管理、运行维护、营销等行政部门信息化业务由综合数据网承载，根据虚拟电厂发展建设的进程，话音等专线业务也逐步转移到综合数据网上。

以"网络到能源"项目为例，它是在欧盟第7框架计划下，于2010～2015年完成的虚拟电厂研究与试点项目，其目的在于实施和验证智能配电的智能计量、智能能量管理和智能配电自动化三大支柱技术。在此项目中，先进的智能计量技术提供了很多创新的功能，主要包括短期内远程读取测量值、接收市场价格信号并使其可视化、管理干扰信号和故障、估计操作和被盗能量、永久存储仪表数据、监控负荷曲线、监控分布式能源。图 4－1－4 展示了该虚拟电厂项目的通信设计结构。

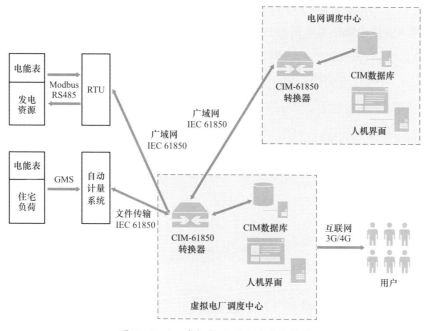

图 4－1－4　虚拟电厂项目的通信结构

住宅负荷处安装的智能电能表通过全球移动通信无线通信技术将用户消费信息传送给自动计量系统，而发电资源侧安装的智能电能表则通过 RS485 串行接口和 Modbus 协议将测量信息传送给远程终端单元（remote terminal unit，RTU）。电能表传送信息的周期为 15min，每小时进行一次时间同步。虚拟电厂控制中心和电网调度中心的核心部分是基于 IEC 61850 的公共信息模型（common information model，CIM）数据库，该数据库包含监控调度系统运行所需要的全部信息。虚拟电厂控制中心与 RTU、自动计量系统和电网调度中心的通信则是基于 IEC 61850 协议。两种不同通信协议之间的信息转换通过 CIM－61850 转换器模块实现。

其中，通信技术是实现虚拟电厂功能的核心物理技术，包括虚拟电厂与电网的双向数据通信技术，以及虚拟电厂与内部设备之间的通信技术两个部分。

虚拟电厂控制中心主要达到监控和调度内部各分布式能源的目的，需要建立控制中心与区域内各对象之间的双向数据链接，从物理层、数据链路层等各个层面保证数据通信的快捷和畅通。由于虚拟电厂控制中心是分布式电力管理系统，其与内部分布式能源、大电网调度中心之间的通信距离与地理位置密切相关，通信方式的选择需要根据通信距离而定。通信协议的选择既要考虑通信距离，又要考虑数据传输量与实时性要求。

从该实例可以看出，在虚拟电厂中，Modbus 协议一般用于分布式发电资源与采集终端 RTU 之间的通信；3G/4G 一般用于控制中心与用户之间的通信；IEC 61850 协议一般用于虚拟电厂控制中心与电网调度中心或者与采集终端 RTU、自动计量系统之间的通信。有关具体的通信方式以及通信协议的介绍请参见后续章节。

4.2 物联网技术

4.2.1 物联网基本概念

物联网是在互联网的基础上，通过射频识别（radio frequency identification，RFID）、红外感应器、全球定位系统（global positioning system，GPS）、激光扫描器等信息传感设备，按约定的协议，把任何需要的物品与互联网连接起来，实现信息交换和通信，以实现智能化识别、定位、跟踪、监控和管理的一种网络。具体包含两层意思：① 物联网的核心和基础是互联网，并在互联网的基础上进行了延伸和扩展。② 其用户端延伸和扩展到的任何物品与物品之间，进行信息交换和通信。

4.2.2 物联网架构

（1）感知层。感知层是物联网的外部识别物体。感知层包括二维码标签和识读器、RFID 标签和读写器、摄像头、GPS、传感器、终端、传感器网络等，主要用于识别物体、采集信息。

（2）网络层。网络层是物联网的神经中枢和大脑，用于信息的处理和传输。网络层包括与互联网的融合网络、网络管理中心、信息中心和智能处理中心等。

网络层将感知层获取的信息进行处理和传输。

（3）应用层。应用层是物联网的社会分工与行业需求的结合，用于实现广泛智能化。应用层是物联网与行业专业技术的深度融合，与行业需求结合，实现行业智能化。

4.2.3 物联网信息感知

信息感知是物联网应用的基础，其提供了大量感应信息。信息感知最基本的形式是数据收集，即节点将感知数据通过网络传输到汇聚节点。各汇聚节点通过数据清洗的方法对原始感知数据进行数据预处理。信息感知的目的是获取用户感兴趣的信息，并不需要收集所有感知数据。在满足应用需求的条件下，采用数据压缩、数据聚集和数据融合等网内数据处理技术可以实现高效的信息感知。

（1）数据收集。数据收集是感知数据从感知节点汇集到汇聚节点的过程。数据收集关注数据的可靠传输，要求数据在传输过程中没有损失。以下将从可靠性、高效性、网络延迟和网络吞吐量四个方面对数据收集方法进行分析讨论。

数据的可靠传输是数据收集的关键问题，目的是保证数据从感知节点可靠地传输到汇聚节点。目前，在无线传感器网络中主要采用多路径传输和数据重传等冗余传输方法来保证数据的可靠传输。多路径方法在感知节点和汇聚节点之间构建多条路径，将数据沿多条路径同时传输，提高数据传输的可靠性。

能耗约束和能量均衡是数据收集需要重点考虑和解决的问题。多路径方法在多个路径上传输数据，通常会消耗更多能量。重传方法将所有数据流量集中在一条路径上，不利于网络的能量均衡，当路径中断时需要重建路由。相关文献提出了一种多路径数据传输方法，在全局时间同步的基础上，将网络看作多通道的时间片阵列，通过时间片的调度避免冲突，从而实现能量有效的可靠传输。当网络路由发生变化或节点故障产生大规模数据传输失败时，逐跳重传已经不能奏效，这时则采用端到端的数据传输方法。这种端到端和逐跳混合的数据传输方式实现了低能耗的可靠传输。

对于实时性要求高的应用，网络延迟是数据收集需要重点考虑的因素。为了减少节点能耗，网络一般要采用节点休眠机制，但若休眠机制设计不合理则会造成严重的休眠延迟和网络能耗。为减小休眠延迟并降低节点等待能耗，数据集成多路访问控制（data-gathering multiple access control，DMAC）方法和吸收树方法使传输路径上的节点轮流进入接收、发送和休眠状态，通过这种流水线传输方式使数据在路径上像波浪一样向前推进，减少了等待延迟。

网络吞吐量是数据收集需要考虑的另一个问题。传统的数据收集"多对一"的数据传输模式很容易产生"漏斗效应"，即在汇聚节点附近通信冲突和数据丢失现象严重。为解决网络负荷不平衡问题，相关文献提出了一种阻塞控制和信道公平的传输方法。该方法基于数据收集树结构，通过定义节点及其子节点的数据成功发送率，按照子树规模分配信道资源，实现网络负载均衡。

（2）数据清洗。考虑到实际获取的感知数据往往包含大量异常、错误和噪声数据，因此需要对获取的感知数据进行清洗和离群值判断，去除"脏数据"，得到一致有效的感知信息。对于缺失的数据还要进行有效估计，以获得完整的感知数据。根据感知数据的变化规律和时空相关性，一般采用概率统计、近邻分析和分类识别等方法。

（3）数据压缩。对于较大规模的感知网络，将感知数据全部汇集到汇聚节点会产生较大的数据传输量。由于数据的时空相关性，感知数据包含大量冗余信息，所以采用数据压缩方法能有效减少数据量。鉴于感知节点在运算、存储和能量方面的限制，传统的数据压缩方法往往不能直接应用。目前，已有研究者提出一些简单有效的数据压缩方法，例如，基于排序的方法利用数据编码规则实现数据压缩；基于管道的方法采用数据组合方法实现数据压缩。

（4）数据聚集。数据聚集是通过聚集函数对感知数据进行处理，减少传输数据和信息流量。数据聚集的关键是针对不同的应用需求和数据特点设计适合的聚集函数。常见的聚集函数包括 COUNT（计数）、SUM（求和）、AVG（平均）、MAX（最大值）、MIN（最小值）、MEDIAN（中位数）、CONSENSUS（多数值）以及数据分布直方图等。

数据聚集能够大幅减少数据传输量，节省网络能耗与存储开销，从而延长网络生存期。但数据聚集操作丢失了感知数据大量的结构信息，尤其是一些有重要价值的局部细节信息。对于要求保持数据完整性和连续性的物联网感知应用，数据聚集并不适用。例如，突发和异常事件的监测，数据聚集损失的局部细节信息可能造成事件检测的失败。

（5）数据融合。数据融合是对多源异构数据进行综合处理获取确定信息的过程。在物联网感知网络中，对感知数据进行融合处理，只将有意义的信息传输到汇聚节点，可以有效地减少数据传输量。传统的数据融合方法包括概率统计方法、回归分析方法和卡尔曼滤波等，可消除冗余信息，并去除噪声和异常值。除了传统的数据融合方法，物联网数据融合还考虑网络的结构和路由，因为网络结构和路由直接影响数据融合的实现。目前在无线感知网络中经常采用树或分簇网络结构及路由策略。基于树的数据融合一般是对近源汇集树、最短路径树、贪婪增量树等经典算法的改进。例如，相关文献提出的动态生成树构造算法，通过目标附近的节点构建动态生成树，节点将观测数据沿生成树向根节点传输，并在传输过程中对其子生成树节点的数据进行融合。

数据融合能有效减少数据传输量，降低数据传输冲突，减轻网络拥塞，提高通信效率。但目前数据融合在理论和应用方面仍存在以下几个方面的研究难点：① 能量均衡的数据融合。② 异质网络节点的信息融合。③ 数据融合的安全问题。

4.2.4 物联网信息交互

物联网信息交互是一个基于网络系统，有众多异质网络节点参与的信息传输、信息共享和信息交换的过程。通过信息交互，物联网各个节点可智能自主地获取环境和其他节点的信息。

（1）用户与网络的信息交互。用户与网络系统的信息交互是指用户通过网络提供的接口、命令和功能执行一系列网络任务，例如，时钟同步、拓扑控制、系统配置、路由构建、状态监测、代码分发和程序执行等，以实现感知信息的获取、网络状态监测和网络运行维护。

（2）网络与内容的信息交互。网络与内容的信息交互主要指以网络基础设施为载体的内容生成和呈现，具体包括感知数据的组织和存储及面向高层语义信息的数据聚集与数据融合等网内数据处理。

（3）用户与内容的信息交互。用户与内容的信息交互是指用户根据数据在网络中的存储组织和分布特性，通过信息查询、模式匹配及数据挖掘等方法，从网络获取用户感兴趣的信息。通常用户感兴趣的信息或者是节点的感知数据，或者是网络状态及特定事件等高层语义信息。感知数据的获取主要涉及针对网络数据的查询技术，而高层信息的获取往往涉及事件检测和模式匹配等技术。

4.3 云计算技术

4.3.1 云计算定义和关键技术

云计算是一种可以调用的虚拟化资源池，这些资源池可以根据负载动态重新配置，以达到最优化使用的目的。用户和服务提供商事先约定服务等级协议，用户以用时付费模式使用服务。云计算具有服务资源池化、可扩展性、通过宽带网络调用、可度量性、可靠性等特点。

（1）设备架设。云计算设备是采用虚拟化的分布式计算和存储系统实现数据云计算调度和云计算存储的设备。在云计算设备中，数据处理采用的是交互信息网络结构模式。

数据包传输密集，由于内部的和外部的用户都可以访问新的、现有的应用系统，所以需要一个交互信息构架下的交互信息通道实现高安全级进程向低安全级进程的转换。在这个过程中，接收方直接或者间接地从客体中读取消息，实现数据包发送和信息编码，客户端通过信息解码实现信息接收。

（2）改善服务技术。云计算通过以下几种形式提供服务。

1）软件即服务（software-as-a-service，SaaS）。这种类型的云计算通过浏览器把程序传给用户，对于用户省去了服务器和软件授权上的开支，并且减少了供应商维护程序的成本。

2）实用计算（utility computing）。实用计算创造了虚拟的数据中心，使其能够把内存、I/O设备、存储和计算能力集中起来组成一个虚拟的资源池来为整个网络提供服务。

3）网络服务。网络服务提供者能够提供应用程序编程接口（application programming interface，API），让开发者能够开发更多基于互联网的应用，而不是提供单机程序。

4）平台即服务。开发环境被作为一种服务来提供，用户可以通过中间商提供的设备来开发自己的程序。

5）管理服务提供商（managed service provider，MSP）。这种应用更多的是面向信息技术（information technology，IT）行业而不是终端用户，常用于邮件病毒扫描、程序监控等。

6）商业服务平台。该类云计算为用户和提供商之间的互动提供了一个平台。

7）互联网整合。将互联网上提供类似服务的公司整合起来，以便用户能够更方便地比较和选择自己的服务供应商。

（3）资源管理技术。云计算资源由两大类组成：一类是指物理计算机、物理服务器以及前两项与必要的网络设备和存储设备形成的物理集群；另一类是通过虚拟化技术在物理计算实体上生成的虚拟机及由多个虚拟机组合形成的虚拟机群。云计算资源管理可以分为资源监控和资源调度两部分。

1）云计算资源监控。云计算环境多采用非实时被动监控方式，即各个节点每过一个时间间隔向中心节点发送消息汇报相关系统参数。数据采集监视系统是一个典型的系统资源监控解决方案，用于监控大型分布式系统的数据收集系统。由数据采集监视系统中收集数据的智能体将采集到的数据通过超文本传送协议（hyper text transfer protocol，HTTP）发送给群的采集器，而采集器将数据存入分布式系统基础架构中，并定期运行编程模型分析数据，将结果呈现给用户。

2）云计算资源调度。资源调度是对以分布式方式存在的各种不同资源进行组合以满足不同资源使用者需求的过程。调度策略是资源管理最上层的技术，云计算负载均衡调度策略与算法，可以分为性能优先和经济优先两类：

a. 性能优先。系统性能是一种衡量动态资源管理结果的天然指标，良好的动态资源管理能够以最小的开销使分散的各种资源像一台物理主机一样进行协同工作。在云计算中性能优先主要有以下三种策略。

a）先到先服务（first-come-first-service）。来自不同用户的任务请求被整合到唯一一个队列中，根据优先级和提交时间，具有最高优先级的第一个任务将优先处理。

b）负载均衡。负载均衡策略是指使所有物理服务器（CPU、内存、网络带宽等）的平均资源利用率达到平衡。

c）提高可靠性。该策略保证各资源的可靠性达到指定的具体要求。

b. 经济优先。经济模型在云计算的资源调度中是一个降低成本的解决方案。

云计算资源供应商通过提供资源而获得相应的收益，并且随着云计算资源市场中可供选择的分布式资源增多，云服务使用者可以获得性价比更高的服务，资源供应商也能有更大的收益。目前，经济优先策略主要有基于智能优化算法、基于经济学定价、基于指标调度策略、基于博弈论的双向拍卖等几种。

（4）任务管理技术。任务管理的一个重要功能是有效管理节点资源，尽量保证负载平衡，将阻塞减小到最低限度。编程模型是一种典型的任务管理模型，其通过提供简便的编程接口以在一个集群环境中分发调度数据密集型任务。本地性、同步、公平性原则是编程模型调度任务中必须处理的三个问题。

1）本地性。编程模型调度中的本地性问题是指数据输入节点与任务分配节点之间的距离，高本地性可以保证任务的吞吐量。大多数编程模型任务的调度方法通过把任务分配给予数据输入节点邻近的计算节点以节省网络成本。

2）同步。同步即把映射（Map）处理过程产生的中间数据转换为化简（Reduce）处理过程的输入数据，多个 Mapper 存在时，必须等所有 Map 处理结束后才能产生中间数据的输出。因此，同步过程是影响系统任务处理速度的关键因素。

3）公平性。一个高工作负载的编程模型任务可能占用了共享集群的利用率，而一些短计算任务可能就得不到需求的响应时间。因此，任务调度系统必须在公平性、本地性与同步原则之间做出平衡，以保障任务能够分配到足够的需求响应时间。

4.3.2　云平台介绍

（1）Google 云计算平台。Google 使用的云计算基础架构模式主要包括 3 个相互独立又紧密结合在一起的系统组成：Google 建立在集群之上的 Google File System 文件系统、针对 Google 开发的模型简化的大规模分布式数据库管理系统 Big Table，以及由 Google 应用程序的特点提出的编程模型编程模式。

1）Google File System。其与传统分布式文件系统拥有许多相同的目标，如性能、可靠性等。Google File System 还受到应用负载和技术环境的影响，主要包括集群中节点失效是常态而非异常；文件的大小以 GB 计；文件的读写模式与传统分布式文件系统不同；文件系统的某些具体操作不透明并且需要应用程序的协作完成。

2）分布式数据库管理系统 Big Table。Big Table 是具有弱一致性要求的大规模数据库系统，可以处理 Google 内部格式化以及半格式化的数据。

3）编程模型编程模式。编程模型通过 Map 和 Reduce 两个简单的概念来参加运算，用户只需要提供自己的 Map 函数以及 Reduce 函数就可以在集群上进行大规模的分布式数据处理，而不需要考虑集群的可靠性、可扩展性等问题。

（2）IBM "蓝云"计算平台。"蓝云"计算平台是由 IBM 云计算中心开发的企业级云计算解决方案，将互联网上使用的技术扩展到企业平台上，它使得数据中心具有类似于互联网的计算环境，通过虚拟化技术和自动化技术，构建企业自己的云计算中心，实现企业硬件资源和软件资源的统一管理、统一分配、统一部署、统一监控和统一备份，打破应用对资源的独占，从而帮助企业实现云计算理念。

"蓝云"计算平台的一个重要特点是虚拟化技术的使用。虚拟化的方式在"蓝云"计算平台中有两个级别：一个是在硬件级别上实现虚拟化，即获得硬件的逻辑分区使得相应的资源合理地分配到各个逻辑分区；另一个是通过开源软件实现虚拟化。

（3）亚马逊弹性计算云平台。亚马逊通过提供弹性计算云平台，以满足小规模软件开发人员对集群系统的需求，用户可以通过弹性计算云平台的网络界面操作在云计算平台上运行的各个实例，即用户使用的只是虚拟的计算能力，用户只需要为自己所使用的计算平台实例付费，运行结束后，计费也随之结束。该方式减轻了管理维护的负担并且付费方式简单明了。

4.3.3 云计算特征比较和发展

（1）云计算与网格计算的区别。网格计算是通过局域网或广域网提供的一种分布式计算方法，涵盖位置、软件、硬件，以期使连接到网络的每个人都可以进行合作和获得访问信息。尽管云计算与网络计算均是分布计算，但是在作业调度与资源分配方式上有所不同。

1）作业调度。网格的构建是为了完成特定任务的需要。用户将自己的任务交给整个网格，网格将任务分解成相互独立的子任务并交给各个节点完成计算。由于网格根据特定的任务设计，因此，有不同的网格项目，如生物网格、地理网格、国家教育网格等出现。云计算根据通用应用设计，用户向资源池中申请一定量的资源来完成其任务，而不会将任务交给整个云来完成。

2）资源分配。网格作业调度系统需要自动找寻与特定任务相匹配的节点，根据用户事先写好的并行算法，通过调度系统将任务分解到空闲节点上执行。整个过程比较复杂，因此，完成网格计算主要是为满足特定需求。云计算是通过虚拟化将物理机的资源进行切割，从这个角度来实现资源的随需分配和自动增长，并且其资源的自动分配和增减不能超越物理节点本身的物理上限。

（2）云计算与超级计算机的区别。云计算是一种新型的超级计算方式，以数据为中心，是一种数据密集型的超级计算。但是，与超级计算机相比，云计算完成了从面向任务的、传统的单一计算模式向面向服务的专业化、规模化计算模式转变。面向大众用户的多样化应用是云计算中心服务所包括的范围，其能有效地适应业务创新和用户需求，并且能够向用户提供高质量的服务环境。

（3）云计算未来发展。

1）大数据分析。随着电力系统中具有 4V［海量（volume）、异构（variety）、实时（velocity）、真实（veracity）］特征的数据大量增长，大数据已经在电力系统中的一些领域，如安全稳定分析、输变电设备的状态检测等领域取得了一些应用成果。由于云计算具有并行化处理的计算特征，云计算可以很好地与大数据分析结合，这使得开源的云平台为大数据提供更好的开发与分析平台。基于 Hadoop 平台开发了电力用户侧大数据并行负荷预测原型系统。局部加权线性回归预测算法和云计算编程模型相结合，对电力短期负荷进行了预测。

2）混合云的发展方向。混合云是公有云与私有云的组合，其兼具二者的特点，既可以提供公有云的开放性，又能提供私有云的安全性。因此，混合云是未来云服务的主流模式。

4.4 区块链技术

（1）区块链构成。区块链是由区块有序链接起来形成的一种数据结构，其中区块是指数据的集合，相关信息和记录都包括在里面，是形成区块链的基本单元。其中，区块可由两部分组成：① 区块头，链接到前面的区块，并为区块链提供完整性。② 区块主体，记录网络中更新的数据信息。图 4-4-1 为区块链的组织方式。每个区块都会通过区块头信息链接到之前的区块，形成链式结构。

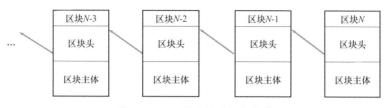

图 4-4-1 区块链的组织方式

（2）区块链网络。区块链网络是一个点到点的网络。整个网络没有中心化的硬件和管理机构，既没有中心路由器，也没有中心服务器。网络中的每个节点地位对等，可作为客户端和服务器。在区块链系统中，每个节点保存了整个区块链中的全部数据信息，因此，数据在整个网络中备份多次。网络中参与的节点越多，数据的备份个数也越多。在这类网络结构下，各节点数据由所有参与者共同拥有、管理和监督。在保证网络稳定性的同时，数据被篡改的可能性更小。

（3）区块链加密系统原理。区块链采用非对称加密算法解决网络之间用户的信任问题。非对称加密算法需要公开密钥和私有密钥两个密钥。公开密钥与私有密钥是一对，如果用公开密钥对数据进行加密，只能用对应的私有密钥才能解密；如果用私有密钥对数据进行加密，那么只能用对应的公开密钥才能解密。非对称加密算法一般比较复杂，执行时间相对对称加密长，但非对称加密算法的好处在于无密钥分发问题。

在区块链中每个参与的用户都拥有专属的公开密钥和私有密钥，其中专属公开密钥公布给全网用户，全网用户采用相同的加密和解密算法，而私有密钥只有用户本人掌握。用户用私有密钥加密信息，其他用户用公开密钥解密信息。用户可用私有密钥在数据尾部进行数字签名，其他用户通过公开密钥解密可验证数据来源的真实性。

4.4.1 区域链基础模型

（1）数据层。区块链是指去中心化系统各节点共享的数据账本。各分布式节点通过特定的哈希算法和梅克尔树数据结构，将一段时间内接收到的交易数据和代码封装到一个带有时间戳的数据区块中，并链接到当前最长的主区块链上，形成最新的区块。数据层包括数据区块、链式结构、哈希算法、梅克尔树和时间戳技术。

（2）网络层。网络层包括区块链系统的组网方式、消息传播协议和数据验证机制等要素。结合实际应用需求，通过设计特定的传播协议和数据验证机制，可使得区块链系统中每个节点都能参与区块数据的校验和记账过程，仅当区块数据通过全网大部分节点验证后，才能记入区块链。

（3）共识层。在分布式系统中高效达成共识是分布式计算机领域中的关键环节。如同社会系统中的"民主"和"集中"的对应关系，决策权越分散的系统达成共识的效率越低，但系统稳定性和满意度越高。相反，决策权越集中的系统更易达成共识，但同时更易出现专制和独裁。区块链技术的核心优势之一就是能够在决策权高度分散的去中心化系统中使得各节点高效地针对区块数据的有效性达成共识。目前主流的共识机制包括工作证明（proof of work，PoW）、股权证明（proof of stake，PoS）和委任权益证明（delegated proof of stake，DpoS）共识机制。这些共识机制各有优劣势，比特币的 PoW 共识机制依靠其先发优势已经形成成熟的挖矿产业链，用户较多。PoS 和 DPoS 等新兴机制则更为安全、环保和高效，从而使得共识机制的选择问题成为区块链系统研究者最不易达成共识的问题。

（4）激励层。区块链共识过程通过汇聚大规模共识节点的算力资源来实现共享区块链账本的数据验证和记账工作，因而其本质上是一种共识节点间的任务众包过程。去中心化系统中的共识节点本身是自利的，最大化自身收益是其参与数据验证和记账的根本目标。因此，需要设计激励相容的合理众包机制，在共识节点最大化自身收益的个体理性行为与保障去中心化区块链系统的安全和有效性的整体目标相吻合。区块链系统通过设计适度的经济激励机制并与共识过程相集成，从而汇聚大规模的节点参与并形成对区块链历史的稳定共识。

（5）合约层。合约层是建立在数据、网络和共识层之上的商业逻辑和算法，是实现区块链系统灵活编程和操作数据的基础。以比特币为代表的数字加密货币大多采用非图灵完备的简单脚本代码来编程控制交易过程，这也是智能合约的雏形。随着技术的发展，目前已经出现以太坊等图灵完备的可实现更为复杂和灵活的智能合约的脚本语言，这使得区块链能够支持宏观金融和社会系统的诸多应用。

4.4.2 区域链应用场景

由区块链独特的技术设计可见，区块链系统具有分布式高冗余存储、时序数据且不可篡改和伪造、去中心化信用、自动执行的智能合约、安全和隐私保护等特点，这使得区块链技术不仅可应用于数字加密货币领域，同时在经济、金融和能源系统中也被广泛应用。本节以虚拟发电资源交易为场景，介绍区块链技术在能源系统中的应用。

随着能源互联网的发展，大量分布式电源并入大电网运行。但分布式电源容量小，出力有间断性和随机性。通过虚拟电厂广泛聚合分布式能源、需求响应、分布式储能等进行集中管理、统一调度，进而实现不同虚拟发电资源的协同是实现分布式能源消纳的重要途径。在未来的能源互联网中，虚拟发电资源的选择与交易应满足公开透明、公平可信、成本低廉的要求。

在虚拟发电资源交易的愿景中，存在一系列商业模式的挑战，主要包括以下几方面。

（1）虚拟电厂的交易缺乏公平可信、成本低廉的交易平台。虚拟电厂之间的交易以及虚拟电厂与其他用户的交易成本高昂，难以实现社会福利最大化。

（2）虚拟电厂缺乏公开透明的信息平台。每家虚拟电厂的利益分配机制并不公开，分布式电源无法在一个信息对称的环境下对虚拟电厂进行选择，增加了信用成本。

区块链能够为虚拟发电资源的交易提供成本低廉、公开透明的系统平台，如图4-4-2所示。具体而言，基于区块链系统建立虚拟电厂信息平台和虚拟发电资源市场交易平台，虚拟电厂与虚拟发电资源可以在信息平台上进行双向选择。每当虚拟发电资源确定加入某虚拟电厂时，区块链系统将为两者之间达成的协议自动生成智能合约。同时，每个虚拟发电资源对整个能源系统的贡献率即工作量大小的认证是公开透明的，能够进行合理的计量和认证，激发用户、分布式能源等参与到虚拟发电资源的运作中。在区块链市场交易平台中，虚拟电厂之间以及虚拟电厂和普通用户之间的交易，可以智能合约的形式达成长期购电协议，也可以在交易平台上进行实时买卖。

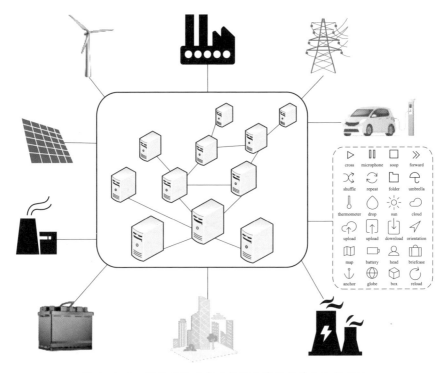

图 4-4-2 区块链技术在虚拟发电资源交易方面的应用

该系统具有如下特点。

（1）运行生态化。分布式信息系统与虚拟电厂中的虚拟发电资源相匹配，用户自愿加入虚拟电厂系统平台的维护工作，权利与义务对等，保证了系统平台的去中心化属性；开放的信息发布与交易平台易于接入，便于聚合更多虚拟资源。

（2）工作量认证公平化。构成虚拟电厂的各种资源如分布式储能、弹性负荷等对能源系统的贡献大小即工作量能够根据既定规则进行公开公平的认证，保障各参与者利益的合理分配，激发其参与辅助服务市场等的积极性。

（3）智能合约化。虚拟电厂与分布式能源签署有关利益分配的智能合约，一旦智能合约实现的条件达成，区块链系统将自动执行合约，完成虚拟电厂中的利益分配。由此虚拟电厂中分布式能源利益的分配公平有效，并且降低了信用成本。

所有的交易都建立在区块链系统上。整个系统中交易的清算由系统中所有节点共同分担，费用低廉，免去了交易手续昂贵的中心化机构。

（4）信息透明化。虚拟发电资源在信息平台上得到了公开市场信息。公开透明的信息平台，不仅有利于分布式电源寻找条件最优的虚拟电厂加入，也为不同虚拟电厂之间提供了定价参考，激励它们降低成本，促进市场竞争。

4.4.3　区域链存在的问题

（1）安全问题。安全性威胁是区块链迄今为止面临的最重要问题。其中，基于 PoW 共识过程的区块链主要面临的是 51%攻击问题，即节点通过掌握全网超过 51%的算力就有能力成功篡改和伪造区块链数据。目前，我国大型矿池的算力已占全网总算力的 60%以上，理论上这些矿池可以通过合作实施 51%的攻击，实现比特币的双重支付。基于权益证明（proof of stake，PoS）共识过程在一定程度上解决了 51%的攻击问题，但同时也引入了区块分叉时的 N@S（nothing at stake）攻击问题。

区块链的非对称加密机制也随着数学、密码学和计算技术的发展而变得越来越脆弱。随着量子计算机等新计算技术的发展，未来非对称加密算法具有一定的破解可能性，这也是区块链技术面临的潜在安全威胁。

区块链的隐私保护也存在安全性风险。区块链系统内各节点并非完全匿名，而是通过类似电子邮箱地址的地址标识来实现数据传输的。虽然地址标识并未直接与真实世界的人物身份相关联，但区块链数据是完全公开透明的，随着反匿名身份甄别技术的发展，有可能实现部分重点目标的定位和识别。

（2）效率问题。区块链效率也是制约其应用的重要因素。一方面，日益增长的海量数据存储是区块链将面临的问题。以比特币为例，为同步自创世区块至今的区块数据需约 60GB 存储空间，虽然轻量级节点可部分解决此问题，但适用于更大规模的工业级解决方案仍有待研发。另一方面，比特币区块链目前每秒仅能处理 7 笔交易，交易效率问题限制了区块链在大多数金融系统高频交易场景中的应用。

（3）资源问题。PoW 共识过程高度依赖区块链网络节点贡献算力，这些算力仅用于解决 SHA256 哈希和随机数搜索，不产生实际社会价值，可认为这些算力资源被"浪费"掉了。与此同时，随着比特币和专业挖矿机的日益普及，比特币生态圈已经在资本和设备方面呈现出明显的军备竞赛态势，其逐渐成为高耗能的资本密集型行业，这进一步凸显了资源消耗问题的重要性。

（4）博弈问题。区块链网络作为去中心化的分布式系统，各节点在交互过程中存在相互竞争与合作的博弈关系，在比特币挖矿过程中尤为明显。通常来说，比特币矿池间可以通过相互合作保持各自稳定的收益。但矿池通过区块截留攻击的方式，伪装成对手矿池的矿工并分享对手矿池的收益但不实际贡献完整工作量证明来攻击其他矿池，从而降低对手矿池的收益。设计合理的惩罚函数来抑制非理性竞争，同时使合作成为重复性矿池博弈的稳定均衡解，这将成为区块链技术的研究难点。

4.5　边缘智能终端

4.5.1　智能交互用电技术架构

灵活互动的智能交互用电技术架构可分为用户层、高级量测系统层、智能终端层、通信信息支撑层和智能用电互动化的综合性支撑平台 5 个层次。

（1）用户层。对用户层进行需求响应与用能管理是实现智能交互用电服务业务的重要手段。需求响应是指通过一定的价格信号或激励机制，鼓励电力用户主动改变自身消费行为、优化用电方式，减少或者推移某时段的用电负荷，以优化供需关系，同时用户获取一定补偿的运作机制。在智能用电技术架构中，需求响应支持系统通过互动支撑平台，获取高级量测系统提供的需求侧信息，获取运行监控系统提供的电网运行信息，在整合供需两方面信息的基础上生成需求响应的执行计划、范围和策略并下达到用户，用户通过交互终端或其他控制设备自动或手动完成响应行为，并将响应信息进行反馈，由支持系统完成响应效果评价，并借助营销业务系统实现需求响应结算。

与需求响应通过改变用户用电行为来实现供需双方优化的动态平衡不同，用能管理以用户内部用能的精细化管理为目标，以此来优化用户用能行为、提高自身用能效率。其主要功能包括用户用能信息的采集，为用户提供用能状况分析、用能优化方案等多种用能管理服务功能；提供内部各类智能用电设备的控制手段；可以对用户各类用能系统的能耗情况进行监测，找出低效率运转及能耗异常设备，对能源消耗高的设备进行一定的节能调节；实现分层、分类的能耗指标统计分析功能；为能效测评和需求侧管理提供辅助手段。

（2）高级量测系统层。高级量测系统层包括为用电信息采集和高级计量管理，可以实现用户用电信息的采集与监控，并为其他业务提供基础用电信息数据。

用电信息采集是智能交互用电技术的基础架构，其主要实现对电力用户信息的采集、处理和监控，采集不同类型用户的电能量数据、电能质量数据、负荷数据等信息，实现用电信息自动采集、计量异常和电能质量监测、用电分析管理。

用电信息采集通过各类量测设备实现用户用电信息的采集，而高级计量管理则是对这些量测设备进行智能化管理以实现各类量测设备及其数据的智能化管理与应用，主要包括量测设备远程自动鉴定检测、设备运行数据管理、设备质量分析、设备可靠性分析、设备远程升级控制、设备检修管理等专业应用功能。

（3）智能终端层。智能交互系统的终端主要包括智能电能表、智能用电交互终端等设备。智能电能表在智能用电技术体系中承担着电能数据采集、计量、传输及信息交互等任务。除了提供传统计量、计费功能，智能电能表在不同场景中还具备以下功能：提供有功电能和无功电能双向计量功能，支持分布式电源接入；具备电能质量、异常用电状况在线监测、诊断、报警及智能化处理功能；适应阶梯电价、分时电价、实时电价等多种电价机制的计量计费功能，支持需求响应；具备预付费及远程通断电功能；具备计量装置故障处理和在线监测功能；可以进行远程编程设定和软件升级。

智能用电交互终端在整个智能用电技术体系中承担着用户终端信息交互窗口、业务操作平台及用能管理平台的重要作用。信息交互窗口是交互终端的基础应用，例如，可以接收供电公司发布的电价信息、停电信息等或主动查询相关信息，还可以展现本地数据的分析结果。业务操作平台是交互终端的基本应用，借助于交互终端可以完成多种智能用电互动业务的操作执行，例如，可以实现需求响应控制、远程缴费、电器控制等；用能管理平台是交互终端的高级应用，可以对用户用能情况和用电设备进行统一监测、分析与管理，可以实现客户侧分布式电源接入、电动汽车充放电等电能量交互业务的管理等。

（4）通信信息支撑层。智能用电环节的通信网络为多级分布式，分类有远程通信网、本地通信网。远程通信网是指由各类智能终端设备至各类支持系统（如用电信息采集系统、智能用电双向互动支撑平台等）的远距离数据通信网络。远程通信网具备较高的带宽和传输速率，能保障大量数据通信的双向、及时、安全、可靠传输。远程通信网一般以光纤为主，无线和电力线载波方式作为补充。

本地通信网是指配电变压器集中器、智能电能表、交互终端、智能用电设备等之间信息交互的短距离通信网络。本地通信网应具备一定的带宽和传输速率保障数据通信的双向、低时延、稳定、可靠传输。

（5）智能用电互动化的综合性支撑平台。智能用电的互动业务种类、交互渠道众多，各业务系统间业务交互、信息共享的需求迫切，以往各自为政的建设思路已经不能适应需要，因此需要搭建智能用电互动化的综合性支撑平台，主要包括业务支撑和信息共享支撑两个方面。

1）业务支撑。智能用电互动业务复杂，需要统一的支撑环境来实现各项业务的操作和管理。互动支撑平台就是基于统一的业务模型，将需求响应、用能管理等各类互动业务支持系统进行业务集成，将网站门户、智能交互终端、智能营业厅、手机、自助终端等多种互动渠道进行统一接入管理，从而形成直接面向供电公司和用户的统一业务支撑平台，支持信息互动、营销业务互动、电能量交互、用能互动等各类业务。

2）信息共享支撑。智能用电互动业务的实现需要大量信息支撑，包括用户用电信息、设备用能信息、营销管理信息、电网运行信息、分布式电源信息等，因此有必要为各类智能用电业务决策提供统一的数据源和信息支撑环境。

互动支撑平台基于统一、规范的信息模型，合理抽取并有机整合高级量测系统、智能用电交互终端、电网运行监控系统等所提供的基础信息，同时为智能用电互动业务提供基础的信息交换和接口服务，供各系统实现统一便捷的存取访问、标准化交互和共享，提高信息资源的准确性和利用效率。

4.5.2 智能交互终端功能

（1）数据采集与处理功能。该功能主要完成电气量的采集和信息处理，这些信息包括各种电气量信息、设备运行信息、故障情况下的故障测量信息和故障特征量计算信息等，所有信息既可供智能配电终端（smart distribution terminal unit，SDTU）内的各种功能使用，也可被其他 SDTU 和高级配电自动化（advanced distribution automation，ADA）系统按一定的协议和格式调用，以满足 SDTU 分布式保护控制功能以及 ADA 系统高级应用功能的要求。

（2）故障检测和自愈功能。SDTU 从两个层面完成上述功能。第一个层面，故障自愈与控制由 ADA 系统的高级应用功能完成，SDTU 负责采集并提供测点的信息，执行来自 ADA 系统的保护和控制指令，SDTU 只是信息的提供者和命令的执行者，不参与决策。第二个层面，基于 SDTU 完成分布式的故障检测和自愈控制功能。SDTU 基于本地信息和相邻 SDTU 的信息，独立做出故障检测和自愈控制决策并执行。此时 SDTU 既进行决策，又执行决策。

（3）事件顺序记录功能。SDTU 收集事件的时间顺序，当系统层需要时，向其传送。系统层将收集到各个 SDTU 的事件顺序记录的信息按时间顺序逐站排列，在屏幕上显示或由打印机记录。

4.6 小结

本章描述了虚拟电厂的技术基础，包括信息通信技术、物联网技术、云计算技术、区块链技术和边缘智能终端技术。虚拟电厂的通信具有高综合性、高可靠性、统一性与经济性的特点。当前，虚拟电厂利用物联网、云计算等技术实现数据采集、计量、传输以及用户终端信息交互等任务，并结合区块链等技术确保信息在交互双方中双向、及时、安全、可靠地传输。边缘智能终端作为用户层的重要组成部分，通过数据采集与处理、故障检测和自愈、事件顺序记录等功能，实现了对用户用电行为的需求响应和用能管理。这些技术共同构建了虚拟电厂的基础，推动电力系统向智能、高效、可靠的方向发展。

未来，随着可聚合的资源种类越来越多、数量越来越大、空间越来越广，虚拟电厂的发展与应用将更加广泛和深入。可能会通过更加智能化的算法和更加先进的通信技术，实现精准的能源调度和需求响应，提高能源利用效率，降低能源消耗成本。

5 虚拟电厂资源管理

5.1 资源分析

虚拟电厂聚合、分散、多元的灵活资源参与电网运行与电力市场，其核心任务之一是在可调度潜力范围内对资源进行精准调控，从而发挥其在电网运行中的积极作用。为了达到这一目标，必须对虚拟电厂内部的各类资源进行深入的分析。虚拟电厂的资源分析基于对各类资源的建模，此过程不仅涉及对单一资源特性的深入挖掘，还需要在建模的基础上对资源的单体特性与聚合特性进行系统研究。这种综合性的分析是确保虚拟电厂在电力系统中协调运行的关键步骤。

目前，国内虚拟电厂主要参与需求响应市场，通过价格或激励信号引导用户改变用电行为，实现负荷与电网互动运行，在提升系统灵活调节能力、促进新能源消纳等方面能够发挥重要作用。因此，在资源分析的过程中，不仅需要考虑资源的技术性能，还需要深入了解其在市场环境下的行为响应。

5.1.1 资源特性分析

虚拟电厂需要深入了解各类资源的内在结构和外部特性，以便更好地把握其在电力系统中的行为和关系。虚拟电厂的资源按其物理特性分类，可分为分布式电源、储能、可调负荷三类，图 5−1−1 为虚拟电厂基本资源分类。

从响应特性维度来看，不同种类可调节资源的调节速度、调节范围、调节时间等调节特性差异大，根据资源的响应特性不同，可为电网提供不同的调峰、调频、备用等多类型、多时间尺度的调节能力，资源响应特性对比如图 5−1−2 所示。

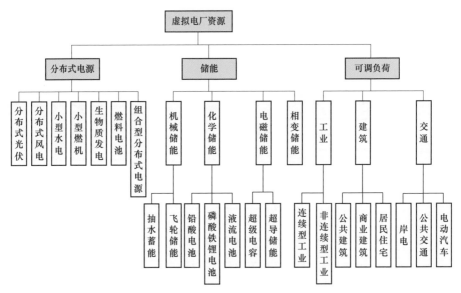

图 5-1-1 虚拟电厂基本资源分类

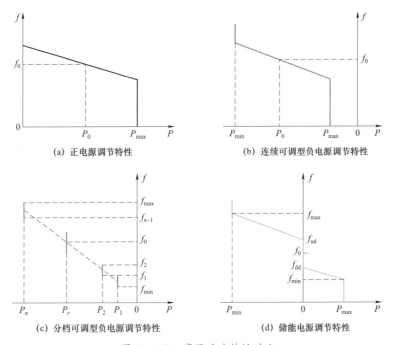

(a) 正电源调节特性

(b) 连续可调型负电源调节特性

(c) 分档可调型负电源调节特性

(d) 储能电源调节特性

图 5-1-2 资源响应特性对比

对资源的建模涉及的主要元素包括但不限于：资源的物理特性、运行机制、调度策略，以及其在电网中的位置等。全方位、深度地理解资源单体建模，是虚拟电厂为电网系统提供稳定运行保证,以及优化其调度性能的基础。

对资源进行单体建模后,需对其进行特性分析,理解资源在电网中的行为,以及它对电网运行的影响和可能的贡献。在虚拟电厂内部,资源拥有各种不同的特性,比如调节速度、调节范围及调节时间,而这些特性直接或者间接地决定了资源的作用效果和效率。例如,对于需要快速响应的电力需求,需要的资源是拥有快速调节速度的,而对于需要大范围持续供电的情况,需要的资源是调节范围大、调节时间长的。评价资源的响应特性可从以下四个方面进行:

(1)准备时长。准备时长指的是资源在面临电力需求变化的情况下,从接受需求指令到可以进行调节的时间长度。它可以反映资源调节的灵活性与实时性。

准备时长的概念包括上调准备时长和下调准备时长两个方面。上调准备时长指的是在电力供应量不足的情况下,资源从接受需求指令到能够开始提高电力输出的时间长度;下调准备时长则指的是在电力供应量过剩的情况下,资源从接受需求指令能够开始降低电力输出的时间长度。

(2)调节速率。调节速率(爬坡能力)指的是资源在面临电力需求变化的情况下,可以达到新的电力供应水平的速度。它可以直接反映出资源在短期内的应变能力,对于电网的实时稳定性有重要影响。

调节速率的概念包括上调速率和下调速率。上调速率指的是在电力供应量不足的情况下,资源能够提高电力输出的速度。下调速率则指在电力供应量过剩的情况下,资源能够降低电力输出的速度。

(3)可调容量。可调容量是资源在一定周期内可以调节的电力供应量的区间,其代表了资源可调节的范围。可调容量也包括了上调容量和下调容量两个方面。

上调容量指的是在电力供应量不足的情况下,资源能够提高的电力输出量的最大值。下调容量指的是在电力供应量过剩的情况下,资源能够降低的电力输出量的最大值。

(4)可持续时长。可持续时长指的是资源在达成新的电力供应水平后,可以持续供应电力的时间,也就是资源的耐力表现。

可持续时长的概念也包括上调可持续时长和下调可持续时长两个方面。上调可持续时长指的是在电力供应量不足的情况下,资源能持续提高电力输出的时间。下调可持续时长则指的是在电力供应量过剩的情况下，资源能持续降低电力输出的时间。

5.1.2　资源评估方法

单体资源可调度潜力评估的建模方法大致分为以下三类：

（1）用电分析模型。通过建立可调度潜力的用电分析模型来评估资源的可调度潜力。通过灵活资源的用电分析数据，对灵活资源进行可调节潜力的上、下限分析，侧重通过各类参数和模型描述出灵活资源的潜力机理模型。模型可以依据不同的参数和变量，描述出潜力机理模型，例如，基于设备的特性、用户需求模式等。这种方法有助于理解资源的潜在响应机制，从而更好地进行需求响应计划。

（2）价格激励模型。在需求响应中，激励型的用户对价格敏感，可通过建立价格激励与用户潜力的关系模型对潜力进行分析评估。该模型建立价格与用户潜力之间的关系，考虑用户是否有意愿在电价处于高位时削减负荷。用户的响应程度可能取决于不同的价格段，因此模型可以细化分析不同价格水平下的用户响应。这种方法有助于确定哪些用户更可能参与需求响应，并为价格策略提供指导。

（3）数据驱动方法。数据驱动，即建立在历史数据基础上，通过大数据分析进行潜力评估预测，实现潜力评估。这类方法可以利用神经网络、机器学习算法等，分析大量的用电数据，以发现资源的运行模式、趋势和相关性。基于数据驱动的潜力评估可以更精确地预测未来的需求响应能力，因为它可以考虑多变的因素和非线性关系。这种方法需要大量的历史数据和计算资源。

评估可调度潜力是实现虚拟电厂运营的关键步骤，不同的技术方法可以相互补充，帮助电力系统更好地应对变化的需求和能源供应，实现更加智能和可持续的电力管理。

5.1.3　资源聚合分析

虚拟电厂的最大特点是聚合，聚合资源的可调度潜力分析是虚拟电厂参与电力市场的基础。按聚合的资源分，可分为同类资源聚合和多类资源聚合。

同类资源聚合是将相似类型的能源资源或负荷集合在一起，聚合模型可以从单体模型扩展到聚合模型，目前行业内研究较多的是空调聚合和电动汽车聚合。

在空调聚合中，有学者根据建立的变频空调的个体潜力模型，利用基于闵可夫斯基求和算法得到了变频空调集群的聚合潜力。一般空调聚合的可调度分析方法为建立空调模型，然后在用户舒适度约束下，计及持续时间、室外温度等条件，考虑空调启停和设定温度等因素，计算出空调聚合后的可调度潜力。空调在密闭的建筑物中，有一定的延迟性，因此空调的调节策略较多，不同的调节策略也对应不同的可调度潜力，但多个调节聚合时，可采用轮流关停等方式，在满足舒适度要求的基础上，进行调节，得到可调节潜力。

电动汽车聚合主要考虑汽车的出行时间、出行距离等参数，建立相应的电动汽车模型，基于大数据分析，进行可调节潜力预测。在基于合同的控制模式下，虚拟电厂采集电动汽车的出行特征、电池参数、运行状态及用户用电期望等信息，评估其响应能力并上报给调度中心；反之，接受调度中心的调度计划，结合电网运行状态和价格激励信号，制订并下达调控指令，直接控制各电动汽车用户的充放电行为。

异类负荷聚合时，需考虑耦合效应。对异类负荷的聚合，可调节潜力评估思路主要有两类：① 先评估同类负荷聚合 DR 潜力，再进行分类叠加。② 考虑异类负荷间的耦合响应特性，然后进行评估。第①类方法不考虑异类负荷间的耦合效应，对负荷聚合可调节潜力进行分类累加，应用范围广，但评估精度受限，广泛应用于区域可调节潜力的评估。第②类方法通常考虑异类负荷间的耦合响应特性建立负荷集群，参与需求响应的协同优化模型，通过求解可行域，评估聚合需求响应潜力。

在聚合层面的可调度潜力评估中，海量资源聚合的潜力评估计算复杂度大，不同负荷资源具有不同的响应速度、响应容量等特性，难以用统一的模型进行建模，其聚合潜力难以精准评估；对于多种类、多场景下的异构负荷之间的耦合响应特性，缺乏深度的剖析与研究。未来的研究应着重解决聚合计算复杂度和异构负荷之间的耦合响应问题，可结合态势感知、分析推演等技术，深度剖析异构负荷之间的耦合响应特性，建立精准化的聚合潜力评估模型，以提高资源聚合的效率和精确性。

5.1.4 资源分析技术发展趋势

资源分析是虚拟电厂运行的重要基础，在后续技术发展中，还要从以下方向持续深化研究：

（1）适应多种场景。虚拟电厂未来参与电力市场交易品种多样，不只局限于需求响应，因此需要对不同场景下的虚拟电厂聚合资源进行分析，形成丰富的聚合模型，能够根据场景的变化提供不同潜力分析。

（2）适应多能聚合。随着越来越多的不同资源聚合至虚拟电厂，需要对多能资源的聚合进行潜力分析，包括电、气、热、冷和分布式发电等。这些资源特性的聚合耦合性等方面需要深入研究。

（3）适应多时间尺度。需求响应目前多为日前邀约，时间尺度相对固定。虚拟电厂参与辅助服务市场和现货交易市场，需要不同时间尺度的可调度潜力分析。比如，精准响应不仅需要日前的可调度潜力，还需要分析各种不同提前通知时间的可调节潜力分析。

5.2 资源配置

从虚拟电厂的运营与盈利角度出发进行资源配置，对于虚拟电厂而言至关重要。虚拟电厂需要确定市场需求及其动向，通过综合资源类型、规模、地理/电气位置、成本收益等多个影响因子的真实性状和变化规律，来确定资源的具体配置方案。图5-2-1为虚拟电厂资源配置典型流程。

5.2.1 市场机制对资源配置的影响

市场机制包含多个方面的因素，诸如市场规则、市场运行和市场行为等。在完全竞争市场中，市场规则是对所有参与者行为的重要约束和底线，它决定了一家虚拟电厂选择什么类型、什么规模、何种价位的资源配置。除此之外，企业间的相互竞争、电力消费者的购买行为、政府的政策引导等，都可能对虚拟电厂的资源配置产生影响。在一个竞争激烈的市场中，虚拟电厂可能需要迭代优化，调整自身的资源配置，以提高自身的竞争力；反过来说，虚拟电厂在遭遇了不适于自身的市场时,也需要在实际中优化自身的资源配置进行应对。
在此过程中,电力消费者的购买行为会对虚拟电厂的资源需求产生直接的推动
作用——这里包括对电能量的需求量、需求时间,甚至需求方式的变化;政府的
政策引导则可能改变资源的供给结构,影响到虚拟电厂的资源配置。

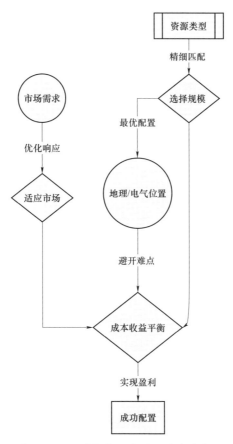

图 5-2-1 虚拟电厂资源配置典型流程

图 5-2-2 描述了市场机制驱动下虚拟电厂资源配置优化流程,可以看出,
市场行为的每一次变动都可能引发虚拟电厂的资源配置策略调整。虚拟电厂无
论在何种形势下,均要关注市场机制,遵循市场规则,理解市场运行,感知市
场行为,才能够做出符合自身利益的资源配置决策。虚拟电厂只有在了解并掌
握市场机制的同时,才能最大限度地取得经营效果。

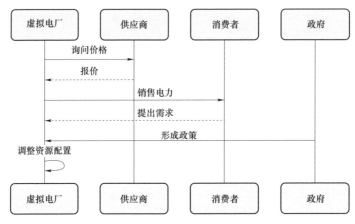

图 5-2-2　市场机制驱动下虚拟电厂资源配置优化流程

5.2.2　电能量市场和辅助服务市场对资源配置的影响

虚拟电厂在制定资源配置方案时，应根据当地的市场开展情况，针对能量市场与辅助服务市场运行机制与政策做出剖析。在虚拟电厂的日常运营中，这两大市场未来将会是构成虚拟电厂经济模型的主力军，更是推动虚拟电厂实现经济利益最大化的主线业务。

（1）电能量市场。虚拟电厂身为能量供应者，未来在能量市场中将起到新生力军的作用。其提供的电能量数量与质量，不仅影响着其自身的盈利情况，更将影响整个市场的能源供需平衡。同时，根据能量市场的供求规则，虚拟电厂能量的供应模式也能直接影响其在市场中的地位。在此基础上，虚拟电厂在能量供应中，需要引入一定的灵活性。例如，利用储能系统来平衡供需，或者利用多元清洁能源组合优化功率输出曲线，既能进一步提升其在市场中的竞争力，同时又能最大化其经济值。

此外，能量市场的价格波动是虚拟电厂必须考虑的重要影响因素。如何根据能量价格的变化，灵活调整资源配置策略，从而实现盈利最大化，是虚拟电厂决策者不断追求的目标。同时，能量市场作为一种自由市场，其价格会受到各种因素的影响，包括季节变化、天气状况、电力需求等。因此，对于虚拟电厂来说，精准预测能量市场价格波动，并根据预测结果设计最优配置策略，无疑是极具挑战性的，同时也是极具商业价值的。虚拟电厂参与电能量市场的资源配置策略见表 5-2-1。

表 5-2-1   虚拟电厂参与电能量市场的资源配置策略

考虑因素	优化内容	影响
能量供应模式	通过优化分布式电源结构,调整虚拟电厂的能量供应总量与曲线	增强能量供应竞争力、实现利润最大化
价格波动	通过配置分布式储能资源,提升虚拟电厂的输出功率灵活性	基于预测价格调整能量输出曲线,进一步提升盈利

（2）辅助服务市场。在虚拟电厂的运营过程中,辅助服务市场同样具有不可忽视的影响力。与上述能量市场的影响力不同,辅助服务市场的影响主要体现在虚拟电厂提供辅助服务的能力和带来的波动性风险两个方面。

1）虚拟电厂与传统电厂相比,在辅助服务的供应能力方面有诸多优势,如更快的反应时间、更高的效率等。这意味着未来在辅助服务市场中,虚拟电厂有可能成为市场的主力成员。如果虚拟电厂在辅助服务市场的运营中忽视了系统运行制约与自身安全约束,那必将带来巨大的风险。因此,虚拟电厂在辅助服务市场中的资源配置,并不是仅仅追求盈利最大化,而是要站在整个电网运行系统的角度,去实现系统优化。

2）是辅助服务市场带来的波动性风险。在辅助服务市场中,用户对电力的需求呈现出很高的变化性与实时性,虚拟电厂必须能够快速响应这些需求变化,并保证电力供应的稳定。辅助服务执行过程中,虚拟电厂不可避免地会受到分布式资源能力的实时变化所带来的波动影响。而这些波动,都会直接影响虚拟电厂的运营稳定性。虚拟电厂参与辅助服务市场的资源配置策略见表 5-2-2。

表 5-2-2   虚拟电厂参与辅助服务市场的资源配置策略

考虑因素	优化内容	影响
辅助服务供应能力	通过优化可调节资源配置,提升响应的速率、准确度与最大容量,并考虑运行约束条件	提升系统提供辅助服务的能力与质量,实现更高收益
波动性风险	通过配置备用资源,提升虚拟电厂辅助服务响应稳定性与面临波动时的容错能力	提升系统应对调节过程波动时的容错能力,减少调节不到位带来的考核

5.2.3 精准需求响应对资源配置的影响

当前,国内部分地区针对虚拟电厂开展了精准需求响应业务。精准需求响应作为针对日内、实时阶段的局部性电力供应紧张问题的响应机制,基于"站一线—变—户"电网拓扑，对虚拟电厂的辖区资源进行全拓扑路径检索，进而实现站级精准削峰填谷响应，可常态化、市场化开展多次响应工作。可以预见，未来市场化的精准需求响应业务也将成为虚拟电厂的重要商业模式之一。

对虚拟电厂而言，在资源配置时应储备一批高效、快捷、可控的负荷调节能力，实现负荷精准控制和用户常态化、精细化用能管理。虚拟电厂中针对灵活资源有序接入中面临的规划与运行问题，可采用一种灵活资源的容量配置和有序布点的综合优化方法：上层模型为考虑灵活资源投资收益和减缓配电网增容的容量配置模型；下层模型为考虑灵活资源特性和容量限制，调节负荷削峰填谷且平抑波动的布点优化模型。

考虑灵活资源在规划周期内容量配置的经济性和运行周期内布点优化的高效性，提出了灵活资源容量配置与布点优化的综合优化框架，如图5-2-3所示，其优化思路为：上层容量配置优化模型负责求解灵活资源的规划问题，主要包括灵活资源总容量配置和最优规划投资，为下层模型提供灵活资源的容量和功率约束；下层布点优化模型根据灵活资源接入配电网后的运行目标和约束条件，求解灵活资源的布点数量、位置和单体容量配置，为上层模型求取准确的投资成本提供判别依据，最终形成考虑长期经济性和短期运行高效性的综合优化配置方案。

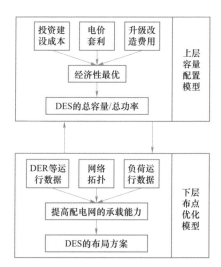

图5-2-3 灵活资源容量配置与布点优化的综合优化框架

分布式储能的优化配置决策模型分为上层容量配置模型和下层优化布点模

型，其中上层模型中考虑灵活资源的投资建设成本、电价套利及配电网的升级
改造费用，建立目标为经济性最优的优化模型，求解灵活资源的配置容量及总
功率；下层模型中考虑分布式电源在短期内的历史运行数据，配电网约束及负
荷的历史运行数据，以提高配电网承载能力为目标，求解灵活资源的布点方案。

（1）容量优化配置模型。在规划层面中求解灵活资源接入配电网后的最优
容量配置成本，由于在长时间尺度内无法考虑其在运行周期内的安全约束和配
电网的网络拓扑，仅能求解得到灵活资源的总能量容量和总功率水平配置，无
法得到具体的布点数量和布点位置，使得灵活资源的规划设计方案不够全面。
针对上述问题，提出下层布点优化模型，在短时间运行层面上，结合具有代表
性时间周期的配电网负荷运行数据、运行目标和约束条件，求取灵活资源的布
点数量、布点位置和单体容量配置，从而指导规划设计灵活资源的优化配置方
案。容量配置模型从配电网公司角度出发，使配电网中灵活资源安装、运营和
维护的综合成本最小。

因此，从两个方面衡量其经济最优：① 投资建设成本，包括灵活资源的投
资成本、安装成本及维护成本，将上述成本归算到灵活资源的单位能量容量及
功率水平费用中。② 电网升级改造，随着配电网负荷需求的增长，需对指定线
路和设备进行维护和扩容，合理配置分布式储能系统（distributed energy storage
system，DESS）的容量可以延缓其投资建设的时间点，从而节省改造及维护费
用。结合上述两个经济成本因素，求解在规划周期内合理配置灵活资源的总能
量容量及功率水平，为下层布点优化模型提供多个灵活资源的总功率水平和功
率水平的上限约束。

（2）布点规划模型。选取灵活资源 DESS 后配电网的负荷方差最小为目标，
高效利用灵活资源的配置容量参与负荷调控，在安全约束下提高配电网的弹性，
实现调峰填谷及平抑负荷波动的优化。灵活资源接入配电网后，将使配电网有
一定的可调节潜力，可为消纳远端可再生能源和就地分布式电源等实际应用场
景提供辅助调控策略。布点优化模型以典型日场景的用电负荷、接入 DER 的数
据为支撑，代表配电网运行阶段的日常运行场景；以电压限制约束、静态安全
约束、DER 功率约束和灵活资源容量/功率限制为约束条件，求解灵活资源的布
点数量、位置和容量配置。其中，灵活资源过充和过放会导致灵活资源的循环
使用寿命大幅度缩减，而不同的灵活资源有不同的最优优化区间。

（3）约束条件。在约束条件中，分别建立了静态潮流约束、电压限制约束、分布式能源和电动汽车功率约束、分布式储能容量/功率约束等。在模型求解流程中，先在上层长期规划中求解分布式储能的配置总容量和总功率，再在短期运行布点模型中，以总容量和功率为约束，对混合整数线性模型进行求解，得到优化配置方案。

通过分析可知，上层容量配置模型为 LP 模型，能够求解灵活资源接入配电网后的总功率水平、能量容量上限；下层布点优化模型为 MINLP 模型，该模型以上层模型的求解结果作为其总容量约束，可求解得到灵活资源的布点数量、布点位置和单体容量配置，并将得到灵活资源的配置方案，传递到上层容量配置模型中可求解考虑灵活资源布点数量、位置和容量配置的准确规划投资成本经济性。模型求解流程如图 5-2-4 所示。

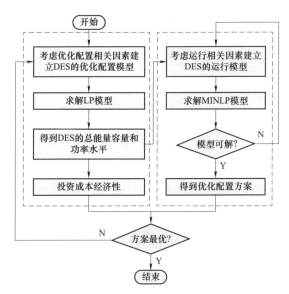

图 5-2-4 模型求解流程

求解流程具体如下：

1）算法初始化，设定容量配置模型的参数。

2）求解配置灵活资源的总功率水平和能量容量上限约束。

3）设定布点优化模型的参数，输入灵活资源的布点数量，遍历网络拓扑中的节点，求解在不同配置数量下灵活资源的布点位置和容量配置方案。

4）转步骤 2）中，对比在运行模型下求解的不同灵活资源配置方案在规划阶段的经济性。

5）输出结合规划经济性和运行高效性的最优配置方案，算法结束。

5.3 资源建模

5.3.1 基于物理特性的灵活资源建模

5.3.1.1 分布式储能资源特性建模

DESS 是一种容量较小、具有分散性和"源—荷"特性的可调控资源，其具有高效率和快速响应的特点，能为维持电力系统供需的安全性及可靠性提供有力的支撑。构建精细化的单体分布式储能特性模型，对于评估分布式储能聚合能力具有重要意义。

分布式储能资源建模共分为以下几个步骤：

（1）特性参数数据采集。电网能够通过能量管理系统感知 DESS 的运行状态，能量管理系统能够采集储存大量分散 DESS 的数据，经过分析处理以便系统调用。其中，数据采集又分为基本信息采集（如电池类型）和实时数据采集［如荷电状态（state of charge，SOC）］，采集数据类型分别见表 5-3-1 和表 5-3-2。

表 5-3-1　　　　　　　　DESS 基本参数信息数据采集

类别	参数	类别	参数
设备名称	Name	电池容量	B_e
设备 ID	n	功率因数	λ
电池类型	铅酸镍 镉锂镍 氢	额定电压	U
生产厂家	Fa	额定电流	I
用户地址	Add	是否可关断	是/否
经纬度	Att	最大响应次数	N
用户类型	Type	最大可响应时间	t_{max}
额定有功功率	P_e	最大 SOC	S_{max}
额定无功功率	Q_e	最小 SOC	S_{min}

表 5-3-2 DESS 实时特性参数数据采集

类别	参数	类别	参数
工作状态	正常运行 在线待机 检修断开	实时无功功率	Q
充电模式	恒流 恒压 恒功率	实时功率因数	$\lambda(t)$
开始响应时间	t_s	已响应时间	t
初始 SOC	S_s	已响应次数	n
实时电流	i	已响应增加容量	$\sum B_{up}$
实时电压	u	已响应削减容量	$\sum B_{dn}$
实时有功功率	P	实时 SOC	$S(t)$

（2）运行特性建模。为防止储能电池过度充放电，电池的荷电状态范围区间一般为 10%～90%，根据电池类型的不同，SOC 上下限的取值不同，DESS 的优化区间如图 5-3-1 所示。

将 DESS 的运行区间限制在优化区间内，可有效提高电池的循环次数及使用寿命，本书只针对 DESS 的容量限制进行研究，忽略 DESS 在使用过程中的能量衰减。单个 DESS 最大可控充放电区域如图 5-3-2 所示。

图 5-3-1　DESS 的优化区间　　　图 5-3-2　单个 DESS 最大可控充放电区域

单个 DESS 的响应能力用饼图可视化显示，可增加/削减容量如图 5-3-3 所示。

为简化模型，采取简单的恒压充电方式，单个 DESS 的最佳充/放电电流曲线如图 5-3-4 所示，电流随着时间逐渐变小。

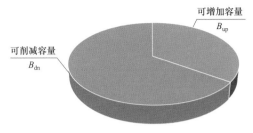

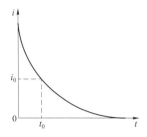

图 5-3-3 单个 DESS 的响应能力　　图 5-3-4 单个 DESS 的最佳充/放电电流曲线

（3）运行约束分析。

1）功率边界。DESS 的充/放电功率计算公式如下

$$P(t) = m_c(t)P_c\eta_c - m_d(t)P_d / \eta_d$$

式中：P_c 和 P_d 分别为实时充电功率和放电功率；η_c 和 η_d 分别为充电效率和放电效率；$m_c(t)$ 为充电状态 0～1 整数变量，$m_c(t)=1$ 表示 DESS 处于充电状态，$m_c(t)=0$ 表示 DESS 处于非充电状态；$m_d(t)$ 为放电状态 0～1 整数变量，$m_d(t)=1$ 表示 DESS 处于放电状态，$m_d(t)=0$ 表示 DESS 处于非放电状态；$m_c(t)+m_d(t)\leqslant 1$。

2）电量边界。电量边界用最大/最小电量表示，该边界在各个时刻处于动态变化中，前面调度过程的变化也会引起后续电量边界的变化。

电量边界对 DESS 响应能力的影响需满足下式

$$\begin{cases} S(t) = S_s + \int_{t_s}^{t} P(t)\mathrm{d}t / B_e \\ E(t) = B_e S(t) = E_s + \int_{t_s}^{t} P(t)\mathrm{d}t \end{cases}$$

$$E_{\min} \leqslant E(t) \leqslant E_{\max}$$

$$0 \leqslant P_c \leqslant P_c^{\max}$$

$$0 \leqslant P_d \leqslant P_d^{\max}$$

式中：$E(t)$ 为 DESS 的实时电量；E_s 为 DESS 的初始电量；$E_{\max} / E_{\min}$ 分别为 DESS 的电量最大/小值；$P_c^{\max}$、$P_d^{\max}$ 分别为 DESS 的最大充、放电功率。

单个 DESS 的电量上、下边界为

$$E^{up}(t) = \min[E(t), E_{\max}]$$

$$E^{dn}(t) = \max[E(t), E_{\min}]$$

5.3.1.2 电动汽车资源特性建模

电动汽车接入电网后，可以等效为电池储能单元，借助基于电力电子装置的充电桩，通过调整其输出功率，在满足用户出行需求的前提下，参与到电网的运行中。单体电动汽车的储能能力有限，而以集群为整体的大规模电动汽车的储能能力十分可观。构建精细化的单体电动汽车储能能力模型，对于评估电动汽车集群的储能能力具有重要意义。

电动汽车资源建模共分为以下几个步骤：

（1）负荷特性参数数据采集。与 DESS 类似，电动汽车的数据采集也可分为基本信息采集和实时数据采集，采集数据类型分别见表 5-3-3 和表 5-3-4。

表 5-3-3　　　　　　　　　电动汽车基本参数信息数据采集

类别	参数	类别	参数
设备名称	Name	电池容量	B_e
设备 ID	n	功率因数	λ
汽车品牌	Band	额定电压	U
生产厂家	Fa	额定电流	I
用户地址	Add	是否可放电	是/否
用户名称	User	最大响应次数	N
用户类型	Type	最大可响应时间	t_{max}
额定有功功率	P_e	最大 SOC	S_{max}
额定无功功率	Q_e	最小 SOC	S_{min}

表 5-3-4　　　　　　　　　电动汽车实时参数数据采集

类别	参数	类别	参数
工作状态	在线充电 在线空闲 在线放电 离网	实时功率因数	$\lambda(t)$
充/放电模式	快充 慢充 放电	实时有功功率	P
入网时间	t_s	实时无功功率	Q
离网时间	t_d	已响应时间	t
入网 SOC	S_s	已响应次数	n
离网预期 SOC	S_e	已响应增加容量	$\sum B_{up}$
实时电流	i	已响应削减容量	$\sum B_{dn}$
实时电压	u	实时 SOC	$S(t)$

（2）负荷运行特性建模。以电动汽车采用慢充的充电方式为例，单体电动汽车的储能特性如图 5-3-5 所示，图中 t 为时间，S 为 SOC，阴影部分为电动汽车入网后的最大运行区域。为获取单体电动汽车的最大运行区域，以集群 k 中的电动汽车 j 为例，图中 $[t^k_{j,s}, t^k_{j,d}]$ 为电动汽车接入电网时段，$[S^k_{j,\min}, S^k_{j,\max}]$ 为电动汽车能够进行输出功率控制的 SOC 范围，$S^k_{j,d}$ 为用户出行前对 SOC 的需求。图中，A 点坐标为 $(t^k_{j,s}, S^k_{j,s})$，代表电动汽车在 $t^k_{j,s}$ 时刻接入电网的 SOC 值为 $S^k_{j,s}$；$A-B-C$ 为最大运行区域上边界，代表电动汽车最快充电过程；$A-D-E-F$ 为最大运行区域下边界，为最慢充电过程，其中 $A-D$ 为额定功率下的放电过程，$E-F$ 为保证用户出行需求的强制充电过程。

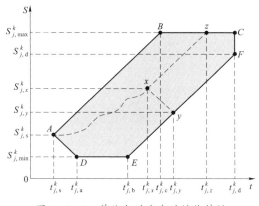

图 5-3-5 单体电动汽车的储能特性

因此，如图 5-3-5 中阴影部分所示的电动汽车最大运行区域 $ABCFED$，可以看作 6 条直线 AB、BC、CF、AD、DE、EF 围成的可行域，考虑到电动汽车的额定充放电功率是恒定的，以 t 和 S 为变量，6 条直线的数学方程为

$$\begin{cases} AB: \ P^k_{j,c}\eta^k_{j,c}(t-t^k_{j,s})/R^k_j - (S-S^k_{j,s}) = 0 \\ BC: S-S^k_{j,\max} = 0 \\ CF: t-t^k_{j,d} = 0 \\ AD: -P^k_{j,d}(t-t^k_{j,s})/\eta^k_{j,d}/R^k_j - (S-S^k_{j,s}) = 0 \\ DE: S-S^k_{j,\min} = 0 \\ EF: P^k_{j,c}\eta^k_{j,c}(t-t^k_{j,d})/R^k_j - (S-S^k_{j,d}) = 0 \end{cases}$$

式中：$P^k_{j,c}$ 和 $P^k_{j,d}$ 分别为电动汽车额定充、放电功率；$\eta^k_{j,c}$ 和 $\eta^k_{j,d}$ 分别为电动汽车充、放电效率；R^k_j 为电动汽车电池容量。

考虑到电动汽车交通出行时间及出行需求的共同约束，为获取单体电动汽车的最大储能能力，图5-3-5中给出了一条电动汽车可能的充电曲线 Ax，以坐标为（$t_{j,s}^k$，$S_{j,s}^k$）的运行点 x 为出发点，分别获取电动汽车的最快充电过程 xz 和最快放电过程 xy，直线 xz 和 xy 的方程见式（5-3-1）。z 和 x 的纵坐标之差 $S_{j,z}^k - S_{j,x}^k$ 与 R_j^k 的乘积即为电动汽车充电的可用储能容量，见式（5-3-1）；x 和 y 的纵坐标之差 $S_{j,x}^k - S_{j,y}^k$ 与 R_j^k 的乘积即为电动汽车放电的可用储能容量。z 是直线 xz 与上边界 $A-B-C-F$ 的交点，而 y 是直线 xy 与下边界 $A-D-E-F-C$ 的交点。

$$\begin{cases} xz: \dfrac{P_{j,c}^k \eta_{j,c}^k}{R_j^k}(t - t_{j,x}^k) - (S - S_{j,x}^k) = 0 \\[4mm] xy: -\dfrac{P_{j,d}^k / \eta_{j,d}^k}{R_j^k}(t - t_{j,x}^k) - (S - S_{j,x}^k) = 0 \end{cases} \quad (5-3-1)$$

$$R_{j,c}^k = (S_{j,z}^k - S_{j,x}^k)R_j^k$$

$$R_{j,d}^k = (S_{j,x}^k - S_{j,y}^k)R_j^k$$

考虑到入网后电动汽车输出功率受到其可用储能容量的约束，仍以 t 时刻电动汽车运行点 x 为例，电动汽车输出功率 $P_j^k(t)$ 的上、下限约束分别为

$$\begin{cases} P_{j,\max}^k(t) = \min\left\{ P_{j,d}^k, \dfrac{R_{j,d}^k \eta_{j,d}^k}{t_{j,y}^k - t} \right\} \\[4mm] P_{j,\min}^k(t) = \max\left\{ -P_{j,c}^k, \dfrac{-R_{j,c}^k \eta_{j,c}^k}{t_{j,z}^k - t} \right\} \end{cases}$$

电动汽车实时 $\mathrm{SOC} S_j^k(t)$ 为

$$S_j^k(t) = S_{j,s}^k + \int_{t_{j,s}^k}^t \frac{-P_j^k(t)\eta_j^k(t)}{R_j^k} \mathrm{d}t$$

式中：$P_{j,\max}^k(t)$ 和 $P_{j,\min}^k(t)$ 分别为电动汽车输出功率的上、下限约束；$\eta_j^k(t)$ 为电动汽车与电网交换功率的效率。

其中

$$\eta_j^k(t) = \begin{cases} \eta_{j,c}^k & P_j^k > 0 \\ 1/\eta_{j,d}^k & P_j^k < 0 \end{cases}$$

电动汽车作为交通工具，应首先满足用户的各类出行需求，根据电动汽车刚接入电网的起始电量的不同，充放电策略有如图5-3-6所示的两种情况。

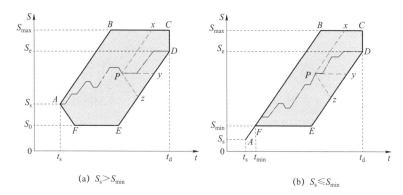

(a) $S_s > S_{min}$ (b) $S_s \leqslant S_{min}$

图 5-3-6 单个电动汽车最大可控充放电区域

S_{max}—电动汽车最大 SOC 值，取 100%；S_{min}—避免过度放电损害电池使用寿命设置的

最小 SOC，取 20%；S_e—离网时为满足用户出行需求的最小 SOC

1）当 $S_s > S_{min}$ 时，电动汽车的最大可控充放电区域如图 5-3-6（a）阴影部分所示。电动汽车在 t_s 时刻接入电网的 SOC 为 S_s（A 点），并立即以额定功率 P_e 开始充电，对应的可控区域上边界为 $A-B-C$。同理，若立即以额定功率 P_e 开始放电，对应的可控区域下边界为 $A-F-E$。此外，为保证离开电网时 SOC 能够达到电动汽车用户出行对电池电量需求的最小值 S_e，ED 段表示在出行前需要强制其进行充电。显然，可行域内有任意多条路径可选。

2）当 $S_s \leqslant S_{min}$ 时，电动汽车的最大可控充放电区域如图 5-3-6（b）阴影部分所示。电动汽车应立即以额定功率充电至 S_{min}，在此之前，电动汽车不具有调控响应能力，之后的调控策略与 5-3-6（a）一致。

电动汽车具有快充和慢充两种充电模式，充电电流曲线如图 5-3-7 所示，电流随着时间逐渐变小，放电曲线如图 5-3-8 所示。

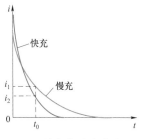

图 5-3-7 单个电动汽车充电曲线

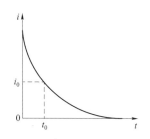

图 5-3-8 单个电动汽车放电曲线

因电动汽车电池特性会随着使用次数的增加而衰减，充/放电曲线会随着时间变化，故拟采用一种基于历史数据驱动的储能电池充/放电曲线建模方法，与

DESS 类似，电流计算公式如下

$$i_{(t)}^n = \frac{i_{(t)}^{n-1} + i_{(t)}^{n-2} + i_{(t)}^{n-3} + \cdots + i_{(t)}^2 + i_{(t)}^1}{n-1} \qquad (n \geqslant 2)$$

式中：$i_{(t)}^n$ 为响应第 n 次充/放电曲线（当前所需的）t 时刻的电流值；$n-1$ 表示电动汽车电池已响应的次数。

（3）负荷运行约束分析。

1）功率边界。电动汽车的充/放电功率计算公式如下

$$P(t) = m_c(t)P_c\eta_c - m_d(t)P_d/\eta_d$$

式中：P_c 和 P_d 分别为电动汽车的实时充电功率和放电功率；η_c 和 η_d 分别为充电效率和放电效率；$m_c(t)$ 为充电状态 $0 \sim 1$ 整数变量，$m_c(t)=1$ 表示电动汽车处于充电状态，$m_c(t)=0$ 表示电动汽车处于非充电状态；$m_d(t)$ 为放电状态 $0 \sim 1$ 整数变量，$m_d(t)=1$ 表示 DESS 处于放电状态，$m_d(t)=0$ 表示电动汽车处于非放电状态；$m_c(t) + m_d(t) \leqslant 1$。

2）电量边界。电量边界用最大/最小电量表示，该边界在各个时刻处于动态变化中，前面调度过程的变化也会引起后续电量边界的变化。

电量边界对电动汽车响应能力的影响需要满足下式

$$\begin{cases} S(t) = S_s + \int_{t_s}^t P(t)\mathrm{d}t / B_e \\ E(t) = B_e S(t) = E_s + \int_{t_s}^t P(t)\mathrm{d}t \end{cases}$$

$$E_{\min} \leqslant E(t) \leqslant E_{\max}$$

$$0 \leqslant P_c \leqslant P_c^{\max}$$

$$0 \leqslant P_d \leqslant P_d^{\max}$$

式中：$E(t)$ 为电动汽车的实时电量；E_s 为电动汽车的初始电量；$E_{\max}$、$E_{\min}$ 分别为电动汽车的电量最大、最小值；$P_c^{\max}$、$P_d^{\max}$ 分别为电动汽车的最大充、放电功率。

单个电动汽车的电量上、下边界为

$$E^{\mathrm{up}}(t) = \min[E(t), E_{\max}], t \in (t_s, t_d)$$

$$E^{\mathrm{dn}}(t) = \max[E(t), E_{\min}E_e - P_c^{\max}(t_d - t)], t \in (t_s, t_d)$$

5.3.1.3　温控负荷资源特性建模

以空调、冰箱、热水器等为代表的居民温控负荷（residential controltemperature load，TCLs），因具有快速响应、能量存储、高可控性等优点，已成为快速柔性负荷的主要研究对象之一。然而，由于 TCLs 负荷具有单体容量小、数量众多、分散分布、响应随机性强的特点，调度中心不易获得其聚合用电功率和响应潜力信息，因此，为调度中心如何利用这部分资源带来困难。

温控负荷资源建模共分为以下几个步骤：

（1）特性参数数据采集。温控负荷以分散式空调系统（decentralized air conditioning，DAC）为例，DAC 的数据采集也可以分为基本信息采集和实时数据采集，采集数据类型分别见表 5-3-5 和表 5-3-6。

表 5-3-5   DAC 基本信息数据采集

类别	参数	类别	参数
设备名称	Name	额定电压	U
设备 ID	n	额定电流	I
房间等效热阻	R	额定制冷功率	P
房间等效热容	C	额定功率因数	Fact
经纬度	Att	制冷能效比	EER
空调属性	定频	最大可上调温度	U_{max}
空调类别	单相/三相	最大可下调温度	D_{max}
最大响应次数	N	最大可上调时间	ΔT_{max}
已响应次数	n	最大可响应时间	t_{max}

表 5-3-6   DAC 实 时 数 据 采 集

类别	参数	类别	参数
工作状态	正常运行关机	原始占空比	$S(t)$
实时电流	i	最大/最小占空比	$M_S(t)$
实时电压	u	实时占空比	$R_S(t)$
实时有功功率	P	已响应增加容量	ΣB_{up}
实时无功功率	Q	已响应削减容量	ΣB_{dn}
实时功率因数	$\lambda(t)$	已响应次数	n
原始设定温度	T_s	开始响应时间	t_s
当前设定温度	T_{ns}	已响应时间	t

（2）运行特性建模。TCLs 模型一直是国内外学者的研究热点之一，一般说来，可归纳为以下 3 种方式：

1）简化数学模型。包括随机福克－普朗克（Fokker-Planck）扩散模型、离散状态空间模型、状态序列模型、RC 模型、双线性模型等多种形式。将室内温度在有限范围$[\theta_L, \theta_H]$内进行离散化，并把 TCLs 划分到对应的温度状态格中，通过控制温度格中 TCLs 的数量和由于室温变化导致的 TCLs 在不同温度条之间的进化过程，得到 TCLs 聚合的双线性模型，能够有效地减轻 TCLs 聚合模型的计算量。在描述温度状态格的概率变化时，采用了基于马尔可夫链（Markov Chain）的统计建模方法，通过每一格内 TCLs 的数量信息定义了马尔可夫状态转移矩阵。在此基础上，进一步建立了 TCLs 聚合体的多输入单输出的双线性微分方程模型，用于近似模拟大规模 TCLs 聚合功率动力学行为，并提出了基于一致性协议的分布式协调控制策略。为提高建模精度，基于单个 TCL 的二阶动态模型建立了聚合体的 2－D 状态转移模型，并用参数的概率分布来描述 TCLs 的异质性。总体来讲，以上模型均定位在控制层面，模型相对较复杂，不易于调度中心直接使用。

2）详细物理模型。能够模拟建筑、空调系统的组成，以及子系统之间复杂的热动态交互过程，这方面成熟的软件有 EnergyPlus、DOE－2、ESP－r、TRNSYS 等。物理模型能够捕捉足够的细节来仿真 DR 控制策略对整个建筑用能的影响，仿真结果可信度高。但当这种建模方式应用到多个建筑时，仍然会遇到计算量过大的问题。

3）基于历史数据的回归模型。建立在用户用电特性分析和需求响应历史数据收集的基础上，通过分析家庭用户的历史用电数据，获得负荷的价格弹性系数，并建立了用电量的回归模型。采用自回归滑动平均（ARMA）模型来模拟建筑的热动态过程。这种建模方式一般存在两个问题：① 电网中一般采集的是整条馈线的用电数据，由于馈线的负荷成分多样，难以从整体历史数据中分离单一类型负荷的用电数据。② 模型是基于经验方式获取的，为了训练出较好的模型，需要大量的历史数据集，包括 TCLs 用电功率、室内和室外环境温度、温度设定值等。为便于调度中心及时掌握居民 TCLs 负荷的聚合功率及响应潜力，充分利用系统内的各种可调节资源，本书在单个 TCL 物理模型的基础上，推导了TCLs 聚合功率跟室外温度、温度设定值等参数之间的关系，建立了 TCLs 的近似聚合模型。基于该模型，提出了一种计及响应不确定性的 TCLs 聚合响应潜力评估方法，评估了调整温度设定值控制策略下 TCLs 的聚合响应潜力及其分布特性，并对评估结果的有效性和误差分布进行了分析。

单个 TCL 最常见的物理模型为热力学等值模型，该模型采用集中参数法（热容、热阻等）建立 TCL 用电功率与环境温度、能效比、时间的关系，适用于居民或小型商业建筑的冷/热负荷建模。一阶 ETP 模型采用一阶常微分方程来描述室温的变化，即

$$\begin{cases} \dfrac{\mathrm{d}\theta(t)}{\mathrm{d}t} = -\dfrac{1}{CR}[\theta(t) - \theta_a(t) + m(t)RP_c] \\ m(t) = \begin{cases} 0, & \theta(t) \leqslant \theta_- \\ 1, & \theta(t) \leqslant \theta_+ \\ m(t-\varepsilon), & \text{其他} \end{cases} \end{cases}$$

式中：$\theta(t)$ 和 $\theta_a(t)$ 分别为 t 时刻的室内温度与室外温度；C 为 TCL 的等效热容，$\mathrm{kWh/℃}$；R 为 TCL 的等效热阻，$℃/\mathrm{kW}$；P_c 为 TCL 的制冷/制热功率，kW；制冷/制热功率与 TCL 用电功率 P 满足一定的比例关系，$P_c = \eta P$，η 为 TCL 的能效比；$m(t)$ 表示 TCL 的开关状态，取值为 0 时表示 TCL"停机"，取值为 1 时表示 TCL"开机"；ε 是一个足够小的时滞，在离散仿真环境下，可以等于仿真的时间步长；$[\theta_-, \theta_+]$ 表示 TCL 正常运行状态下室内温度的变化范围，θ_- 和 θ_+ 分别表示 TCL 切换开关状态时的室内温度上、下界值，与空调的温度设定值 θ_{set} 满足以下关系

$$\begin{cases} \theta_- = \theta_{set} - \delta/2 \\ \theta_+ = \theta_{set} + \delta/2 \end{cases}$$

式中：δ 为 TCL 的温度死区的宽度。

在温度设定值恒定时，TCL 的开关状态会发生周期性变化，对应室内温度也会在上下界范围内发生周期性变化，如图 5-3-9 所示。

通过求解上式，可得 TCL 的开机周期 T_c 和停机周期 T_h 分别为

$$T_c = CR \ln\left(\frac{P_c R + \theta_{set} + \delta/2 - \theta_a}{P_c R + \theta_{set} - \delta/2 - \theta_a}\right)$$

$$T_h = CR \ln\left(\frac{\theta_a - \theta_{set} + \delta/2}{\theta_a - \theta_{set} - \delta/2}\right)$$

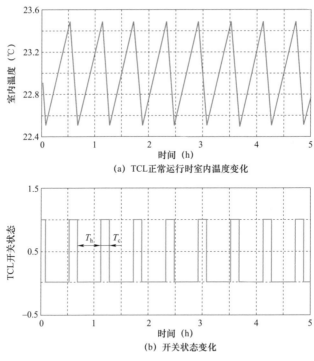

(a) TCL正常运行时室内温度变化

(b) 开关状态变化

图 5-3-9　TCL 正常运行状态示意

上式可进一步变换如下

$$\begin{cases} T_c = CR\ln(1+x_c) \\ x_c = \dfrac{\delta}{P_cR+\theta_{set}-\delta/2-\theta_a} \end{cases}$$

$$\begin{cases} T_h = CR\ln(1+x_h) \\ x_h = \dfrac{\delta}{\theta_a-\theta_{set}-\delta/2} \end{cases}$$

但是当 TCLs 数量较多时，ETP 模型计算量大，且不易扩展，因此一般不直接用于 TCLs 的聚合建模，而多是在此基础上进行近似，在保证近似效果的前提下降低计算量。

（3）运行约束分析。

$$T_{in}^{t+1} = T_{out}^{t+1} + H_l^t R_{eq} - (T_{out}^{t+1}+H_l^t R_{eq}-T_{in}^t)\exp\left(-\dfrac{\Delta t}{R_{eq}C_{eq}}\right)$$

式中：T_{in}^t、T_{out}^t 分别为在时间 t 的室内温度、室外环境温度；H_l^t 为在时间 t 供应建筑物的热功率；R_{eq} 为等效热损失系数，与不同的增益或热损失系数有关；C_{eq} 为等效热容，与空气热容、建筑物及其内部的质量热容有关。

5.3.1.4 分布式电源资源特性建模

分布式电源资源特性建模共分为以下几个步骤：

（1）特性数据采集。分布式电源资源以分布式光伏为例，分布式光伏发电的数据采集也可分为基本信息采集和实时数据采集，采集数据类型分别见表 5-3-7 和表 5-3-8。

表 5-3-7　　　　　　　　　　分布式发电基本参数信息数据采集

类别	参数	类别	参数
电站名称	Name	装机容量	—
电站 ID	n	电站类型	—
电站地址	Address	并网类型	—
投运日期	Time	电价	—
经纬度	Att		

表 5-3-8　　　　　　　　　　分布式发电实时数据采集

类别	参数	类别	参数
工作状态	正常运行	等效时长	$S(t)$
实时电流	i	今日发电量	$M_S(t)$
实时电压	u	累计发电量	$R_S(t)$
实时有功	P	已响应增加容量	$\sum B_{up}$
实时无功	Q	已响应削减容量	$\sum B_{dn}$
实时功率因数	$\lambda(t)$	已响应次数	n
辐照度	Irradiance	开始响应时间	t_s
环境温度	T	已响应时间	t

（2）运行特性建模。光伏电池的输出受到环境温度、光照强度等因素的影响，其输出特性具有明显的非线性特征。光伏组件物理模型以光伏电池的等效电路为基础，基于光伏器件的半导体特性建立。该项目综合考虑模型精度与工程实现选取光伏电池的单二极管模型。光伏电池的单二极管模型等效电路如图 5-3-10 所示。

如图 5-3-10 所示，该等效模型由受光照和温度控制的电流源、反并联二极管、串联电阻 $R_{S,c}$ 和并联电阻 $R_{SH,c}$ 组成。根据基尔霍夫电流定律，建立光伏电池的电压、电流关系为

$$I_C = I_{PH,C} - I_{S,C}\left[\exp\left(\frac{U_C + R_{S,C}I_C}{nU_T}\right) - 1\right] - \frac{U_C + R_{S,C}I_C}{R_{SH,C}}$$

式中：I_C 为光伏电池输出电流；$I_{PH,C}$ 为光生电流；$I_{S,C}$ 为二极管反向饱和电流；n 为二极管品质因数；U_C 为光伏电池输出电压；U_T 为光伏电池热电压。

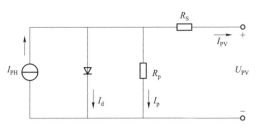

图 5-3-10　光伏电池单二极管模型等效电路

在实际使用时，光伏发电器件并不是单个光电池，而是多个光伏电池串、并联形成的光伏组件，所测得的数据也常常是光伏组件的电压、电流。因此，假设光伏电池是由 N_P 个光伏电池并联组成，每条支路由 N_S 个光伏电池串联组成，根据基尔霍夫电压、电流定律，光伏组件的光伏组件电压、电流关系为

$$I_{PV} = N_P I_{PH,C} - N_P I_{S,C}\left[\exp\left(\frac{U_{PV}N_P + R_{S,C}N_S I_{PV}}{nU_T N_P N_S}\right) - 1\right] - \frac{U_{PV}N_P + R_{S,C}N_S I_{PV}}{N_S R_{SH,C}}$$

式中：I_{PV}、U_{PV} 分别为光伏组件的输出电流、电压。

分布式发电的近线性基础数学模型如下

$$\begin{cases} \beta_{pv}^t = \chi_{pv}^t \dfrac{L_{pv}^t}{L_{st}}[1 + \delta_{pv}(T_{pv}^t - T_{amb})] \\ P_{pv}^t = \beta_{pv}^t P_{pv,st} \end{cases}$$

式中：β_{pv}^t 为光伏在时刻 t 的发电出力因子；χ_{pv}^t 为虚拟电厂接纳光伏在时刻 t 的发电因子；L_{pv}^t、L_{st} 分别为光伏发电在时刻 t 工作时的光照强度、标准规范测试环境下光伏发电工作环境的光照强度；δ_{pv} 为光伏发电出力温度变化调节因子；T_{pv}^t、T_{amb} 分别为光伏发电在时刻 t 工作时的温度、标准规范测试环境下光伏发电工作环境温度；$P_{pv,st}$ 为标准规范测试环境下光伏发电出力；P_{pv}^t 为光伏在时刻 t 的发电功率。

工程型基础数学模型为

$$P_{pv}^t = \begin{cases} \left(0.9 + \dfrac{0.1}{400}G_{pv}^t\right)\left(\dfrac{P_{stc}}{800}G_{pv}^t\right) & G_{pv}^t < 400 \\[3mm] \dfrac{P_{stc}}{800}G_{pv}^t & 400 \leqslant G_{pv}^t \leqslant 1000 \\[3mm] \dfrac{1000}{800}P_{stc} & G_{pv}^t > 1000 \end{cases}$$

式中：P_{pv}^t 为时间 t 的光伏电池预测输出电功率；P_{stc} 为标准测试条件下的最大测试功率；G_{pv}^t 为时间 t 的太阳辐射强度，W/m^2。

（3）发电运行约束。光伏发电安全运行约束为

$$\begin{cases} P_{pv}^{min} \leqslant P_{pv}^t \leqslant P_{pv}^{max} \\[2mm] \varphi_{pv}^{min}\sum P_{pv}^{min} \leqslant \sum P_{pv}^t \leqslant \varphi_{pv}^{max}\sum P_{pv}^{max} \end{cases}$$

式中：P_{pv}^t 为光伏在时刻 t 的发电功率；P_{pv}^{min}、P_{pv}^{max} 分别为光伏发电出力下限、上限；$\sum P_{pv}^t$、$\sum P_{pv}^{min}$、$\sum P_{pv}^{max}$ 分别为虚拟电厂内所有光伏在时刻 t 的发电功率、发电功率下限、发电功率上限；φ_{pv}^{min}、φ_{pv}^{max} 分别为虚拟电厂内所有光伏发电功率下限的裕度调节系数、发电功率上限的裕度调节系数。

光伏发电总装机容量约束为

$$\begin{cases} \sum P_{pv}^{max} \leqslant \varepsilon_{pv}(P_{load}^{con,t} + P_{load}^{tran,t}) \\[2mm] 0 \leqslant \varepsilon_{pv} \leqslant \varepsilon_{pv}^{max} \end{cases}$$

式中：$\sum P_{pv}^{max}$ 为虚拟电厂内所有光伏发电功率上限；$P_{load}^{con,t}$、$P_{load}^{tran,t}$ 分别为虚拟电厂在时刻 t 的常规电力负荷、可转移电力负荷；ε_{pv}、ε_{pv}^{max} 分别为光伏发电在虚拟电厂中的渗透率系数、虚拟电厂中所能接受的光伏渗透率系数上限值。

弃光率约束为

$$\begin{cases} 0 \leqslant P_{pv}^t \leqslant \bar{P}_{pv}^t \\[2mm] \sum\limits_{t=1}^{T}(\bar{P}_{pv}^t - P_{pv}^t) \leqslant \sigma_{pv}\sum\limits_{t=1}^{T}\bar{P}_{pv}^t \end{cases}$$

式中：$\bar{P}_{pv}^t$ 为光伏在时刻 t 的出力上限，即是光伏出力预测最大功率；P_{pv}^t 为光伏在时刻 t 的发电功率；σ_{pv} 为优化调度周期内允许最大弃光率；T 为优化调度周期。

（4）功率预测模型。在充分考虑制约光伏发电功率的 5 个主要环境因素，即太阳辐照度、组件温度、空气温度、相对湿度和大气压力的前提下，针对分布式光伏发电功率具有不稳定性和明显的间歇波动的特点，提出一种基于神经

网络的分布式发电功率预测模型。

首先通过经纬度定位功能完成分布式光伏电站气象数据与电力数据融合；然后提取分布式光伏电站气象和电力个性化特性，再构建样本库训练神经网络模型参数；最后通过固化模型预测分布式光伏电站特定时刻的发电功率。

5.3.2 基于用户行为的灵活资源建模

准确的客户画像（如房屋类型、居住人数）识别是成功实施行为需求响应的关键。目前，监督学习方法被广泛应用于智能电能表数据识别客户画像，近年来所提出的方法可分为单分类法、混合分类法和综合分类法三类。单分类法是指使用基于单一机器学习的分类模型来识别客户画像的方法；混合分类法通常将几个单一分类模型结合在一起，以识别客户画像；综合分类法将多个弱分类器组合成一个强分类器，以提高客户画像识别性能。这样的方法在标记数据充足的情况下，可以达到预期的效果，但如果标记数据不足，则精度不高。而由于隐私问题等原因，在实践中获取准确标记的数据（通常通过调查获得）非常困难，成本高昂且耗时。

因此，可以采用一种基于转导支持向量机的半监督学习方法，并将其应用于客户画像识别过程，以在标记数据不足时实现性能改进。首先，从时域和频域提取反映客户画像信息的特征；其次，引入特征选择方法，从初始特征中选择相关性更强的特征作为模型的输入；最后，采用基于转导支持向量机的方法学习输入特征与输出客户画像识别结果之间的映射关系。此外，还研究了不同特征选择方法（过滤法、包装法和嵌入法）对识别精度的影响。

5.3.2.1 基于转导支持向量机的方法框架

基于转导支持向量机的方法框架如图 5-3-11 所示。方法分为三个步骤。首先，基于智能仪表数据提取 54 个时域特征和 24 个频域特征。使用三种特征选择方法（过滤法、包装法和嵌入法）来选择重要特征作为识别模型的最终输入。同时，对调查数据集进行整理，提取有效信息。在本书中，选择了对表征居民家庭状况最重要的数据作为最终客户画像，并根据问卷答案对每个客户画像校准了相应的标签。然后，从智能电能表数据中选择的特征通过消费者 ID 与问卷中的 6 个客户画像相匹配，以形成最终的培训样本。最后，将训练样本输入到半监督学习方法基于转导支持向量机中。识别性能使用 3 个指标进行评估。

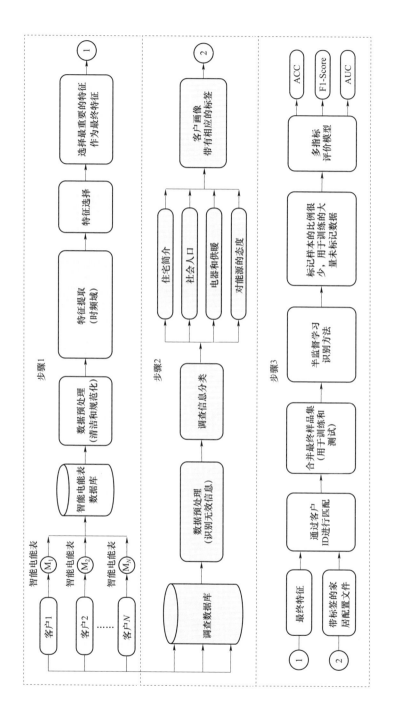

图 5-3-11 基于转导支持向量机的方法框架

5.3.2.2 客户画像信息特征提取

以一份样例数据为例，首先，基于智能电能表数据提取了 54 个时域特征以保证分析的完整性，时域特征可分为 4 类：28 个负荷特征、8 个比率特征、9 个时间特征和 9 个统计特征。为了提取负荷曲线分布的周期性模式特征，引入了离散小波变换，将原始智能电能表数据分解为几个静止部分（低频信号）和波动部分（高频信号），从中提取了 24 个频域特征，见表 5-3-9。

表 5-3-9 　　　　　　　　　 提 取 的 特 征

序号	特征名	序号	特征名	序号	特征名
时域特征		时域特征		频域特征	
1	c_total	28	c_min_night	1	CA1_cof_mean
2	c_weekday	29	r_mean_max	2	CA1_cof_max
3	c_weekend	30	r_min_mean	3	CA1_cof_min
4	c_day	31	r_forenoon_noon	4	CA1_cof_var
5	c_morning	32	r_afternoon_noon	5	CA2_cof_mean
6	c_forenoon	33	r_evening_noon	6	CA2_cof_max
7	c_noon	34	r_noon_total	7	CA2_cof_min
8	c_afternoon	35	r_night_day	8	CA2_cof_var
9	c_evening	36	r_weekday_weekend	9	CA3_cof_mean
10	c_night	37	t_above_0.5kW_total	10	CA3_cof_max
11	c_max_total	38	t_above_0.5kW_weekday	11	CA3_cof_min
12	c_max_weekday	39	t_above_0.5kW_weekend	12	CA3_cof_var
13	c_max_weekend	40	t_above_1kW_total	13	CD1_cof_mean
14	c_max_morning	41	t_above_1kW_weekday	14	CD1_cof_max
15	c_max_forenoon	42	t_above_1kW_weekend	15	CD1_cof_min
16	c_max_noon	43	t_above_2kW_total	16	CD1_cof_var
17	c_max_afternoon	44	t_above_2kW_weekday	17	CD2_cof_mean
18	c_max_evening	45	t_above_2kW_weekend	18	CD2_cof_max
19	c_max_night	46	s_var_total	19	CD2_cof_min
20	c_min_total	47	s_var_weekday	20	CD2_cof_var
21	c_min_weekday	48	s_var_weekend	21	CD3_cof_mean
22	c_min_weekend	49	s_var_morning	22	CD3_cof_max
23	c_min_morning	50	s_var_forenoon	23	CD3_cof_min
24	c_min_forenoon	51	s_var_noon	24	CD3_cof_var
25	c_min_noon	52	s_var_afternoon	—	—
26	c_min_afternoon	53	s_var_evening	—	—
27	c_min_evening	54	s_var_night	—	—

5.3.2.3 特征选择方法

使用三种特征选择方法（过滤法、包装法和嵌入法）来选择相关性更强的特征作为模型的最终输入。同时，对调查数据集进行整理，提取有效信息，选择了最能表征居民家庭状况的信息作为最终客户画像，并根据问卷答案校准了每个客户画像相应的标签。根据调查数据集和之前的研究，最终选择了 6 个家庭概况（1 号为就业、2 号为居民、3 号为房屋类型、4 号为居住率、5 号为烹饪类型和 6 号为儿童）进行识别。客户画像描述和分类定义见表 5-3-10。

表 5-3-10 客户画像描述和分类定义

画像序号	画像名	描述	分类	标签	样品数（个）
1	就业	雇用主要收入者	就业	1	1423
			未就业	2	1026
2	居民	居民人数	≤2	1	1321
			>2	2	1128
3	房屋类型	房屋类型	独立式或简易别墅	1	1299
			半独立式或梯田式	2	1104
4	居住	每天入住时间超过 6h	是	1	1619
			否	2	345
5	烹饪类型	烹饪设施类型	用电	1	1712
			不用电	2	737
6	儿童	是否有孩子	是	1	1964
			否	2	485

5.4 响应潜力评估

5.4.1 电动汽车响应潜力评估

单个电动汽车的 DR 容量和功率较小，除此之外，不同电动汽车的出行特征和电池参数可能存在较大差异，系统无法对数量庞大的电动汽车集群进行直接管理。电动汽车聚合商（electric vehicle aggregator，EVA）的出现为这一问题提供了一种解决方案，调度中心只需要对 EVA 进行控制，而不用直接控制海量的电动汽车集群。EVA 作为电网与电动汽车用户之间的交互平台，其参与电力系统的双层调度模式框架如图 5-4-1 所示。可在基于合同的控制模式下，EVA 采集电动汽车的出行特征、电池参数、运行状态及用户用电期望等信息，评估其响应能力并上报给调度中心；反之，接受调度中心的调度计划，结合电网运行状态和价格激励信号，制定并下达调控指令，直接控制各电动汽车用户的充放电行为。

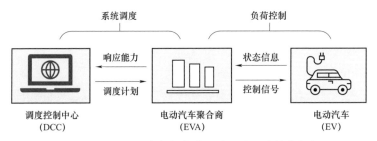

图 5-4-1 EVA 参与电力系统的双层调度模式框架

（1）电动汽车单体评估模型。

1）电动汽车单体可调控区域。这里给出了电动汽车单体最大可调控运行区域，如图 5-4-2 所示阴影部分，当 $S_s > S_{min}$ 时，如图 5-4-2（a）所示，电动汽车在 t_s 时刻接入电网时的 SOC 值为 S_s（A 点），然后立即以额定功率 P_e 开始充电，当 SOC 值达到 SOC_{max} 时转换为空闲状态，充电路径对应 $A-B-C$；而当接入时刻即以额定功率开始放电，当达到最低 SOC 值 SOC_{min} 时切换为空闲状态，对应边界为 $A-F-E$。值得注意的是，当 $S_s \leq S_{min}$ 时，如图 5-4-2（b）所示，

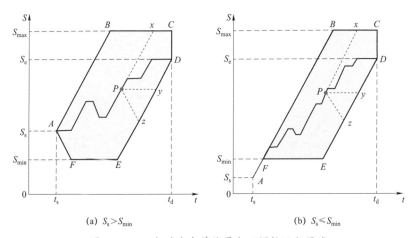

(a) $S_s > S_{min}$　　　　　　　(b) $S_s \leq S_{min}$

图 5-4-2 电动汽车单体最大可调控运行区域

电动汽车处于过放电状态，必须充电达到最小SOC_{min}以上后才具有可控性。此外，为保证电动汽车在t_d时刻离开电网时SOC能达到满足出行需求的最小值S_e，DE段表示在出行前需强制充电的边界，此时电动汽车将不再具备调控弹性。

电动汽车在入网阶段的充放电运行轨迹可在可调控运行范围内根据响应情况不断移动，如图5-4-2中实线AD所示。电动汽车在任意时刻的响应能力与此时其充放电状态和SOC值大小有关，以图5-4-2中P点为例，此时电动汽车以额定功率进行充电，虚线P_x对应横坐标之差代表其以额定功率充电可持续响应时间，对应纵坐标之差与电池容量Q_e的乘积代表其充电可储存容量，同理虚线P_y、P_z代表含义与之类似。

2）单一时刻单体电动汽车的响应能力。本节为了简化模型，假设电动汽车充放电状态不能直接转化，而是通过"充电 ⇌ 空闲 ⇌ 放电"过程来实现，分别简记为响应方式1、2、3、4，电动汽车单体最大可调控运行区域如图5-4-3所示。

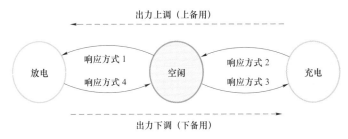

图5-4-3 电动汽车单体最大可调控运行区域

响应方式1下，电动汽车相当于负荷侧发电资源；响应方式2下，电动汽车相当于可中断负荷；处于响应方式1、2下的电动汽车可为系统提供上备用容量；响应方式3下，电动汽车相当于关停负荷侧发电资源；响应方式4下，电动汽车相当于储能；处于响应方式3、4下的电动汽车可为系统提供备用容量。

在未参与响应的情况下，电动汽车应立即充电，使得SOC不低于S_e以满足出行需求，其充放电状态$\theta(t)$与SOC值$S(t)$的关系为

$$\theta(t) = \begin{cases} 1 & 0 \leqslant S(t) < S_e & t \in [t_s, t_d] \\ 0 & S_e \leqslant S(t) \leqslant S_{max} & t \in [t_s, t_d] \end{cases}$$

式中：$\theta(t)$取值0、1分别表示电动汽车处于空闲和充电状态。

在电动汽车参与响应的情况下，电动汽车根据调度需求切换运行状态，此

时电动汽车可能处于放电状态，记 $\theta(t)$ 值为 -1。评估某一时刻单体电动汽车响应能力时需结合其 $\theta(t)$ 与 SOC 大小，由上可知，初始情况下，电动汽车不参与系统响应，不存在放电状态，故不存在响应方式 4。响应方式 1、2、3 在 t 时刻的最大响应能力 $P_1^{\mathrm{u}}(t) \sim P_3^{\mathrm{u}}(t)$ 分别为

$$P_1^{\mathrm{u}}(t) = \begin{cases} P_{\mathrm{e}} & \theta(t)=0, t\in[t_{\mathrm{s}},t_{\mathrm{d}}] \\ 0 & \text{其他} \end{cases}$$

$$P_2^{\mathrm{u}}(t) = \begin{cases} P_{\mathrm{e}} & \theta(t)=1, t\in[t_{\mathrm{s}},t_{\mathrm{d}}] \\ 0 & \text{其他} \end{cases}$$

$$P_3^{\mathrm{u}}(t) = \begin{cases} -P_{\mathrm{e}} & \theta(t)=0, t\in[t_{\mathrm{s}},t_{\mathrm{d}}] \\ 0 & \text{其他} \end{cases}$$

同时，空闲→放电和充电→空闲响应能力为正值，表示电动汽车表现为对外出力上调；放电→空闲和空闲→充电响应能力为负值，表示电动汽车表现为对外出力下调。

3）连续时段单体电动汽车的响应能力。将一天划分为 m 个时段，当电动汽车在第 $n(1\leqslant n\leqslant m)$ 个时段 $[(n-1)T, nT]$ 参与系统响应后，其运行点 $[t, S(t)]$ 比将随之发生移动，进而影响时段内电动汽车的响应能力。本节建立了单体电动汽车连续时段的响应能力评估模型。

以响应方式 1 为例，评估电动汽车在时段 $[(n-1)T, nT]$ 内的持续响应能力，研究四种电动汽车最可能处于的典型场景，对电动汽车的持续响应能力加以分析。

a. 当 $(n-1)T<t_{\mathrm{s}}<nT$ 时，电动汽车在时段 $[(n-1)T, t_{\mathrm{s}}]$ 内尚未接入电网，其对应响应功率如图 5-4-4（a）所示。

b. 当电动汽车在时段 $[(n-1)T, nT]$ 内放电，使得 $S(t)$ 触碰到可控区域下界时，为延长电池生命周期，应停止放电，对应响应功率如图 5-4-4（b）所示，此时达到下界所需时间为

$$t_1 = \frac{[S(nT)-S_{\min}]Q_{\mathrm{e}}\eta_{\mathrm{d}}}{P_{\mathrm{e}}}$$

式中：η_{d} 为电动汽车的电池放电效率。

c. 当电动汽车在时段 $[(n-1)T, nT]$ 内放电使得 $S(t)$ 触碰到强制充电边界 ED 时，为保证电动汽车离开电网时刻 SOC 满足出行需求，此时应强制充电，对应

响应功率如图 5-4-4（c）所示，此时达到强制充电边界所需时间为

$$t_c = \frac{[S(nT) - S_d]Q_e\eta_d + nT + t_d\eta_c\eta_d}{P_e}$$

式中：η_c 为电动汽车的电池充电效率。

d. 当 $(n-1)T < t_d < nT$ 时，电动汽车在 t_d 时刻与电网断开后将不具备响应能力，对应响应功率如图 5-4-4（d）所示。

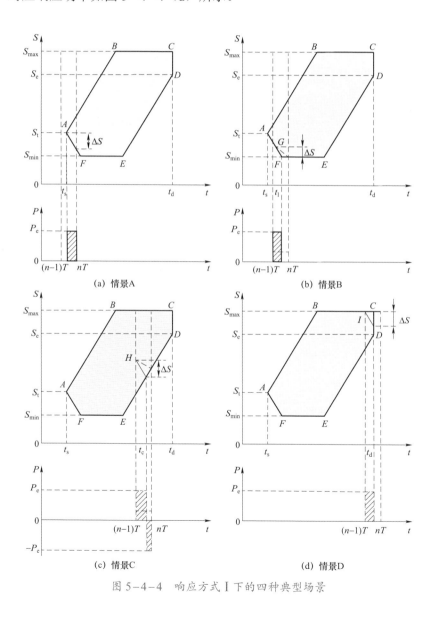

(a) 情景A   (b) 情景B

(c) 情景C   (d) 情景D

图 5-4-4　响应方式 I 下的四种典型场景

电动汽车在情景 A、D 中，由于存在与电网断开连接的时段，因此存在响应功率突变的时刻，记电动汽车在情景 A、D 中可响应时段为 R，不可响应时段为 U，全时段为 S。

当电动汽车处于情景 B、C 时，可通过调整放电功率大小，从而保持在响应时段内持续响应，修正功率大小如图 5-4-4（b）和图 5-4-4（c）中短虚线所示。但对功率的修正，必须满足功率和容量约束。

（2）EVA 响应能力评估模型。

1）电动汽车用户的响应意愿。实际中由于电动汽车用户出行习惯、对激励水平的敏感程度等因素造成响应行为的不确定性，本节引入响应度表征用户的响应意愿，用户响应状态与响应度之间的映射关系为

$$w_i(\sigma_i)=\begin{cases}0 & \sigma_i<\sigma^{\mathrm{T}}\\1 & \sigma_i\geqslant\sigma^{\mathrm{T}}\end{cases}$$

式中：w_i 代表用户 i 的响应状态，$w_i=0$ 表示不参与响应，$w_i=1$ 表示参与响应；σ_i 代表用户响应度，代表用户响应意愿的强烈程度，越接近于 1 表示响应意愿越强；σ^{T} 表示用户响应度阈值。

将用户响应偏差变化规律应用于消费者心理学模型的用户响应度建模，用户响应度与响应率的变化曲线如图 5-4-5 所示。

用户响应度随激励价格的变化为

$$\sigma_i=\begin{cases}0 & x\leqslant0\\\max(k_{\mathrm{r}}x\pm\Delta\sigma_i,0) & 0<x<x_{\max}\\1 & x\geqslant x_{\max}\end{cases}$$

式中：k_{r} 为用户响应度随激励价格变化的斜率；$x_{\max}$ 为用户完全响应的激励价格；$\Delta\sigma_i$ 为最大响应度偏差。

$\Delta\sigma_i$ 随激励水平变化的规律如下式，变化规律示意图如图 5-4-6 所示。

$$\Delta\sigma_i=\begin{cases}k_1x_i & 0<x_i<x_{\mathrm{IP}}\\k_1x_{\mathrm{IP}}+k_2(x_i-x_{\mathrm{IP}}) & x_{\mathrm{IP}}\leqslant x_i<x_{\max}\\0 & x_i\geqslant x_{\max}\end{cases}$$

式中：k_1、k_2 分别为经济因素占主导前后最大响应度偏差随激励价格变化的系数；x_{IP} 为响应偏差拐点激励价格，越过 x_{IP} 后，$\Delta\sigma_i$ 变化趋势由大变小。

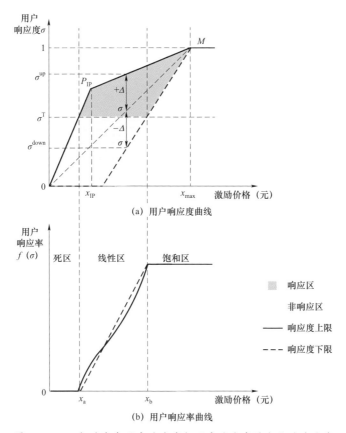

(a) 用户响应度曲线

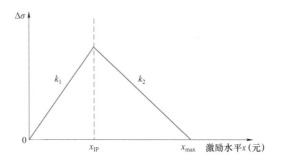

(b) 用户响应率曲线

图 5-4-5　电动汽车用户响应度与用户响应率的变化响应曲线

图 5-4-6　不同激励水平下的最大用户响应度偏差变化规律示意图

采用均匀分布描述某一经济激励水平下用户响应度的不确定性，响应度取值满足 $\sigma_i \sim U(\sigma_i^{\text{down}}, \sigma_i^{\text{up}})$。

用户响应率为

$$f(\sigma_i) = \frac{\sigma_i^{\mathrm{up}} - \sigma^T}{\sigma_i^{\mathrm{up}} - \sigma_i^{\mathrm{down}}}$$

图 5-4-5 中曲线部分与所拟合直线的相关系数为 0.9854，表明可用直线代替原曲线，因此，响应率变化规律可分为死区、线性区和饱和区，x_a、x_b 分别为死区拐点激励价格和线性区拐点激励价格。

2）EVA 响应能力日前预测。利用 5.3 电动汽车单体评估模型对 EVA 的日前响应能力上、下边界的计算为

$$\begin{cases} \bar{P}^{\mathrm{u}}(t) = \sum_{i=1}^{N_1} P_{1,i}^{\mathrm{u}}(t) + 2\sum_{j=1}^{N-N_1} P_{2,j}^{\mathrm{u}}(t) \\ \underline{P}^{\mathrm{u}}(t) = \sum_{i=1}^{N_1} P_{3,i}^{\mathrm{u}}(t) \end{cases}$$

式中：N_1 为初始状态为空闲的电动汽车数量；N 为 EVA 所调控的电动汽车数量。

此外，电动汽车在接入电网时段的荷电状态 $S(t)$ 的计算公式如下

$$\begin{cases} S(t) = S_s + \Delta S(t) \\ \Delta S(t) = \frac{1}{Q_e} \int_{t_s}^{t} \{(P_{\mathrm{uc}}(t) - P_2(t) - P_3(t))\eta_c - [P_1(t) + P_4(t)]/\eta_d\} \mathrm{d}t \end{cases}$$

式中：$\Delta S(t)$ 为电动汽车的 SOC 变化量；$P_{\mathrm{uc}}(t)$ 为未参与系统响应的初始充电功率；$P_1(t)$、$P_2(t)$、$P_3(t)$、$P_4(t)$ 分别为参与响应后，由调度策略确定的电动汽车参与响应方式 1、2、3、4 响应功率，在日前响应评估模型时均置于零。

3）EVA 响应能力日内修正。EVA 在 $[(n-1)T, nT]$ 时段内响应系统调度，其所辖电动汽车的充放电状态和荷电状态会时刻发生变化，为了得到评估时段内的持续响应能力恒定边界，需要在日内对响应能力进行修正，并且响应结果会影响下一评估时段的响应能力，因此，有必要在 nT 时刻滚动更新 EVA 状态，得到此时最大响应能力 $P(nT)$，如图 5-4-7 所示。

EVA 将通过模型计算得到 $[(n-1)T, nT]$ 时段内的响应能力边界信息上报给调度中心，再根据调度中心下发的调度指令对所辖电动汽车集群进行控制。

将电动汽车集群按其运行状态进行划分，除了在调控时段能够以额定功率持续响应的电动汽车以外，其余电动汽车按照 5.3 的不同情景划分了集群 A、B、C、D。为避免电动汽车集群的响应能力的急剧变化，应实现评估时段响应功率的均衡，因此，可用集群 B、C 的可用容量弥补集群 A、D 的容量缺额，以实现评估时段响应边界的恒定。

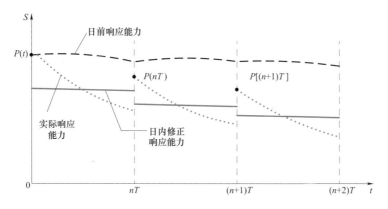

图 5-4-7 EVA 在模式下的响应能力边界曲线

基于以上思路，记集群 B、C 的电动汽车数量之和为 N_{bc}，集群 B、C 的总可用容量为

$$\begin{cases} Q_{bc} = \sum_{i=1}^{N_{bc}} Q_a \\ Q_a = \int_{(n-1)T}^{nT} P_{re}(t)\eta(t)\mathrm{d}t \end{cases}$$

式中：Q_{bc} 为集群 B、C 的总可用容量；$\eta(t)$ 为 t 时刻电动汽车的充放电效率。

其中

$$\eta(t) = \begin{cases} \eta_c & \theta(t)=1 \\ \dfrac{1}{\eta_d} & \theta(t)=-1 \end{cases}$$

记集群 A、D 的电动汽车数量之和为 N_{ad}，依次用 Q_{bc} 弥补集群 B、C 的响应容量缺额，经过前 k（$1 \leqslant k \leqslant N_{bc}$）辆车修正后的修正功率为 $P_{re}^{(k)}(t)$，剩余可用容量为 Q_0，修正功率为

$$\begin{cases} P_{re}^{(k)}(t) = kP_e + \dfrac{Q_0}{\eta(t)T} \\ Q_0 = Q_{bc} - \int_{(n-1)T}^{nT} P_{re}(t)\eta(t)\mathrm{d}t \end{cases}$$

本节在采用消费者心理学考虑电动汽车用户响应意愿的基础上，建立了电动汽车集群日前预测和日内修正的两个阶段的响应能力评估模型，具体流程图如图 5-4-8 所示。

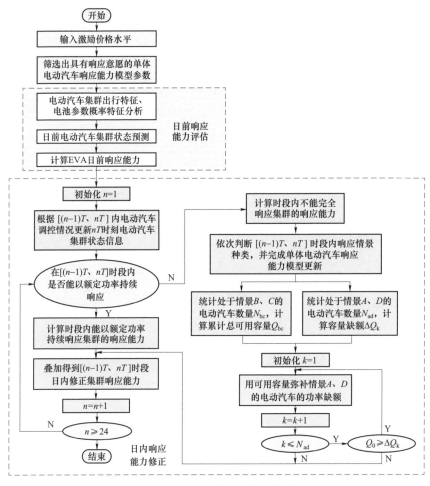

图 5-4-8 EVA 响应能力评估流程

4）控制策略。EVA 的响应能力的变化与其调控策略密切相关，本节采用综合考虑响应时间和 SOC 的调控策略，此种调控策略可以减少参与系统响应的电动汽车数量，从而减少电动汽车的电池充放电损耗成本，具有更高的经济性。EVA 参与响应后，会引起受控电动汽车的状态变化，需要根据公式更新其 SOC 值，结合充放电状态 $\theta(t)$，确定其对后续响应时段的影响，随着评估时段的递进，迭代进行，可实现全天多时段响应能力的评估。

本节设定两个指标 α、β 分别代表响应时间和 SOC 对生成电动汽车响应优先队列的影响。α 表示电动汽车在评估时段 $[(n-1)T, nT]$ 内能以额定功率持续响

应的时间，计算方法如下

$$\alpha = \begin{cases} T, & \{t_s,t_1,t_c,t_d\} \not\subset [(n-1)T,nT] \\ \min(t_1,t_c,t_d,nT)-\max[t_s,(n-1)T], & \{t_s,t_1,t_c,t_d\} \subset [(n-1)T,nT] \end{cases}$$

当电动汽车处于离网状态时，记 $\alpha=0$，由上式可知 $\alpha\in[0,T]$，将受控电动汽车按照 α 的值由大到小生成优先队列，优先考虑能够以额定功率响应时间长的电动汽车参与响应，从而减少电动汽车状态切换频率。而当 α 值相等时，则以辅助指标 β 由大到小确定电动汽车的受控优先次序，β 的定义如下

$$\beta = \begin{cases} \dfrac{S(nT)-S_{min}}{S_d-S_{min}} & \Delta P_n > 0 \\ \dfrac{S_d-S(nT)}{S_d-S_{min}} & \Delta P_n \leqslant 0 \end{cases}$$

式中：ΔP_n 为评估时段 $[(n-1)T,nT]$ 内 EVA 的调度需求相比于上一评估时段的变化量，正值表示电动汽车集群对外出力上调；EVA 为系统提供上备用容量，β 越大的电动汽车表示此时的 SOC 值越大，应优先停止充电或开始放电；负值表示电动汽车集群对外出力下调，EVA 为系统提供下备用容量，β 越大的电动汽车表示此时的 SOC 值越小，应优先停止放电或开始充电。

EVA 参与系统响应调度的步骤如下：

a. 确定评估时段 $[(n-1)T,nT]$，根据 EVA 所辖电动汽车的充放电状态和荷电状态，利用所建模型得到 EVA 可向电网申报响应能力的上下边界。

b. 根据电动汽车参与响应方式的不同，将电动汽车集群按 5.3 所述的 4 种响应方式划分为 4 个子群，而一辆电动汽车可以参与多种响应方式，因此，4 个子群之间存在交集。每个子群按照 α 由大到小排响应优先次序，α 相等时，再由 β 由大到小排列。当需要 EVA 向电网提供上备用容量时，电动汽车集群表现为出力上调，此时优先调度充电→空闲子群，当所有受控电动汽车停止充电仍不能满足调度需求时，此时再调度空闲→放电子群；当需要 EVA 向电网提供下备用容量时，电动汽车集群表现为出力下调，此时优先调度放电→空闲子群；当所有受控电动汽车停止放电仍不能满足调度需求时，此时再调度空闲→充电子群。

c. 根据 EVA 下发的调控指令，结合 b.中生成的响应优先队列，筛选出需要

参与调度的电动汽车数量。

d. 对 c.中选取的电动汽车进行充放电控制，跟踪电网的调度需求，记录参与响应方式 1～4 的响应功率，并完成受控电动汽车的状态更新。

5.4.2 分布式储能响应潜力评估

（1）储能电池充放电约束条件。

1）功率边界。DESS 的充/放电功率计算公式如下

$$P(t) = m_c(t)P_c\eta_c - m_d(t)P_d / \eta_d$$

式中：P_c 和 P_d 分别为实时充电功率和放电功率；η_c 和 η_d 分别为充电效率和放电效率；$m_c(t)$ 为充电状态 0～1 整数变量，$m_c(t)=1$ 表示 DESS 处于充电状态，$m_c(t)=0$ 表示 DESS 处于非充电状态；$m_d(t)$ 为放电状态 0−1 整数变量，$m_d(t)=1$ 表示 DESS 处于放电状态，$m_d(t)=0$ 表示 DESS 处于非放电状态；$m_c(t) + m_d(t) \leqslant 1$。

2）电量边界。电量边界用最大/最小电量表示，该边界在各个时刻处于动态变化中，前面调度过程的变化也会引起后续电量边界的变化。

电量边界对响应能力的影响需满足下式

$$\begin{cases} S(t) = S_s + \int_{t_s}^{t} P(t)\mathrm{d}t / B_e \\ E(t) = B_e S(t) = E_s + \int_{t_s}^{t} P(t)\mathrm{d}t \end{cases}$$

$$E_{\min} \leqslant E(t) \leqslant F_{\max}$$

$$0 \leqslant P_c \leqslant P_c^{\max}$$

$$0 \leqslant P_d \leqslant P_d^{\max}$$

式中：$E(t)$ 为 DESS 的实时电量；E_s 为 DESS 的初始电量；$E_{\max}$、$E_{\min}$ 分别为 DESS 的电量最大值、最小值；$P_c^{\max}$、$P_d^{\max}$ 分别为 DESS 的最大充电功率、最大放电功率。

（2）单体 DESS 响应能力的估算方法。从充/放电可行域中计算电动汽车响应能力的方法如下：不妨对时间轴离散化，将一个调度时间窗口 $[t_1, t_2]$ 分割为 $m = (t_2 - t_1) / \Delta t$ 个长度为 Δt 的时段。冻结 Δt 内功率的时变性，则

$$E(t) = E_s + v(k)\sum_{k=1}^{n} P(k)\Delta t$$

式中：$v(k)$ 表示第 k 个时间段 DESS 是否在线的状态，$v(k)=1$ 表示在线，$v(k)=0$ 表示离线。

单体 DESS 最大可增加/削减功率如下

$$P^+(k) = v(k)\max\left\{\min\left[P_c^{\max} - P(k), \frac{E^{up}(k+1) - E(k)}{\Delta t} - P(k)\right], 0\right\}$$

$$P^-(k) = v(k)\max\left\{\min\left[P_d^{\max} + P(k), \frac{E(k) - E^{dn}(k+1)}{\Delta t} + P(k)\right], 0\right\}$$

式中：$P^+(k)$ 和 $P^-(k)$ 分别为单体 DESS 的最大可增加功率和最大可削减功率；$P(k)$ 为当前运行功率；$P_c^{\max} - P(k)$ 为考虑功率约束的最大可增加功率范围；$E^{up}(k+1) - E(k)$ 为第 k 个时段内的最大可充电电量；$[E^{up}(k+1) - E(k)]/\Delta t + P(k)$ 为考虑当前工况下 DESS 的可充电潜力，反映出电量约束的影响。此外，DESS 放电可看作 DESS 削减充电功率。

上述表达式旨在通过比较功率边界与电量边界，计算出各时段 DESS 最大可增加/削减功率。DESS 聚合商（DESSA）最大可增加/削减功率为

$$P_a^+(k) = \sum_{i=1}^{N} P^+(i,k)$$

$$P_a^-(k) = \sum_{i=1}^{N} P^-(i,k)$$

式中：$P_{up}^a(k)$ 和 $P_{dn}^a(k)$ 分别为 DESSA 的最大可增加功率和最大可削减功率；N 为 DESS 的总数；$P^+(i,k)$ 和 $P^-(i,k)$ 分别为第 i 个 DESS 在第 k 个时段的最大可增加功率和最大可削减功率。

5.4.3　分散式空调响应潜力评估

同质空调负荷集群的聚合功率

$$P_{TCL} \approx \frac{N}{EER \cdot R}(T_{out} - T_{set})$$

式中：N 为该同质聚合群中 TCLs 设备的数量；EER 为制冷工况能效比；R 为房

间等效热阻；T_{out} 为室外温度；T_{set} 为实际室内设定温度。

可调度潜力计算步骤：

（1）对于第 i 组空调负荷，根据其室外温度预测曲线、温度设定值、能效比、等效热阻、负荷数量可预测出一段时间（以 4h 为例）内的聚合功率曲线，计算公式为

$$P_{TCL} \approx \frac{N}{EER \cdot R}(T_{out} - T_{set})$$

（2）对第 i 组空调负荷设定温度设定值调整量（温度设定值提高或降低 $n℃$）及响应时长，展示其可调度潜力（见图 5-4-9）。

1）设定响应开始时间 t_1，设定响应持续时间 Δt。

2）根据最大温度设定值调整量 Δt 确定其可调度潜力（对于各组空调负荷，其温度调整量存在不同的上、下限，以第 1 组为例，其可调范围为 $[0, +8]℃$，当取为 $+8℃$ 时，即为最大可减少功率，最大可增发功率为 0）。

3）将各组设备的温度设定值不改变时的聚合功率曲线叠加，即可得到全部用户的响应基线。

4）将各组设备的功率最大可下调曲线叠加求和，即全部用户的最大可下调曲线。

5）步骤 4）中曲线与步骤 3）中曲线围成的面积为最大可下调容量。

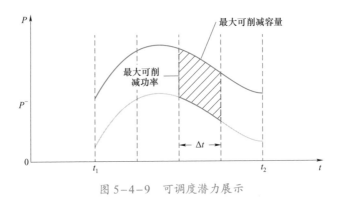

图 5-4-9 可调度潜力展示

调度潜力求解过程如图 5-4-10 所示。

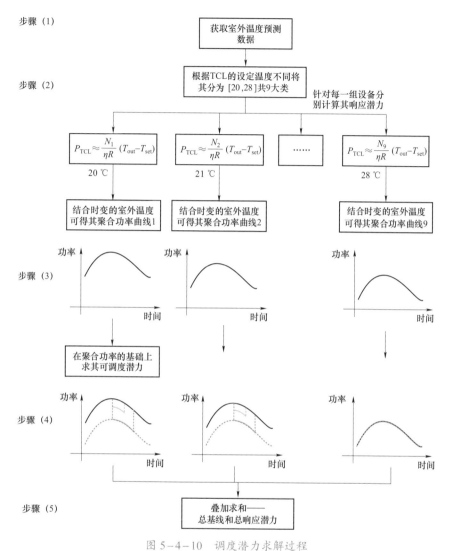

图 5-4-10 调度潜力求解过程

5.5 小结

目前，国内虚拟电厂主要参与需求响应市场，通过价格或激励信号引导用户改变用电行为。因此，在资源分析的过程中，需要同步考虑资源技术性能和所处的市场环境。本章节将资源初步分为分布式电源、储能系统、可调负荷三类；在充分考虑电能量市场及精准响应需求的情况下，对分布式资源进行优化配置；通过物理特性和用户行为模式对资源进行精细化建模；最终依据模型进行响应潜力分析。

这一全方位的资源管理机制，通过对资源分析、配置和建模的有机结合，使得虚拟电厂能够更加智能地评估资源，为电力系统提供高效、灵活的管理手段。

6 虚拟电厂运营管理

6.1 管理职责

6.1.1 对外职责

（1）遵守市场规则，服从市场管理，维护市场秩序，接受电力监管机构、政府部门的监督，履行法律法规规定的权利和义务。

（2）虚拟电厂经能源监管机构公示无异议后，作为市场主体在虚拟电厂运管平台提交注册申请，按照要求上传附件，完成注册。按照"安全可靠、公正公开、开放透明"的原则与电网企业签订虚拟电厂调度协议、虚拟电厂需求响应协议，明确双方责任和义务。

（3）建设虚拟电厂运行系统，具备对聚合对象进行聚合管理的能力，参与电网互动服务及电力市场交易的能力，如辅助调峰、辅助调频、需求响应等。做好虚拟电厂运行系统设备运行维护，防范安全生产风险。

（4）符合电力市场准入规则，按要求提供基础技术参数，或提供有资质单位出具的电力辅助服务能力或需求响应能力测试报告。

（5）按照市场规则向交易中心运管平台实时、准确地传输运行数据，如实申报和传输可调用调峰资源运行信息、需求响应基线负荷、响应容量，按规定提供相关历史数据。按照市场运营机构的统一调度参与市场。

（6）按照市场规则完成市场申报，聚合商审核并汇总所代理的负荷资源相关信息后完成市场申报；参与电力辅助服务市场和市场化需求响应，根据调度机构指令提供电力辅助服务和需求响应，严格执行出清结果；参与市场结算，按规则获得电力辅助服务收益和需求响应收益，并承担电力辅助服务分摊费用和偏差考核费用。

（7）虚拟电厂如退出市场，应提前汇报能源监管机构、市场运营机构及调度机构，妥善处理交易相关事宜并结清参与市场产生的费用，按合同约定补偿有关方面损失后退出。

6.1.2 对内职责

（1）负责分布式电源、储能、电动汽车、用户可控负荷等资源的注册、信息认证、信息变更流程；聚合资源要相对固定，聚合资源发生变化的，需及时开展调节能力测试，更新相关约束条件。

（2）严格执行市场出清结果，下发市场出清结果至其所代理的内部资源。

（3）按照公平合理的原则向聚合的内部资源分配市场收益，内部负荷资源所获得的市场收益与其应缴纳的电费分别结算，不得冲抵。

聚合资源的职责如下：① 了解负荷聚合商聚合资源的发、用电特性，收益分成，费用分摊后，在运营管理平台进行注册。② 配合负荷聚合商（虚拟电厂）进行监测系统的安装。③ 向负荷聚合商申报基准功率/基线负荷，运行日执行负荷聚合商调度指令。④ 交易结束后，与负荷聚合商进行收益分摊。图 6-1-1 展示了虚拟电厂运营涉及主体及各自职责。

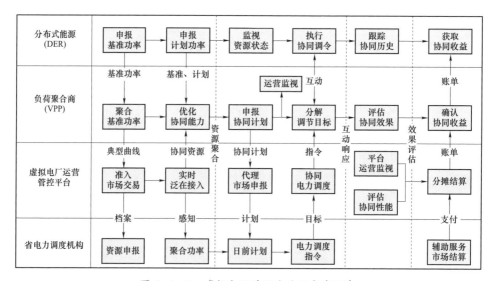

图 6-1-1 虚拟电厂涉及主体及各自职责

6.2 运行管理

负荷类虚拟电厂参与中长期、现货及辅助服务市场，一体化虚拟电厂参与现货及辅助服务市场。

6.2.1 负荷类虚拟电厂运营

负荷类虚拟电厂作为独立的市场主体（批发市场用户）参与批发市场交易，执行电力市场相关交易规则。按照虚拟电厂的调节能力，适当放宽其中长期交易成交量约束和金融套利约束。虚拟电厂运营商按照零售市场相关规则提供购售电服务。

（1）鉴于负荷类虚拟电厂在全天 24h 内刚性负荷及调节响应能力变化较大，按照多个交易时段开展交易。按交易时段分别测试确定调节容量等技术指标，各交易时段按照技术指标适用不同的中长期交易成交量约束、金融套利约束，申报现货市场运行上、下限及量价曲线，保证虚拟电厂出清功率曲线的可执行性。

（2）根据负荷类虚拟电厂各交易时段的技术指标，分级分类放宽中长期交易成交量约束、金融套利约束，可在各地电力市场规则体系中明确交易规则。

1）中长期交易缺额回收费用。根据各交易时段核定调节容量与最大用电负荷的比例，相应放宽该交易时段虚拟电厂中长期分时交易缺额回收约束。

2）中长期交易超额申报回收费用。虚拟电厂每个时段的月（旬）分时交易集中竞价申报超额回收电量以按照当月（旬）该时段日前申报运行上限平均值计算的积分电量代替实际用电量进行考核计算。

3）用户侧超额获利回收费用。鉴于虚拟电厂以"报量报价"模式参与现货市场，取消负荷类虚拟电厂的用户侧超额获利回收费用约束。

4）用户侧中长期曲线偏差回收费用。按照负荷类虚拟电厂在现货运行日每个时段中长期净合约电量与日前申报运行上、下限的偏差进行考核。

（3）负荷类虚拟电厂以"报量报价"方式参与现货市场。每日各交易时段分别申报用电负荷上、下限及递减的 3～10 段用电电力—价格曲线，按照"负发电"模式参与现货市场出清，形成现货运行日用电计划曲线。其他批发市场用户按照"报量不报价"方式参与市场交易。

（4）负荷类虚拟电厂与聚合资源按照现行零售市场分时段交易规则参与月度、旬交易，双方共同确定各时段交易电量及交易价格，并约定偏差责任。亦可按照"固定价格+红利分享"的方式约定零售结算方案。其中，零售用户可分享红利=（虚拟电厂运营商中长期市场结算均价－现货市场结算均价）×零售用户红利分享系数（0≤红利分享系数≤1）。由于零售用户电费结算早于红利计算，零售用户红利分享结果次月向零售用户传导。待虚拟电厂运行逐步成熟后，虚拟电厂与聚合资源可参与日前和日内96点零售市场分时段交易，将分时价格信号在日前或日内及时传导至终端零售电力用户。

（5）市场运营初期，负荷类虚拟电厂参照批发市场用户的结算细则参与成本补偿类费用、市场平衡类费用计算和分摊，按照该方案规定参与中长期分时段交易缺额/超额申报回收费用、用户侧中长期曲线偏差回收费用的回收、分摊，暂不参与其他市场调节类费用的回收、分摊，不参与独立储能和用户可控负荷电力调峰交易费用的分摊。后期视市场运行情况进行规则完善。

（6）负荷类虚拟电厂采用统一结算点电价结算。

（7）负荷类虚拟电厂按照辅助服务市场规则参与各类辅助服务的共享与分摊。

6.2.2 源网荷储一体化虚拟电厂运营

按照一体化虚拟电厂建设要求，一体化虚拟电厂应具备自平衡和调节能力，初期暂不参与批发市场中长期交易，全电量参与现货市场进行电力电量平衡，后期视市场运行情况进行规则完善。

（1）一体化虚拟电厂参照火电机组报价模式报价，需申报运行日用电负荷与发电负荷的最大值，以用电负荷最大值的负值作为运行下限，以发电负荷的最大值作为运行上限，申报3~10段发电递增量价曲线，作为全天24h参与现货市场的出清依据。市场初期，申报用电负荷最大值应小于等于一体化项目用户侧负荷的50%，申报发电负荷的最大值应小于等于一体化项目发电侧规模的50%。

（2）一体化虚拟电厂作为平衡责任方，在内部为其聚合的各类资源提供购售电服务。与负荷类聚合资源参照负荷类虚拟电厂的零售市场相关交易规则开展售电服务，与电源侧及储能等资源的结算方案由双方自主协商确定并提交电力交易中心备案。

（3）一体化虚拟电厂暂不参与市场运营费用的回收与分摊，后期视电力市场规则修订情况确定是否参与。

（4）市场运营初期，一体化虚拟电厂暂定采取发、用电分别计量、分别结算的方式，发电状态采用分时节点电价结算，用电状态采用统一结算点电价结算。

（5）一体化虚拟电厂按照辅助服务市场规则参与各类辅助服务的共享与分摊。

6.2.3　虚拟电厂运营过程管理

为确保虚拟电厂高质量发展和运营，省电力公司负责开展虚拟电厂过程管理和效果跟踪评估，按季度出具评估报告，并为结算提供数据支撑。

（1）虚拟电厂聚合资源要相对固定，虚拟电厂调节能力发生较大变化时，应向电网企业提出测试申请，经电网企业测试核定聚合资源能力、调节响应能力测试，核定相关技术指标，经能源监管机构审批同意后，调整该虚拟电厂相关约束条件。虚拟电厂运营商通过电力交易平台提交信息变更确认资料及支撑材料，经确认无误后予以变更。

（2）虚拟电厂应严格跟踪执行电力调度机构下达的功率计划曲线。由于并网虚拟电厂自身原因，造成实际功率曲线偏离电力调度机构下达的功率计划曲线，偏离量超过调节精度允许偏差时，按照偏差量对并网虚拟电厂进行偏差回收，具体按照现货市场相关政策规则执行。

（3）每月按照交易时段对负荷类虚拟电厂的调节容量的可用率进行考核。依据该虚拟电厂全月申报调节容量（运行上限与下限的差值）的算术平均值占测试认定调节容量的比例，相应收紧当月按照该方案规定放宽的中长期交易成交量约束、金融套利约束。若发生超过两个交易时段连续两个月、全年累计三个月不满足最小调节容量的50%时，取消其虚拟电厂交易资格。

（4）为确保电力系统安全运行，在省级公共电网已无调节能力时，电力调度机构可优先对一体化虚拟电厂在运行上下限范围内采取出力控制，一体化项目运营商应严格落实，在执行调度指令过程中导致的清洁能源弃限电量及有序用电情况，不计入全省弃限电统计范围及有序用电统计范围，由此产生的后果由项目主体承担。

6.3　优化调度

6.3.1　对综合能源优化调度

近年来，随着综合能源概念的不断发展，能源行业的发展模式愈加要求高效、安全和可持续，虚拟电厂可以有效帮助冷热电联供（combined cooling, heating and power，CCHP）型综合能源系统实现协调优化控制。虚拟电厂参与能量市场和旋转备用市场，可以加强系统内部各单元间的协调调度，提高系统决策灵活性，获得更为可观的经济效益。

（1）在考虑热电联产机组参与旋转备用市场情景下，建立了能量市场和旋转备用市场下虚拟电厂的日前热电联合调度优化模型，针对虚拟电厂面临的不确定性问题和由此带来的风险，采用鲁棒优化处理能量市场（energy market，EM）电价、旋转备用市场（spinning reserve market，SRM）电价、风电出力、光伏出力、电负荷和热负荷的不确定性，降低了系统风险。

（2）研究包含风电供热的虚拟电厂"热电解耦"负荷优化调度，提出了将供热区域内的大型热电厂、风力发电、光伏发电整合成虚拟电厂参与电网运行，并加入风电供热作为热负荷侧可调度资源，构建了含风电供热的全因素虚拟电厂热电负荷优化调度模型，设计了虚拟电厂运行策略及偏差补偿策略。

（3）针对燃煤热电联产机组"以热定电"的运行方式造成的灵活调节能力不足的问题，运用基于拉丁超立方采样的场景法处理风光出力的不确定性，提出了一种基于实时电价的虚拟电厂运行策略，优先利用新能源发电，在获得较好经济效益的同时，使电力系统的运行更加低碳、安全。

（4）在之前的基础上加入了冷负荷，建立了多区域虚拟电厂综合能源协调调度优化模型。该模型考虑了虚拟电厂内不同区域间的冷、热、电交互，以及区域内的冷、热、电互补问题，将单区域虚拟电厂的热电协调调度优化问题扩展到多区域虚拟电厂的冷热电协调调度优化问题。

（5）在虚拟电厂中进一步增加了电转气单元，同时考虑虚拟电厂参与由

EM、SRM 及天然气市场组成的多种市场，并提出了参与多种市场的电、热、气协调优化调度模型。综上所述，虚拟电厂通过双向通信技术，整合和优化多种能源、参与多种市场及考虑不确定性因素，实现发电侧、需求侧、电力交易市场等各个部分的信息与数据的调度，可有效提升系统的能源利用效率，使系统运行更加灵活可靠，充分实现了资源的优化配置。

6.3.2 对电动汽车优化调度

电动汽车因其节能、零排放的优点，近年来得到了快速发展，但大规模电动汽车接入电网充电时会加剧电网峰谷差，对电网运行的安全稳定造成影响。然而，通过虚拟电厂聚合电动汽车既可以有效缓解电动汽车无序充放电给电网产生的负面影响，又可以丰富电力系统的运行和控制手段，使虚拟电厂参与系统削峰填谷、提供频率稳定和备用容量等辅助服务。

针对慢充电动汽车集群，有国内学者提出了一种电动汽车虚拟电厂（electric vehicle virtual power plant，EVPP）多时间尺度响应能力评估模型，在日前对 EVPP 响应能力进行评估，日内基于响应时间裕度和荷电状态裕度对 EVPP 响应能力进行滚动修正，分析了电动汽车状态变化对 EVPP 响应能力的影响。此外，电动汽车并网时的鲁棒优化也是虚拟电厂应用中人们密切关注的一个核心问题。

为解决可调度电动汽车数量的随机性与不确定性问题，构建了含电动汽车的虚拟电厂鲁棒随机优化调度模型，并分析了虚拟电厂和电动汽车对日运行成本及环境的影响。建立了含虚拟电厂的双层逆鲁棒优化调度模型，分析了风电消纳水平和电动汽车入网充放电功率之间的极限制约关系。

综上所述，电动汽车在虚拟电厂中的应用对电网稳定性和可再生能源的集成都具有重要意义。未来的研究应致力于改进 EVPP 智能控制技术的鲁棒优化，以更好地满足电力系统的需求，促进可再生能源的利用。此外，随着电动汽车的普及，还需要进一步考虑电动汽车的互操作性和充电基础设施的发展，以实现电动汽车与电网间的更好协同。

6.3.3 对可再生能源的优化调度

随着我国经济社会的快速发展，化石燃料大量燃烧带来的环境问题日益突出，虚拟电厂中的分布式电源多以风电、光伏为主，其绿色低碳的特性可有效缓解能源危机。然而，可再生能源发电站具有间歇性或随机性，以及存在预测误差等特点，并网后会在一定程度上对电网运行的稳定性造成不利影响。

针对可再生能源的波动性，提高风电、光伏等可再生能源的功率预测精度能有效缓解这一问题。

（1）提出基于堆叠降噪自编码器的风光功率预测模型，用以实现场站区域风光功率的月度预测。

（2）采用基于机器学习的集群聚类划分方式，利用每个子区域中的特征电站，结合神经网络法实现区域电站短期的功率预测。

（3）以风电功率、光伏发电功率和负荷间的互动耦合关系为依据，提出了基于变量注意力机制—多任务学习的风—光—荷联合预测方法，实现了 15min 时间尺度上风—光—荷预测精度的同时提升。

（4）就目前风电场的短期功率预测技术进行了归纳分析，建立了效率高、时间短的风电场短期功率预测模型，实现了 10min 时间尺度上的功率预测。

虚拟电厂的核心功能是将分布式电源、ESS、可调负荷等参与对象整合为一个有机整体，其中的 ESS 在解决间歇性和波动性方面具有极大优势，大量研究引入 ESS 用于平衡风机和光伏电站出力的随机变化。利用 ESS 平抑光伏波动，使得光伏发电的电能质量和经济效益显著提升。基于机会约束规划，在虚拟电厂的优化调度中充分发挥 ESS 平衡风机出力不确定性的作用，有效降低了系统的失负荷概率和弃风概率。利用 ESS 削峰填谷，减少日负荷波动，提升电网消纳风电的能力。构建含有 ESS 调度和 ESS 优化目标函数的 ESS 优化配置模型，并采用混合整数线性规划和粒子群优化算法进行求解，使 ESS 在 DR、削峰填谷和提高电压质量方面发挥重要作用。针对解决分布式电源难以分配、控制和管理的问题，引入虚拟电厂概念，与能效电厂进行联合调度优化。建立科学合理的模型，细致量化可再生能源带来的不确定性，也是虚拟电厂在消纳可再生能源时的一个有效途径。提出考虑条件风险价值的虚拟电厂多电源容量优化配置模型，利用条件风险价值来度量可再生能源出力及市场电价不确定性给规划虚拟电厂带来的风险，基于成本效益分析获得多电源容量最优配置方案。针对大规模风电并网消纳的难题，在风电并网系统的需求侧引入 DR–VPP，提出了一种考虑 DR–VPP 的风电并网系统分布式日前经济调度模型，实现了电网经济调度和风电消纳的全局最优。在风电的基础上进一步考虑了光伏。并为促进以风光为代表的分布式能源优化利用，考虑以风险损失后的虚拟电厂运营净收益最大化为目标，建立随机调度优化模型，利用条件风险价值理论和置信度方法描述虚拟电厂运行不确定性。将光热电站聚合到一般的风电、火电虚拟电厂中，构建了计及光热发电特性的光风—火虚拟电厂双阶段优化调度模型，充分挖掘了光热电站的调节潜力，并提升了虚拟电厂的调节能力。研究虚拟电厂参与电力市场的情况，在分析虚拟电厂在市场中与独立系统运营商（independent system operator，ISO）之间的运行规则的基础上，设计和引入相关奖惩措施，更大限度减少弃风。通过日前经济性和环境效益目标建立多目标优化调度模型，得到日前计划出力值，再以日内滚动优化调度中的最小电源调整量和最小调整成本为目标，于日内滚动修正计划出力值。用等效负荷的方法处理风电机组出力，并引入碳交易机制，以系统联合调峰成本最低为优化目标建立核—火—虚拟电厂 3 阶段联合调峰模型，有效降低系统的运行成本与碳排放。

综上所述，针对虚拟电厂，可再生能源的优化调度技术未来的发展方向将主要包括以下几个方面：

（1）针对可再生能源功率预测技术，未来应提高预测算法模型的准确性和实时性，以弱化可再生能源的波动性和随机性，减轻电网的不稳定性。

（2）针对储能系统在虚拟电厂中的应用，未来应提高储能系统的效率和性能，以平衡可再生能源的波动性，提高电网稳定性，从而支持可再生能源的聚合。

（3）针对虚拟电厂的多电源容量优化配置，未来应提高模型的适应性，以更好地适应可再生能源的发展和市场变化。

（4）针对考虑虚拟电厂参与电力市场的可再生能源优化调度策略，未来应更多地考虑市场的动态性和可再生能源的波动性，以更好地支撑虚拟电厂参与电力市场。

6.3.4 负荷控制时延优化

由于电力系统电力电量存在实时平衡的特殊性，对其传输网络有低时延和高安全性的要求。面对虚拟电厂中负荷控制多样化高标准的通信服务需求，5G网络将迎来重大的发展机遇。传统"一刀切"的网络架构已无法解决负荷控制在带宽、时延、可靠性等方面的个性化需求，网络切片技术为 5G 通信适应多种类型设备和不同服务的需求，提供了新的思路和解决方案。

（1）定义了电力系统中端到端的时延，将其分为 3 部分，即固有时延、传播时延、排队时延。

（2）针对负荷控制中具体的时延量化工作，提出了一种线性估计模型，用以量化通信时延；同时在分析实验室条件下广域闭环控制系统中设备的操作时延基础上，提出了基于实时数字仿真器硬件在环平台的波形对比测量法，用正态分布拟合操作时延的分布特性。在综合考虑了通信时延与操作时延后，以估计实际系统中的闭环时延分布为目标，提出了正态分布模型，以及确定正态分布模型参数的方法。

（3）实际负荷控制迫切需要有效的补偿修正方法来尽可能地减少通信时延对控制流程的影响，实现控制效果的优化。针对此需求，将时延补偿与闭环控制系统的实现相结合，提出了一种分层预测补偿方法，通过该预测方法为控制策略提供近似的实时数据，使时延的影响与闭环控制策略隔离，进而保证控制效果。

（4）针对实际电力系统的负荷调控过程中不可避免的通信时延和参数测量误差，提出了基于云边双端测量和回溯修正的负荷集中—分散控制架构，从而解决了通信时延带来的系统振荡和测量误差带来的容量控制精度问题。

综上所述，5G 网络和网络切片技术为虚拟电厂的负荷实时控制提供了新的可能性，但还需要进一步的研究和开发，以充分发挥其潜力，提高电力系统的时延性能和稳定性。此外，未来针对时延分析和补偿方法的研究也应持续开展，以满足电力系统对高效、实时的负荷控制需求。

6.4 响应控制

协调控制技术是虚拟电厂发挥作用的基本保障。协调控制技术指对分布式资源进行实时或近实时的控制，以保证其稳定输出或响应需求变化。优化调度技术指根据市场价格信号或系统运行状态，对分布式资源进行最优化配置或激励机制设计，以实现效益最大化或成本最小化。虚拟电厂协调控制可按资源种类、时间尺度和参与类型等多维度来划分。

按控制的资源类型划分，虚拟电厂的资源控制可划分为单一资源类型优化控制和多种类型协调控制。

6.4.1 单一类型资源控制技术

虚拟电厂单一类型资源调控主要集中于电动汽车、温控负荷和新能源等。在单一资源优化控制中，需要结合资源特点进行优化控制。

电动汽车出行需考虑出行意愿，有学者建立了一种基于虚拟电厂的实时充电进程控制模型，考虑电动汽车车主的出行行为特性，缓解了配电网的负荷不平衡，达到车—网互动的目的。采用双层算法求解该模型，外层算法采用静态路由选择算法读取负荷数据，并采用前推回代方法计算节点电压及配电网网损；内层算法采用老化算法判断电动汽车的接入相，并采用轮询调度算法平衡配电网的三相负荷不平衡。

温控负荷根据具体类型建立模型，需要在分析独立用户末端用电模型的基础上，结合实际价格信号和电网供需变化，制定反映用户用电期望、设备运行特性及经济性的控制策略，有学者以冰蓄冷空调作为典型受控对象，给出了一种优先保障用户用电体验和经济性并计及电力系统供需关系的优化用电控制策略；结合空调系统的实际运行特性和用户用电期望，以设备运行费用最低、电网负荷波动最优为目标构建双层优化模型。还有学者提出了一种集群控制策略，重点分析空调负荷的热特性和电气特性，通过改进频率下垂控制，有效地提高了空调负荷的响应效率。

虚拟电厂已经成为对分布式新能源进行调度控制的重要方式，而由于日前新能源预测和负荷预测的误差，经常会影响调度策略并造成虚拟电厂次优运行。有学者提出了一种基于反馈校正控制模型预测控制的虚拟电厂自适应预测优化调度策略，滚动时域优化 RHO 和反馈校正 FC，以实现不确定性条件下虚拟电厂的最优运行。滚动时域优化采用时间序列模型与卡尔曼滤波相结合的混合预测算法对分布式新能源和负载的输出功率进行预测，并根据预测结果进行调度。反馈校正采用基于快速滚动灰色模型的超短期误差预测，对滚动时域优化策略进行调整。反馈校正用于最小化调整，以补偿预测误差。

6.4.2 多类型资源控制技术

虚拟电厂聚合多类资源，多类资源聚合的协同控制是一项关键技术，涉及工业负荷、楼宇、热电联产和风光储一体化等多个虚拟电厂聚合场景。

（1）对于工业负荷调度，详细分析了高载能企业参与电网调度的方式，考虑了高载能企业的生产隐私性，采用信息交互算法，克服了传统集中式调度生产隐私保护不足的弊端，同时引入辅助函数，加速收敛。分析高载能企业的有功无功耦合特征和区域新能源出力情况，以此制定企业用电计划，在降低弃光率的同时，有效避免了冲击性工业负荷调度时产生的电压越限问题；分析高载能企业生产过程中的有功功率波动对自动发电控制产生的影响，考虑源荷双端不确定性，建立机会约束下的鲁棒机组组合模型。

（2）智能楼宇调控方面，提出面向光伏一体化智能楼宇负荷的调度方法，采用储能电池—空调协调调度的方法，克服变频空调调节非连续、响应存在延时的弊端。

（3）面对电力系统中包含的繁多负荷种类，商业和工业负荷如何协调的问题，提出一种计及多类型可调度柔性负荷参与的电力系统经济调度策略。建立电压敏感型商业负荷的数学模型，采用电压—功率关系刻画商业负荷用电行为，引入灵敏度分析方法评估商业负荷功率可调范围，再将商业负荷功率调节裕度作为一种灵活备用资源，纳入到工业负荷调度体系中，实现工商业负荷的协同调度。

（4）电动汽车和温控负荷以其快速的功率调节能力，成为参与需求侧响应的灵活资源，能够为电网提供调峰调频等辅助服务。在两者协调控制方面，建立单体入网可控负荷的精细化模型，搭建两类虚拟电厂协同优化控制的实现框架，以经济调控成本最低为目标构建了协同优化控制模型，提出考虑温控负荷用能舒适度和电动汽车接入状态变化的序列排序控制策略。

（5）针对虚拟电厂中的储能系统，提出了一种基于模型预测控制的虚拟电厂储能系统能量协同优化调控方法，使用长短期记忆神经网络来获取未来一天内虚拟电厂管辖范围内的负荷、风电、光伏出力预测值。在模型预测控制的框架下，以虚拟电厂运行调度的成本最小化为目标，使用一种改进的粒子群寻优算法求解优化过程。

（6）针对数量巨大、地域分散且容量较小的分布式电源的调度优化问题，考虑风场和光伏电源出力的间歇性与不确定性，根据光伏、风力、燃气机及储能装置的出力特性构建虚拟电厂，以虚拟电厂的收益最大作为模型的目标函数，考虑到光伏、风能的出力不确定性，基于极端学习机算法建立可再生能源惩罚成本与其出力的关系，用于优化虚拟电厂的调度模型，采用粒子群优化算法求解模型。

随着多种能源形式的设备加入虚拟电厂，只对电能进行调度优化的传统虚拟电厂已不能满足能源综合利用的需求。热电联产虚拟电厂为热和电这两种能量的聚合体，其优化调变问题涉及两种能源。国内有学者将一定区域内的风电场、光伏电站及热电联产（combined heat and power，CHP）机组聚合成CHP－VPP，通过"热电解耦"的方式实现虚拟电厂内部电热负荷的优化调度。聚合了风电场、CHP 机组和热泵单元，在考虑供热特性的基础上，实现了CHP－VPP 调度电热收益最大化。兼顾风光出力不确定性、动态电价、用户热舒适度等影响，提出了两阶段分布鲁棒优化调度方法，第一阶段考虑计划调度，旨在保证 CHP－VPP 的收益最大；第二阶段基于矩不确定分布鲁棒方法，构建风光出力的不确定性模糊集，引入用户热舒适度 HOMIE 模型，降低电热净负荷波动幅度，实现对 CHP－VPP 内部各单元实时出力的优化调整。

6.4.3 多时间尺度资源控制技术

虚拟电厂协调控制面临多时间尺度之间的协调问题，目前大多数研究聚焦于日前与日内的协调优化方面。日前计划有充足的时间进行动态优化，实现利益最大化，可称作最优控制。但是随着预测时间的增加，预测误差会逐渐增大，因此日前功率预测结果与实际往往存在较大偏差，需要根据更短时间的预测来调节出力计划，消除偏差。

国内有学者提出了一种计及需求差异的电动汽车并网滚动时域优化策略，用以将并网电动汽车充放电状态切换频次及功率波动最小化。在日前计划基础上，设计了一种虚拟电厂滚动调度策略，以使下一时刻因间歇性电源出力场景变化导致的日前优化结果差异化最小。因此，滚动优化相对于日前计划的最优控制，又可称作保优控制，起到承接日前计划和实时调度的关键作用。在日前和滚动优化基础上，为提高虚拟电厂对间歇性电源的消纳能力，减少预测误差的影响，提出包含日前、日内的多时间尺度优化策略，通过多虚拟电厂的协调互动，实现收益最大化和区域内的供需平衡。针对燃料机组、风电机组及可控负荷的虚拟电厂，建立日前计划、滚动优化、超短期优化多级调度模型来逐级消除因日前预测误差导致的实际运行偏差。

在上述多时间尺度优化中，针对日前、滚动、超短期时间尺度分别建立了三个层级优化模型，各层级优化相对独立，依次作为彼此的输入输出。提出虚拟电厂日前计划—滚动计划—实时调度在内的全时域优化调度框架，建立不同尺度优化模型，并通过"多级调度、逐级细化"的思想达到优化鲁棒性。

6.4.4 多场景控制技术

在"双碳"目标下，我国正在逐步推行碳交易市场，碳交易机制是实现"双碳"目标的重要手段。在虚拟电厂的协调控制中，需要考虑电碳市场的多场景下协调控制技术。国内有学者构建虚拟电厂新型低碳经济调度模型，实现经济与低碳的协同优化；将虚拟电厂作为一个主体参与碳交易市场中，提出了一种碳交易机制下的虚拟电厂调度模型，通过算例分析表明碳交易机制有利于促进新能源的消纳。提出一种考虑需求响应的虚拟电厂主从博弈优化调度策略。以虚拟电厂运营商为领导者，新能源热电联供运营商和综合能源用户系统运营商为跟随者，形成一主多从的斯塔克尔伯格博弈模型，同时优化虚拟电厂运营商定价策略、供能侧出力计划和用户侧需求响应方案，并对博弈均衡解的存在性和唯一性进行证明。

高比例新能源、电动汽车、储能电站等并网，迫切需要改进电网安全稳定控制技术体系，将海量分散可控资源纳入电网紧急控制范畴。针对紧急控制在线决策需求，以虚拟电厂为管控形式的分布式能源紧急功率调节能力量化描述和在线评估方法；分析紧急功率调节能力的内涵及表述要求，给出调节能力的量化描述方法；构建反映物理特性及考虑用户行为约束的虚拟电厂紧急功率调节能力评估综合模型；给出考虑状态转移及边界约束的紧急功率多时间尺度调节能力计算方法。

虚拟电厂是解决大量分布式电源接入电网调控运行的有效手段。分布式电源通过虚拟电厂参与电力系统的辅助服务市场，为电网提供调峰调频等辅助服务并从中获利，实现电网与分布式电源用户的双赢。虚拟电厂聚合资源参与一次调频，一般使用下垂控制技术。国内有学者在稀疏通信和点对点信息交互的全分布式协调控制方式的基础上，提出了基于次梯度投影分布式控制的虚拟电厂经济性一次调频方法，在保证自身运行成本最小化的前提下，实现虚拟电厂一次调频控制；提高了其并网友好性和对电网的频率支撑水平。相比传统下垂控制能够实现最优功率分配，避免竞争控制；相比一般分布式次梯度法能够更好地处理分布式电源功率限值的问题，并对通信时延具有较好的适应性。

6.4.5 并网运行控制装置

目前，国内外终端主要针对需求响应或者自动需求响应开发，而由于国内需求响应普遍没有与电网调度运行部门的实际生产系统对接，且属于邀约性管理方式，不能满足接入调度生产系统的高等级网络安全防护和实时互动要求。因此，目前需求响应相关终端无法适应用户侧资源并网认证与控制、响应能力测试等工作需求，需要依托虚拟电厂业务需求进行定制化研发。随着全域物联网的推进，在负荷侧资源与电网互动授信接入方式上，亟须研发基于通用通信方式的 SDK 加密注入方式的授信装置，实现轻量化软硬件一体的授信接入，解决当前技术存在的不足。

在安全防护方面，目前国内的主流做法是通过对配电网远动终端加装安全防护装置，实现与相应主站之间的身份认证及数据加解密功能。主流安全防护装置属于硬加密方式，安全性较高，但种类繁多，主网及配电网未形成统一标准，特别是配电网侧加密装置厂家众多，不同厂家设备差异性较大，且设备成本偏高，不利于虚拟电厂等新型电力系统后续的大规模推广应用。由此可知，当前针对虚拟电厂的业务需求进行定制化装置研发具有相当的重要性。

6.5 运营评价

6.5.1 基于动力学的效益评价方法

系统动力学（system dynamics，SD）是系统科学理论与计算机仿真技术相结合，研究系统反馈结构与行为的科学。SD 认为，系统的行为模式和特性是由各部分有机联结并相互作用体现的，应当将整个系统作为一个反馈系统才能得出正确的结论。系统随环境和时间演变，外界对系统的影响和系统内部的相互作用构成了系统发展的动力，这种动力可以用因果关系量化表示。复杂的系统可以分解为多个子系统，最简单的子系统包含状态量、速率量及辅助变量，是一阶反馈回路，可用一个多元一阶微分方程表示。SD 仿真既可以在宏观上把握事物发展的趋势，又可以分析系统内部微观因素的相互作用关系。

文献《系统动力学在需求响应综合效益评估中的应用》融合了经济学原理，利用系统动力学理论对考虑外部效益影响情况下需求响应类虚拟电厂项目实施的综合效益进行了评估。系统动力学方法为需求响应综合效益评估提供了系统性更强、动态性能更佳、因果反馈关系清晰的解决思路。在明确需求响应参与主体和实施成本、效益的基础上，考虑了外部效益的影响，关注可再生能源和电动汽车接入，通过 SD 方阵、因果回路图构建等方法，建立包含基于价格和激励两种项目类型的精细化仿真模型，分析各参与主体受益状况及相互影响，研究外部效益内部化对提升需求响应综合效果的作用。

6.5.2　基于信用等级的效益评估

文献《基于信用等级的虚拟电厂需求响应效果后评估》提出了认缴性能、调度时间可靠性、调度容量可靠性、负荷反弹量 4 个指标，并构建了基于信用等级的虚拟电厂综合效益评估方法，为响应效果评估及筛选历史响应性能更佳的用户提供指导。

针对紧急型和经济型需求响应对各基础指标的不同倾向，提出单次响应效果综合评估系数这一综合指标，在此基础上设计了用户的信用等级评估体系。单次响应基础评估指标包括认缴性能指标、调度时间可靠性、调度容量可靠性，以及负荷反弹量。用户明确需求响应项目的响应效果综合评估系数的计算公式，根据历史需求响应事件，计算信用评分，查找信用等级表，分配响应容量。在每次需求响应后，叠加计算以上过程，不断进行信用等级的迭代评估。

6.5.3　基于灰色综合评价的效益评估

文献《智能配电网需求响应效益综合评价》提出基于区间灰色关联理想点分析方法构建需求响应综合评估评价体系。

通过深入分析市场环境下需求响应参与主体及其利益关注的差异性，构建了面向智能配电网下需求响应效益的综合评价指标体系。该体系通过引入区间型数据指标，能够有效计及各类不确定因素对需求响应效益的影响作用。在此基础上，为满足含不确定性信息条件下综合评价的要求，通过引入混合赋权及分辨系数动态调整策略，进一步提出了基于灰色关联理想点的区间组合评价方法，并将其用于需求响应效益评估。其构建的指标体系基于配电网运营投资角度，包括配电商、发电商、用户、负荷集成商 4 个一级指标，在二级指标体系下进一步细分为 23 个基础指标。

6.6　小结

虚拟电厂运营管理是一项复杂的系统工程，需要从多个方面进行全面的考虑。在明确了虚拟电厂的对内、对外职责之后，需要着重考虑虚拟电厂的运行管理、优化调度和响应控制。根据虚拟电厂的特性选择较为适合的电力市场，并结合协调控制技术，对分布式资源进行实时或近实时的控制。同时，分析各参与主体受益状况及相互影响因素，不断改进优化虚拟电厂运营管理。

目前，虚拟电厂运营管理仍存在部分难点痛点。首先，虚拟电厂的运营需要与电力市场进行交互，但当下电力市场尚未形成有效的价格机制和交易规则，限制了虚拟电厂的发展空间。其次，虚拟电厂的资源分散、地域分布广泛，难以实现统一的管理和调度，给运营管理带来了一定的难度。最后，虚拟电厂缺乏统一的标准和规范，各虚拟电厂之间的协同和交互能力受限，难以实现资源的有效整合和优化配置。

未来，随着技术的不断进步和应用需求的不断增加，虚拟电厂的运营管理将不断完善和发展，将为智能化电力系统提供更多的支撑和保障。

7 虚拟电厂市场交易

7.1 市场规则

7.1.1 市场交易主体

电力市场参与主体通常包括各类发电企业、售电企业、电网企业、电力用户、电力交易机构、电力调度机构和独立辅助服务提供者等。在新型电力系统背景下，大规模分布式能源入网对电网提出了挑战，虚拟电厂协调分布式电源、储能、可控负荷等分布式资源，以降低系统运行成本，提升运行效益，成为电力市场运营主体，作为特殊的"电厂"参与市场交易。

目前，国内虚拟电厂处于起步阶段，主要以需求响应为主流，而虚拟电厂可以理解为需求响应的升级版。实际上，在我国第一阶段的虚拟电厂与需求响应几乎是同等的概念，需求响应是虚拟电厂发展的基础。虚拟电厂的侧重点在于增加供给，会产生逆向潮流现象，而需求响应侧重点强调削减负荷，不会发生逆向潮流现象。是否会造成电力系统产生逆向潮流是虚拟电厂和需求响应两者最主要的区别之一。

在电力需求管理手段中，需求响应是最具市场化的业务，市场主体也具备了实施这项业务的能力。《电力负荷管理办法（2023 年版）》提出"电力需求侧管理服务机构包括负荷聚合商、售电公司、虚拟电厂运营商、综合能源服务商等"。《电力现货市场基本规则（试行）》中新提到"推动分布式发电、负荷聚合商、储能和虚拟电厂等新型经营主体参与交易"，电力交易和需求响应的经营主体高度重合。这些为虚拟电厂作为市场交易主体参与电力市场提供了政策基础。

7.1.2 市场准入原则

市场准入规则规定了能够进入市场的企业和商品。发电企业、售电企业、负荷聚合商或虚拟电厂、电力用户等市场交易参与者，应遵守国家和当地有关的准入条件，按照程序完成注册和备案，然后才能参与电力市场交易。

我国各地都出台相应的需求响应政策，一般准入原则包括资源类型和准入条件。以《2023 年云南省电力需求响应方案》为例，参与需求响应的资源类型要求为：需求响应资源为市场主体可调节负荷，按负荷类型可分为工业负荷、工商业可中断负荷、建筑楼宇负荷、用户侧储能负荷、电动汽车充电设施、分布式发电、智慧用电设施等。准入条件如下：

（1）在南方电网营销管理系统具有省内独立的电力营销户号。

（2）安装数据采集周期为 15min 的计量表计，计量数据可传送至电网企业。

（3）响应能力不低于 1000kW 的电力用户可自主参与需求响应，也可以通过负荷聚合商代理参与；响应能力低于 1000kW 的用户可以通过负荷聚合商代理参与。

（4）负荷聚合商应具备云南省内电力交易资格，市场代理的用户应具有省内独立电力营销户号；负荷聚合商应具备集成 2500kW 及以上响应负荷能力。

（5）储能运营商可以代理多个储能项目，包括用户侧储能设施和电网侧储能设施（电网侧储能暂不参与），储能项目应满足电网接入技术规范，聚合的储能资源总充放总功率不低于 5000kW，持续充放电时间不低于 2h，具备接到电网通知后 4h 快速响应能力。

（6）具备电网自动控制条件的电力用户，应通过云南电网公司的响应性能校验，并接入电网侧相应控制系统。

从资源类型可以看出，目前参与市场的资源必须是分布式的资源，即调度未进行调用的需求侧资源，虚拟电厂主要负责起来聚合这些分布式资源参与到电力市场中。从准入条件看，虚拟电厂即负荷聚合商除了需要具备独立的电力营销户号，具备电力交易资格之外，还需要聚合一定容量规模的资源才可以参与。对于聚合储能资源的聚合商，不仅要满足电网接入规范，还提出了具体的充放电功率、持续充放电时间及一定通知时间内的快速响应能力。此外，对于具备电网自动控制的用户，需要通过响应性能校验。这些准入要求的提出，意味着虚拟电厂向控制速度更快更精准的方向发展，虚拟电厂将为电网的稳定运行做出更多的贡献。

7.2 电能量市场

7.2.1 中长期电能量市场

虚拟电厂并不是真正意义上的发电厂，而是一种智慧能源管理平台，可以将分布式电源、储能、电动汽车等零散资源化零为整，既可以作为"正电厂"向电力系统供电，也可以作为"负电厂"消纳系统的电力，起到助力电网系统保持平衡的作用。在虚拟电厂中，传统的发电、用电等环节都被赋予更加多元的角色。虚拟电厂可以分为负荷型和源网荷储型。作为源网荷储一体化虚拟电厂，由于可以为电网提供电能量，所以具备参与电能量市场的能力。

虚拟电厂发展至今，其理论和实践在发达国家已较为成熟，已从示范项目进入到商业应用的过渡期。在市场机制方面，国外虚拟电厂政策机制较为完备，可参与中长期电能量市场、现货市场、辅助服务市场等多种类型市场。

虚拟电厂参与中长期电能量市场的方式与发电企业、大用户、售电公司等类似，即通过集中或双边形式，在中长期市场中形成电量交易合同，以满足虚拟电厂所聚合资源的基本发电、用电需求，典型范例为荷兰的电力匹配器体系结构。荷兰的电力匹配器体系结构主要是一个代理的概念，也就是虚拟电厂可以承担集中代理、拍卖代理等不同的代理功能，在市场中获得盈利。

国内目前已在开展用户侧储能参与中长期电能量市场的相应规则的制定。2023 年 3 月，广东省能源局、南方监管局印发《广东省新型储能参与电力市场交易实施方案》，明确用户侧储能，与电力用户作为整体联合参与批发零售市场、现货市场（报量不报价）、需求响应。2023 年 8 月 18 日，贵州省能源局发布《关于公开征求贵州省新型储能参与电力市场交易实施方案（征求意见稿）意见建议的函》（简称《方案》），明确了独立储能（电网侧储能）、电源侧储能和用户侧储能均可参与中长期、现货等市场交易，用户侧储能联合电力用户，可参与批发（中长期、现货）或零售电能量交易，其中以报量不报价方式参与现货电能量交易，并可参与需求响应交易。相关政策的陆续落地促进虚拟电厂在新型电力系统中发挥灵活性作用，中长期电能量将是虚拟电厂未来发展的一个不可或缺的交易模式。

7.2.2 现货市场

虚拟电厂作为一类市场主体参与现货市场的模式，与传统市场主体参与方式类似。由于虚拟电厂具有掌握其所聚合的资源的各类约束、调节性能信息，在申报电量、电价策略上更具有合理性和优化性，也具有控制和价格引导发用电微调的能力。因此较传统市场主体更为灵活，从而在现货市场中更能避免风险、获取利益。

目前，国内虚拟电厂主要通过参与电力需求响应和辅助服务获取收益，但当前每年开展的政策补贴型需求响应频次和补贴金额有限，虚拟电厂运营难以单纯通过业务盈利。连续运转的电力现货市场是虚拟电厂的重要参与渠道。虚拟电厂可以根据当地电能量现货市场相关规定，在日前聚合计算并申报自身出力（调节）能力，并根据日前现货市场中标情况，在日内/实时电力市场中根据更新的调度指令实时主动调减（或增加）分布式发电资源的出力和用电负荷，并根据电能量市场结算规则获得相应收益。

2023 年 9 月，国家发展改革委和国家能源局联合发布了《电力现货市场基本规则（试行）》（简称《基本规则》），这是构建全国统一电力市场体系的重要文件，也是我国首次发布这样的文件。《基本规则》主要规范电力现货市场的建设与运营，包括日前、日内和实时电能量交易，以及现货与中长期、电网企业代理购电等方面的统筹衔接，从而构建起"能涨能降"的市场价格机制。从电力现货市场的建设路径上，《基本规则》明确，近期将重点推进省间、省（区、市）或区域市场建设，推动新能源、新型主体、各类用户平等参与电力交易。基本规则扩大了市场准入范围，将储能、虚拟电厂等新型主体纳入市场交易。规则指出，电力现货市场近期建设的主要任务之一，稳妥有序推动新能源参与电力市场，设计适应新能源特性的市场机制，与新能源保障性政策做好衔接；推动分布式发电、负荷聚合商、储能和虚拟电厂等新型经营主体参与交易。

2022 年 6 月，山西省能源局正式印发《虚拟电厂建设与运营管理实施方案》，明确虚拟电厂并网运行技术规范和运营管理规范，启动了现货市场环境下全国首个省级虚拟电厂市场运营体系建设。山西省率先出台虚拟电厂建设和运营管理实施方案，并围绕现货市场修订细化虚拟电厂市场化运营规则，为虚拟电厂实现商业运行探索盈利模式。

现货交易市场开放，虚拟电厂可调能力比火电厂调节能力更强、更快、更精准，虚拟电厂的优势凸显。在该背景下，虚拟电厂运营商的商业模式不只是参与辅助市场，还可以通过现货，市场化交易机制去盈利。参与现货市场盈利主要来自于现货交易的差价。现货市场报价机制来自于电力供需关系，可以控制和协同集成上来的可调负荷，同时增配储能，分布式能源，形成集合体。如果对区域内整体负荷的预测能力强，制定的报价策略更具有优势，差价就越大。具体的盈利情况，取决于电力现货交易的频次活跃度，区域范围内电力供需关系等。

虚拟电厂的主要营收来源于聚合电力用户参与市场交易中收益的分成。在中长期市场，虚拟电厂聚合分布式电源、储能资源，作为市场化发电机组参与中长期容量补偿服务，保证发电容量的充裕度，在限定的市场价格下，承诺在紧急情况下提供容量，虚拟电厂发电侧资源可获得容量补偿。

在电力现货市场，虚拟电厂参与现货市场交易主要有 3 种：① 通过削峰解决当负荷水平较高，发电容量不足时的容量短缺问题。② 通过填谷解决当负荷水平较低，因新能源大发展导致电网负荷备用不足，影响电网安全稳定运行的问题。③ 虚拟电厂可以作为"市场化发电机组"，将分布式电源、储能等资源聚合参与日前市场交易申报，通过低电价时段储能用电，高电价时段储能放电、分布式光伏发电平抑现货市场价格。

目前基于虚拟电厂的容量限制，虚拟电厂可视为价格接受者，其报价不会影响到市场的最终出清电价。因此虚拟电厂就可根据预测的电力市场电价，以及市场的历史数据，根据内部各分布式能源的实时运行状态来合理设置在双边市场的竞标电量及报价。

现货市场下虚拟电厂市场交易过程主要分为交易准备、市场交易、交易执行、交易结算四个阶段。在交易准备阶段，虚拟电厂根据代理协议对所代理用户的资源进行准备，对用户资源进行数据采集与资源聚合，传输至电网调度源网荷储系统；在市场交易阶段，虚拟电厂通过电力交易平台查询现货交易公告，对现货分段量价曲线进行申报，通过调度源网荷储系统进行安全校核，形成有约束的交易结果，并通过电力交易平台推送回虚拟电厂；在交易执行阶段，虚拟电厂生成用电总计划曲线及调控策略，将指令下发至用户设备，用户设备响应后，虚拟电厂进行运行情况分析评估；在交易结算阶段，电力交易平台发布交易结算结果，虚拟电厂为所代理用户中的响应用户开展结算，并进行运行状况统计。

7.3 辅助服务市场

辅助服务是相对电能生产、输送和交易的主市场而言的。虚拟电厂主要参与调峰辅助服务市场、调频辅助服务市场和需求响应市场。

7.3.1 调峰辅助服务市场

虚拟电厂参与调峰辅助服务主要是指虚拟电厂接受调度指令后，通过调整自身的用电行为，全面缓解电网负荷高峰资源不足的情况，也包括削峰调峰和填谷调峰。

目前我国华北地区、华中地区、上海市、山东省、浙江省、甘肃省等地区、省市已有相关政策文件，对虚拟电厂参与调峰市场的准入条件（可调容量、信息采集能力、持续响应时间等）、报价与出清（包括日前、日内市场，部分地区涵盖中长期、实时市场）、结算方式（华北、浙江市场考核偏差电量）等做出了规定。各地区虚拟电厂调峰市场的准入条件、报价与出清、结算等市场机制不尽相同，对比情况见表 7-3-1。

表 7-3-1 国内部分地区虚拟电厂调峰市场机制

地区	政策文件	准入条件	报价与出清	结算
华北地区	《第三方独立主体参与华北电力调峰辅助服务市场规则》	不少于 10MW 的稳定调节电力、30MWh 的稳定调节电量	报量报价：华北地区申报价格上限为 600 元/MWh；可参与省网市场或华北市场，具有日前、日内和实时市场	华北市场：服务费用=调峰电量×出清时长×出清价格；省网市场有 30%偏差电量惩罚
华中地区	《新型市场主体参与华中电力调峰辅助服务市场规则》	单次调节容量大于 2.5MWh，最大调节功率大于 5 MW	报量报价：最大调峰能力低于 20 MW 不报价；分低谷和腰荷申报，市场申报最低价 0.12 元/kWh；可参与省间和省内市场，其有日前和日内市场	服务卖出省的服务费用=调峰电量×（电网代理购电价格-日前调峰价格-输电价格1-输电价格2）

续表

地区	政策文件	准入条件	报价与出清	结算
上海市	《上海电力调峰辅助服务市场运营规则（试行）》	可调容量1 MW及以上：参与实时调峰虚拟电厂信息采集时间周期小于15 min。响应时间小于15 min，持续时间小于30 min	报量报价：报价上限：上海市场日前市场价100 元/MWh，而实时市场价400 元/MWh；具有日前、日内和实时市场	补偿费－实际执行最×报价：实际执行量＝实际发用电曲线与基准曲线积分差值
山东省	《山东电力辅助服务市场运营规则（试行）（2021 修订版）》	实时采集周期小于60 s，可调节电力大于10 MW，连续调节时间大于4 h	报量报价：报价上限为400 元MWh；可参与日前、日内和实时市场	日前费用＝50%日前价格和日内实时价格的较大值×实际调用量；实时费用＝实时价格×实际调用量
浙江省	《浙江省第三方独立主体参与电力辅助服务市场交易规则》	调节容量大于2.5MWh、调节功率大于5MW，持续响应时间大于1h	报量报价；可参与中长期、日前和日内市场；低谷和尖峰时段填谷出清电价上限分别为400 元/MWh和500 元/MWh。削峰电价上限500 元/MWh	实际调峰量大于中标量120%，小于70%部分不补偿；中长期按合同结算；参考华东"两个细则"❶。日前和日内按填谷收益和调峰收益分别结算
甘肃省	《甘肃省电力辅助服务市场运营暂行规则》	允许用户侧电储能与新能源电厂签订协议形成虚拟电厂，在新能源弃风弃光时使用电储能，或参与电网调频调峰	报量报价；日前申报、日内调用，申报交易时段、15 min充放电力、交易价格等，非现货时期报价上限0.5 元/kWh，现货时期价格上限0.3 元 kWh	调峰补偿费用为调峰电量与出清价格乘积，由传统机组和新能源分摊

在市场准入方面，各地均规定了虚拟电厂需提供可持续电力的最低门槛，并且能够实现信息采集。在报价与出清方面，各地区虚拟电厂均可参与日前和日内市场，部分地区还开展了实时市场；华北地区和华中地区进一步开展省间市场。各地区虚拟电厂均采用报量报价的申报方式，但华中地区明确指出，当市场初期虚拟电厂最大调峰能力低于 20MW 时，不参与报价。在结算方面，调峰补偿费用按调峰实际执行量与出清价格补偿，华北地区和浙江省给出明确的偏差电量考核方法。针对西北地区存在的严重弃风弃光现象，甘肃省规定用户侧的储能可与区域内新能源签订协议建立虚拟电厂，对内提升新能消纳率，实现虚拟电厂自平衡，对外也可参与电网调频和调峰。

目前，华北地区明确虚拟电厂可作为第三方独立主体参加华北地区调峰市场。上海电力调峰辅助服务市场增加虚拟电厂调峰交易辅助服务交易品种。下

❶ "两个细则"指《发电厂并网运行管理实施细则》和《并网发电厂辅助服务管理实施细则》。

面以华北电力辅助服务市场（简称华北市场）、上海电力辅助服务市场（简称上海市场）为例，从市场组成、市场准入、报价出清、结算等四个方面对比和阐述两地市场机制的异同。

（1）市场组成。华北方面，虚拟电厂作为独立主体参加省内调峰，根据出清结果调度机构向虚拟电厂下发次日 96 点的电力曲线。华东上海方面，调峰市场增加日前虚拟电厂调峰交易、日内虚拟电厂调峰交易与实时虚拟电厂调峰交易 3 类交易品种，调度机构分别下达次日 24h（96 点）、未来第 3、4h（8 点）、未来 15min（1 点）的调峰指令，虚拟电厂参加省内调峰市场。上海虚拟电厂调峰交易具体流程如图 7-3-1 所示。

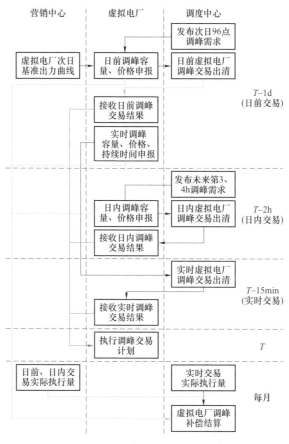

图 7-3-1 上海虚拟电厂调峰交易流程

（2）市场准入。两地均规定虚拟电厂聚合容量需达到最低门槛并且能够实现用电信息采集，接入虚拟电厂运行与监控平台、调度控制平台等。两地虚拟电厂聚合容量最低门槛相差不大。华北市场要求虚拟电厂聚合的调节容量应不小于 2.5MWh，聚合充放电功率不小于 5MW；上海市场要求调节容量应不小于 1MWh。

此外，对于参加上海实时调峰交易的虚拟电厂，额外要求其用电信息采集时间周期不大于 15min，响应时间不超过 15min，持续时间不小于 30min。

（3）报价出清。两地的报价出清方式存在较大不同。华北市场由调度机构先完成日前发电预计划，在出清价格最高时段安排虚拟电厂提供调峰服务，无需自行报价作为价格接受者参与调峰市场；而在上海市场，虚拟电厂需自行报价，由调度机构统一出清。

在华北市场中，虚拟电厂申报周期为日，需向调度机构申报聚合调节容量（MWh）、最大聚合充放电功率（MW）、充电时间及时间范围（h）、日最大充放电次数（次）、聚合功率调节速率（MW/min）、基准运行曲线。

在上海市场中，虚拟电厂参与日前调峰交易、日内调峰交易需上报调峰容量、价格，申报最小调峰容量单位为 0.01MW，申报价格从 0 开始以 5 元/MWh 递增，报价上限为 100 元/MWh。调度机构按照价格由低至高、报价时间由先至后出清。虚拟电厂参与实时调峰交易需上报调峰容量、价格和持续时间，申报最小调峰容量单位为 0.01MW，申报最小持续时间单位为 15min，申报价格从 0 开始以 5 元/MWh 递增，报价上限为 400 元/MWh，调度机构价格由低至高、报价时间由先至后、持续时间由长至短出清。

（4）结算。上海市场为鼓励虚拟电厂参与调峰市场，在建设初期并未规定具体偏差考核细则，在结算时也不考虑调峰性能，仅根据实际执行量与报价由调度机构按月结算调峰费用。华北市场规定了较为明确的偏差考核方法，若由于虚拟电厂自身原因，某时段的实际运行曲线与调度机构下发的运行曲线偏差超过 30%，该时段调峰费用不予结算，调峰费用具体计算式为

$$R_\mathrm{f} = K \cdot \min\left\{\frac{P}{P_\mathrm{Z}}, 1\right\} \cdot \min\{P, P_\mathrm{Z}\} \cdot t_\mathrm{C} \cdot C_\mathrm{C}$$

式中：K 为市场系数，取省网内火电机组平均负荷率的倒数；P、P_Z 分别为虚拟电厂的实际充电功率与在调峰市场中标容量，MW；t_C 为调峰市场出清时间间隔，0.25h；C_C 为调峰市场边际出清价格，元/MWh。

（5）现阶段市场机制分析。华北、上海两地虚拟电厂参与调峰的市场组成

存在较大差异，归因于华北市场方面考虑了与省间调峰市场之间的配合。华北省间调峰市场为日前市场与日内市场，华北省内调峰市场为日内市场。省网首先制定日前发电预计划，根据日前发电预计划参加省间日前调峰市场，再根据省网日内发电计划参加省间日内调峰市场，最后开展省内日内调峰市场。

现阶段的市场机制较符合我国处于虚拟电厂调峰市场建设初期的发展要求，然而对于成熟的调峰市场机制来说，还存在以下问题：

1）弱化了虚拟电厂与其他市场主体的竞争关系。华北方面，目前仅允许虚拟电厂根据日前发电预计划在出清价格最高时段提供调峰服务，在本质上来说并未真正参加华北调峰市场，也不存在虚拟电厂报价机制。上海方面虽存在报价机制，但将虚拟电厂调峰单独划分，不与深度调峰共同报价出清，虚拟电厂提供的调峰需求量由调度机构决定。

2）调峰市场时间维度、空间维度考虑得并不全面。华北方面仅考虑虚拟电厂日前调峰，上海方面虽考虑了日前、日内与实时调峰交易，但并未考虑省间市场与省内市场之间的耦合关系。

3）价格设置存在不足。上海市场设置的虚拟电厂调峰价格过低，日前与日内调峰的报价上限仅为 100 元/MWh，实时调峰的报价上限仅为 400 元/MWh。类比于上海市需求响应填谷价格为 800 元/MWh，当前价格的设置不利于上海方面鼓励虚拟电厂参加调峰市场。

2023 年 10 月，中国南方电网有限责任公司组织深圳市的虚拟电厂参与跨省电力备用辅助服务市场调用试运行。这是国内虚拟电厂首次参与跨省资源调配，充分展示了深圳市的虚拟电厂备用能力的潜力，检验了虚拟电厂参与跨省电力备用辅助服务市场申报、出清、执行等全业务流程，为国内相关领域提供了探索经验。

跨省电力备用辅助服务市场为电力资源跨省优化利用提供市场环境，有助于保障电力可靠供应。而虚拟电厂运营商将其备用电能出售给跨省电力备用辅助服务市场，可以更好地帮助电网企业灵活调节资源，以提升新能源就地消纳能力、保证电能质量，同时提升运营商的多元市场投资能力，增强电力交易市场灵活性。

7.3.2　调频辅助服务市场

调频辅助服务包括一次调频和二次调频，一次调频响应时间要求较高，资源需由调度平台直控，需求侧资源的参与将会大幅增加通信成本和协同难度，难度较大；二次调频对标火电机组响应时间要求为 1min，基于自动发电量控制（automatic generation control，AGC）通信时延、信息安全加密、指令优化分解及公网传输不确定性等技术因素，即便存在技术可行性，但需要更多的应用验证。

虚拟电厂可根据当地调频辅助服务市场相关规定，在日前聚合计算并申报自身调频能力，并在日内按照调度机构的指令，在日前中标的调频范围内实时跟随电网 AGC 指令，完成频率调节动作，并根据调频市场分时出清价格和调节电量获得相应收益。

目前浙江省、江苏省两个地区明确虚拟电厂可分别作为第三方独立主体、综合能源服务商的身份参与电网调频辅助服务市场，并获得收益。浙江省同时开展了虚拟电厂调峰和调频辅助服务市场，且同时具备一次调频和二次调频服务，市场机制更为完备；江苏省允许虚拟电厂以综合能源服务商的身份参与一次调频市场。两地均规定虚拟电厂应具有不少于 2h 的持续响应时间，均采用日前出清、日内调用的方式，但浙江省的虚拟电厂报量报价，江苏省的虚拟电厂报量不报价，以市场最高价出清。对于参与江苏调频市场但不参与江苏现货能量市场的发电单元，在运行日全天的交易时段内，调频容量不进行补偿，调频里程补偿不参与市场定价，作为市场价格接受者。对于同时参与江苏调频市场与现货能量市场的发电单元，在运行日全天的交易时段内，调频里程补偿参与市场定价，对调频容量及调频里程进行补偿。国内部分地区虚拟电厂调频市场机制见表 7-3-2。

表 7-3-2　　　　　　　　国内部分地区虚拟电厂调频市场机制

地区	政策文件	准入条件	报价与出清	结算
浙江省	《浙江省第三方独立主体参与电力辅助服务市场交易规则》	额定充/放电功率大于 5MW，持续响应时间大于 2h	报量报价；可参与中长期、日前和日内市场；一次调频出清价格上限为 120 元/MWh，二次调频出清价格上限为 60 元/MWh	一次调频性能指标小于 0.6 时不予补偿；参考华东"两个细则"调频收益
江苏省	《江苏电力辅助服务（调频）市场交易规则（试行）》	储能电站单站充/放电功率大于 5MW，总充/放电功率大于 10MW，持续时间大于 2h	报量不报价，市场最高价出清；参与日前市场，日内调用	基本补偿费 = 调频性能×调频容量×投运率；调用补偿费 = 调频里程×调频性能×里程单价

虚拟电厂可调用多种资源参与调频辅助服务。例如，虚拟电厂可通过控制策略安排电动汽车参加电网调频，不仅自身能够获得较好的经济效益，而且能显著提高系统的频率控制性能。此外，将光伏或风电与储能结合构成联合系统参加电网调频，具有协同增效优势，能有效改善电网经济效益与调频性能。江苏电力辅助服务（调频）市场交易规则中虚拟电厂以综合能源服务商的身份参加调频市场的相关规则如下：

（1）市场组成。调频市场采用周报价、日前预出清、日内调用的交易方式。

（2）市场准入。综合能源服务商需具备 AGC 调节能力，聚合单站充放电功率达到 5MW 以上的储能电站，聚合总容量达到充放电功率 10MW 以上、持续时间 2h 以上。

（3）报价出清。综合能源服务商根据接入电网情况确定申报单元。综合能源服务商不申报调频服务单价，参考市场最高成交价 PM 与补偿标准值 KM（当前取为 1，该值体现市场运营机构对综合能源服务商参与调频市场的激励程度）乘积予以出清。按照"七日综合调频性能指标/调频报价"由高至低排序，并根据"按需调用、按序调用"原则预出清。

（4）结算。综合能源服务商提供调频服务的补偿费用由基本补偿费用与调用补偿费用两部分构成。基本补偿费用通过基本服务补偿标准、当天综合调频性能指标、AGC 可调容量与 AGC 投运率的乘积确定。调用补偿费用为有效调频里程、当天综合调频性能指标与出清价格 3 项乘积。

（5）现阶段市场机制分析。现阶段市场组成较为简单，无需虚拟电厂报价，对市场主体成熟度要求不高，有利于初期阶段鼓励虚拟电厂参加调频市场。然而在综合调频性能指标、调用价格与市场主体类型的设置方面存在一定不足。综合调频性能指标方面，目前仅考虑了提供调频服务各主体的调节速率与调节精度两个指标，未考虑响应时间的影响。虚拟电厂通过聚合储能提供调频服务，相比于火电机组，虚拟电厂具有更短的响应时间。当前综合调频性能指标的设置不利于虚拟电厂在调频市场中与其他主体的竞争。调用价格方面，调频市场按照"七日综合调频性能指标/调频报价"由高至低排序调用。由于虚拟电厂现不申报调频服务单价，根据 PM 价格予以调用，这造成虚拟电厂调用排序较为靠后。对此可将市场最高成交价格改为市场平均成交价格，提高虚拟电厂在调频市场中的调用次序。市场主体类型方面，现仅允许聚合储能电站的虚拟电厂参加调频市场，市场主体类型较为单一。下一步可考虑聚合其他类型分布式能源的虚拟电厂进入调频市场，例如电动汽车、光伏或风电与储能。

7.3.3 需求响应

需求响应是一种通过调整用户用电行为来实现对电力系统需求的管理的方法。在传统电力系统中，供电和需求之间的关系是单向的，供电方提供电力，需求方消费电力。而需求响应则将需求方纳入了电力系统的管理中，使其成为电力系统的积极组成部分。

国内虚拟电厂发展是从需求响应开始的，目前日前邀约需求响应市场是虚拟电厂参与电力市场的主要交易类型。

在价格机制方面，政策对参与电力需求侧响应提出了更明确的规则："根据'谁提供、谁获利，谁受益、谁承担'的原则，支持具备条件的地区，通过实施尖峰电价、拉大现货市场限价区间等手段提高经济激励水平。鼓励需求响应主体参与相应电能量市场、辅助服务市场、容量市场等，按市场规则获取经济收益。"

我国在 20 世纪 90 年代就引入了需求侧管理的概念，但并没有能够大范围推广。直到 2010 年，国家发展改革委印发了《电力需求侧管理办法》，2012 年将北京市、江苏省苏州市、河北省唐山市、广东省佛山市四个城市设立为首批电力需求侧管理城市综合试点，上海市为需求侧响应试点。2014 年以来，除唐山市外，北京市、上海市、佛山市三市和江苏省已成功实施了几次需求侧响应项目，基本是每年夏季实施一两次。其中，江苏省需求侧响应从实施范围、响应容量来看均处于国内领先水平。2017 年 7 月江苏省经济和信息化委员会组织江苏省电力公司对张家港保税区、冶金园启动了实时自动需求响应，在不影响企业正常生产的前提下，仅用 1s 时间即降低了园区内 55.8 万 kW 的电力需求，创下了国际先例。广东省电力调度控制中心数据显示，2021 年 5 月～2021 年底，广东省共有 77 天开展了需求响应交易，有效响应电量 2.7 亿 kWh。目前，注册用电户 5.5 万余户，聚合成近 1500 家虚拟电厂，分布在全省 21 个地市。

在需求响应方面，当前，江苏省等地已明确工业用户、储能与充电桩运营商可直接参与需求响应，也可以通过负荷聚合商集成参与；居民用户必须通过负荷聚合商集成参加。因此，聚合可控负荷、储能、充电桩设备的虚拟电厂可作为负荷聚合商参与需求响应。表7-3-3对比了国内主要省市的需求响应市场机制。

表7-3-3 国内主要省市需求响应市场机制

省市	资源类型	项目类型	实施方式	补偿标准
江苏省	工业企业、负荷聚合商、拥有储能设施的用户与充电桩运营商、居民用户通过负荷聚合商参与	约定需求响应	响应日前一天完成响应邀约和确认过程	削峰响应：响应类型与响应速度确定补偿价格；填谷响应：谷时段5元/kW，平时段为8元/kW
			响应日前4h完成响应邀约和确认过程	
		实时需求响应	由具有自动响应能力的需求响应资源参与，在接收到响应指令后，实时确认并执行响应	
天津市	工商业用户、负荷集合商以及储能等类型用户	约定需求响应	邀约提前24h，响应市场1~4h	4元/kW
			邀约提前24h，响应市场4h	8元/kW
		实时需求响应	邀约提前0.5~1h，响应市场1~4h	6元/kW
			邀约提前0.5~1h，响应市场4h	12元/kW
		按中标容量以边际出清价格结算	不通知，响应时长0.5h	30元/kW
上海市	负荷聚合商与大用户	避峰需求响应	隔日通知	0.3元/kWh
		可中断响应计划	当日通知	0.8元/kWh
			当天通知，15min内执行响应	2元/kWh
		试点需求响应	国网上海电力发布事前邀约，需求响应管理平台正式发布需求响应事件，确定响应参与名单	削峰响应：2元/kWh
				填谷响应：0.8元/kWh
广东省佛山市	各类负荷集成服务商或企业	自动需求响应	提前一天或者当天上午在需求响应平台发布需求并自动分配负荷量至各参与者	130元/kW

需求响应是电力需求侧管理在竞争性电力市场下的新发展，良好的市场化机制是需求响应资源融入市场、参与电力系统运行的基础。我国电力市场建设还处于初期阶段，尤其是现货市场、辅助服务市场等的建设尚在起步探索，缺乏完整成熟的市场体系和运行机制支撑需求响应资源价值的开发，同时需求响应资源的多样性和分散性也决定了其难以在短期内作为发电资源迅速放大。

7.4 交易决策

虚拟电厂参与电力市场的交易决策决定了虚拟电厂的收益。在虚拟电厂参与不同种类市场的决策优化技术方面，研究多集中于虚拟电厂参与日前和实时的能量市场，且不同模型在报价中考虑了不同的因素进行建模，如安全性、不确定性以及其他竞争者因素。有学者提出了一种非均衡模型，通过非线性混合整数优化确定竞价策略；有学者综合考虑负荷需求和实时价格的不确定性，研究提出了基于三阶段随机双层模型的虚拟电厂日前竞价策略；有学者提出了一种用于电力批发市场的虚拟电厂竞价模型；有学者在日前市场的基础上，提出一种双层市场模型，考虑了虚拟电厂内部分布式电源之间的竞价和需求响应策略。有学者提出了一种日前—实时混合优化方法，考虑风电输出的不确定性并可降低报价策略中的财务风险。然而，现有虚拟电厂参与市场交易和竞价策略的研究着重于多时间尺度电能量交易，即考虑日前、实时市场进行优化，而对于和调频、备用市场的联合优化尚待进一步研究。

7.4.1 基于日前披露数据相似性的出清价格预测

基于电价预测是基础的竞价策略。此处的电价预测是指基于出清价格序列等信息，通过电价预测的方式预测当前时刻价格，并以此报价。

常见的电价预测方法如下：

（1）长短期记忆神经网络模型（long short term memory，LSTM）。LSTM 在 RNN 基础上增加控制门，主要的类型包括遗忘门（forget gate）、输入门（input gate）、输出门（output gate）三类。

（2）卷积神经网络（convolutional neural networks，CNN）。基础的 CNN 由卷积（convolution）、激活（activation）、池化（pooling）三种结构组成。CNN 模型采用局部连接和权重共享的方式，可将原始数据进行高维映射处理，有效提取数据特征。当处理图像分类任务时，会把 CNN 输出的特征空间作为全连接层或全连接神经网络（fully connected neural network，FCN）的输入，用全连接层来完成从输入图像到标签集的映射，即分类。当然，整个过程最重要的工作就是如何通过训练数据迭代调整网络权重，也就是后向传播算法。

（3）BP（back propagation）神经网络。BP 神经网络是 1986 年由大卫·鲁梅尔哈特和杰伊·麦克莱兰为首的科学家提出的概念，是一种按照误差逆向传播算法训练的多层前馈神经网络，是应用最广泛的神经网络。

7.4.2 基于统计原理的竞价策略

基于基本统计原理是一类最为基础的竞价策略。此处的代数变换是指，基于历史市场出清价格序列，通过代数变换的方式决定当前时刻的报价。常见的代数变换方法如下：

（1）平均值，以历史同期出清价格的算数或加权平均值作为当前轮次报价。

（2）趋势值，以近几天同时期的出清价格的趋势值作为当前轮次报价，甚至直接采用上一天同期的出清价格。

尽管上述的代数变换方法看起来比较简单，但在某些情况下，也能取得良好的效果。在市场供需较为稳定的情况下，市场的出清价格理论上应该与过去几天同期的价格接近。采用过去同期价格的平均值或趋势值，虚拟电厂运营商的报价将基本与市场出清价格接近，使虚拟电厂运营商能够成为边际机组，维持市场较高的出清价格，从而获取超额利润。

7.4.3 基于概率更新的竞价策略

基于概率更新的竞价策略与上述两类稍有不同。在基于概率更新的竞价策略中，虚拟电厂运营商会根据市场反馈调整自己的报价，而不是在每一轮次的出清中都重新计算。首先，给定一组报价及它们的概率；然后，基于各报价的概率，每次从中抽取一个报价作为当前轮次虚拟电厂运营商的报价。虚拟电厂运营商会根据每一轮的出清结果更新各报价的权重，从而逐渐选出最优报价。一般来说，虚拟电厂运营商会以利润最大作为目标，如果该报价下虚拟电厂运营商的利润较高，则增加其被选中的概率，否则降低其概率。

7.4.4 含需求响应的虚拟电厂日前竞价策略

不同于可控性较强的火力发电机组为主的发电厂商，虚拟电厂主要由风电、光伏等小容量分布式可再生电源和燃气机组等可控分布式电源组成。因此，在虚拟电厂的竞价策略建模分析中，不仅需要考虑多种分布式能源的协调调度与互补运行,更需要考虑可再生能源波动性对虚拟电厂竞价策略与经济性的影响。为建立虚拟电厂的竞价策略优化模型,需要确定虚拟电厂的成本曲线和分段竞价策略空间。对于虚拟电厂而言,分段发电成本的求解问题等价于虚拟电厂内部发电资源的机组组合问题,实质是求解虚拟电厂为实现额定输出功率时对内部发电资源的最优调度方案。

7.5 小结

横向对比海外虚拟电厂,目前国内虚拟电厂的交易规则相对缺乏多样性,且针对性不足,未来可期待电力市场交易机制进一步多样化、市场化,带动国内虚拟电厂收益能力的进一步提升。当前阶段,由于不同区域和不同种类电力市场的市场机制和实施规则存在较大差异,虚拟电厂难以采用单一通用的竞价策略进行运营。尤其是针对虚拟电厂同时参与区域现货市场、调频市场、备用市场的交易机制和竞价策略的研究相对空白。此外,国内针对虚拟电厂内部不同主体之间的交易策略和利益分配研究相对初步,理论方法体系尚不完善,尚不足以应用于解决实际复杂问题。因此,未来有必要在虚拟电厂参与区域现货、调频、备用等市场交易方面进行深入研究和创新,以满足不同市场需求,并推动虚拟电厂技术的进一步发展。

8 虚拟电厂商业模式

8.1 基本情况

虚拟电厂的商业模式从参与者的角度可以分为产品供应商的商业模式和虚拟电厂聚合商的商业模式，目的是为配电、用电网络上各种分布式资源带来经济收益。前者逻辑比较简单，就是通过产品销售获得收益。但不同于有的继电保护、自动化产品，虚拟电厂的应用场景多、需求变化大，且严重依赖于实施区域的市场政策，存在一省一模式，甚至一市一模式的情况。所以，即便是产品供应商，也需要对产品使用方（聚合商）的商业模式、盈利路径有详细的了解和把握。同时，聚合商的商业模式的发展、演化，也与产品的全生命周期规划密切相关。同时，考虑到公司未来发展或许向服务转型，因此以下商业模式的介绍都是基于聚合商角度的。

资源方将资源使用权让渡给聚合商，聚合商通过参与电网运行、市场交易，为资源方和自己带来收益，这是虚拟电厂的基本实施路径。随着电改进程的推进，电网运行从传统计划调度方式转向市场方式，包括调频、备用等辅助服务。因此，完善的市场规则、灵活的交易品种是虚拟电厂业务能够规模化开展的前置条件。但由于国内电力市场建设目前还在初级阶段，交易机制、交易品种、监管制度、信用体系等还在完善过程中，因此目前虚拟电厂的商业模式还在摸索过程中，很不成熟。市场规模的不确定性带来虚拟电厂业务的不确定性，聚合商难以形成稳定的盈利模式，为聚合的资源带来收益更无从谈起。

但随着"双碳"目标的推进、新型电力系统建设的开展，新能源装机比重仍将持续增加，保供应、保稳定、保消纳多重目标压力下，电网调度、运行体系势必改革并与之相适应。作为电网调度/交易系统与广大分布式资源缓冲层的虚拟电厂，其作用将更加凸显。并且随着电力市场建设步伐的加快，虚拟电厂的价值也将得到体现。

这种价值体现的关键并不是要求为之设计单独的市场，而是以独立的市场主体身份参与既有的市场。以山东省为例，虚拟电厂可以整合分布式储能等资源参加现货市场、辅助服务市场，并可获得容量补偿费用。下面结合目前我国电力市场的开展情况，介绍未来虚拟电厂的盈利路径或商业模式。

国内的电力市场包括中长期市场、现货市场、辅助服务市场等，与虚拟电厂关系密切的是后面两个。目前我国电力现货市场试点共有 14 个，多个试点进入了长周期结算试运行，电力现货市场建设成效显著。我国灵活性电源偏少，在新能源高比例场景下，辅助服务市场的作用非常重要，已经有 20 多个省区出台了相关的政策，开展了调峰、调频、备用等辅助服务市场。虚拟电厂近期以参与电力调节市场交易为主，未来可逐步参与中长期、现货等电量市场和技术要求更高的辅助服务市场，见表 8-1-1。

表 8-1-1　　　　　虚拟电厂分阶段参与电力市场交易品种

	市场交易品种	虚拟电厂参与优势
近期	峰谷电价	具有较强的调节能力，可发挥虚拟电厂中的源、荷、储等各类单元特性，以市场化手段适应不同的系统需求
	调峰辅助服务	
	需求侧响应	
	备用替代调峰	
中远期	中长期双边、集中交易	与其他市场主体相比，除具有调节能力外，还具有互补、消除波动性、协调优化等优势
	合同转让交易	在美国、德国与传统火电企业相比，具有边际成本优势；与新能源发电企业比，具有调节和预测优势
	现货交易	具有较强的调节能力，最大限度优化交易和执行空间
	调频、调压等辅助服务	可协调发挥多种参与单元的快速响应优势
	绿证交易、金融交易、基于区块链的交易等	利用调节和更好的预测能力获取市场优势；利用区块链去中心化智能合同等开展市场化交易

8.2　虚拟电厂参与需求响应市场

当前，我国虚拟电厂项目以研究示范为主，并由政府引导、电网实施，且普遍聚焦于需求侧响应模式。江苏省 2015 年在国内率先开展需求响应实践，2017

年建成世界首套大规模源网荷友好互动系统，实现了用户资源统一调度。江苏省在扬州市、苏州市、泰州市打造县域级虚拟电厂，具备较好的示范效应。湖北省组织开展充电场站、商业楼宇、数据中心等典型场景实地调研，积极引导国网黄石、襄阳等地市供电公司，以及省电动汽车、省综合能源公司作为虚拟电厂运营主体，试点储备虚拟电厂调节资源 41.23 万 kW。河北省需求响应市场稳妥有序开展，负荷调控能力达到 800 万 kW，并建成新型电力负荷管理系统，构建"日前＋日内＋实时"的需求响应市场。在运营管理方面，已建成虚拟电厂运营服务平台，代理用户参与节约用电、削峰填谷等多种场景交易。

在所有涉及虚拟电厂的市场中，目前广东省的市场化需求市场是规则制定最为完善、实际开展频次最多、关注程度最高的一个，其 3.5 元/kWh 的削峰补偿费用也给诸多市场主体打了不小的强心针。从补偿价格、结算方式等方面来看，广东省的市场化需求响应给虚拟电厂聚合商很大的想象空间。但在机制设计上，有一个巨大的缺陷，那就是市场需求的极端不确定性。市场化需求响应游离于现货市场之外，市场规模偏小，其受到电力供应、天气、负荷等因素影响的程度非常大，导致交易开展频次难以把握。比如 2021 年，受到经济复苏、云南干旱等影响，需求响应开展了几十次；2022 年，受到疫情、用电量下降等影响，整个夏天仅开展了 7 次削峰响应，其中 7 月有 5 次、8 月有 2 次。

8.3 虚拟电厂参与中长期电力市场

虚拟电厂作为市场主体参与中长期交易，可包括中长期双边电量交易、集中电量交易、发电权交易、容量（备用）市场等。

虚拟电厂作为购售电代理机构，可参与的中长期交易包括双边或集中电量交易、发电权交易等。虚拟电厂在中长期市场中，其发用电需求和角色有多种情况。若虚拟电厂聚合的资源以可控负荷为主，则其在中长期市场中需要进行购电交易；若以分布式电源为主，则进行售电交易。若虚拟电厂所聚合的资源多样化，包括分布式电源、储能和电力用户，则其可在虚拟电厂内部实现自发自用后，将仍不能平衡的发电或将用电需求在市场上进行交易。但并非所有多样化的资源都可以在内部先进行自发自用，该情况下仍需要按不同类型资源的发用电需求在市场中进行分别交易。虚拟电厂作为灵活调节资源，可参与的中长期交易主要是容量（备用）市场。根据系统运行机构的中长期容量需求，通过竞价或政策规定方式提前与虚拟电厂签订容量备用合约，包括正备用和负备用。签订合约后，虚拟电厂需要在一定时段按要求准备正负备用容量，根据指令按需降低出力/增加负荷，或增加出力/减少负荷。在该方式下，虚拟电厂获得收益可包括两类：① 固定收入，即只要按要求具备调节能力后，即可获得回报，即使最后没有实际进行调节。② 实际调节收入，在按需提供正、负备用的基础上，若系统有实际调节需求，则系统要求进行调节，并按调节电量/电力获得回报。

8.4　虚拟电厂参与现货市场

虚拟电厂作为一类市场主体参与现货市场的模式，与传统市场主体参与方式类似。由于虚拟电厂具有掌握其所聚合资源的各类约束、调节性能信息，在申报电量、电价策略上更具有合理性和优化性，也具有控制和价格引导发用电微调的能力。因此，较传统市场主体更为灵活，从而在现货市场中更能避免风险、获取利益。

若虚拟电厂预测临近某时段现货市场价格较高，则虚拟电厂通过对内提供调整补偿价格，吸引其所聚合的资源增加发电或减少用电。若虚拟电厂预测临近某时段现货市场价格较低，则虚拟电厂通过对内提供调整补偿价格，吸引其所聚合的资源减少发电或增加用电。

相比于大机组、大用户，分布式发电、储能系统、可调负荷资源的优点就是调节灵活、响应速度快。之前由于这些分布式资源规模小、地理位置分散，不能达到进入现货市场的门槛。有了虚拟电厂，这些分布式资源可以聚少成多、聚沙成塔，以合格市场主体的身份参与现货市场。根据价格信号信息，聚合商统筹考虑聚合资源的发、用电需求，在日前、实时市场中灵活报价，获取最大收益。例如：如果批发市场价格较高，虚拟电厂可根据聚合负荷类资源的规模、种类等情况，并结合聚合发电资源、储能的现状，在本地以供需平衡为主还是外送电量优先之间进行权衡，获取最大收益；如果批发市场价格较低，可以灵活调节分布式发电的出力时间段，并加大储能充电、负荷用电力度，利用现货市场的日前、实时双结算机制，获取最大收益。此外，不同于传统的售电公司，虚拟电厂聚合商可以结合聚合的多种类资源，在套餐设计上有更多的选择空间，可以有效提升用户的黏度。

8.5 虚拟电厂参与辅助服务市场

辅助服务市场对提供方的要求是快、准、稳，这也正是虚拟电厂所聚合的分布式资源的优势所在。从国外经验来看，不管是"美国宾夕法尼亚—新泽西—马里兰州联合电力系统"，还是英国的增强型频率响应，亦或是澳大利亚的应急频率控制辅助服务，最终市场的最大受益方都不是常规的发电机组，即便是天然气单循环机组，以"美国宾夕法尼亚—新泽西—马里兰州联合电力系统"为例，在所有资源（包括煤电、水电、天然气等）中，储能设备提供了"美国宾夕法尼亚—新泽西—马里兰州联合电力系统"46.5%的调频需求。同理，欧洲最大的虚拟电厂聚合商德国下一代发电厂公司占据了德国二次调频市场 10%的份额，而其代理的交易电量只有德国用电量的 0.02%。

近期，我国虚拟电厂参加调节性电力市场为主。可考虑两种参与调峰辅助服务的方式：一种是与火电机组在调峰辅助服务交易平台上开展集中竞价；另外一种是与调度机构签订长期的调峰辅助服务协议。虚拟电厂参与调峰辅助服务市场面临与传统火电机组的市场竞争，其竞争情况取决于虚拟电厂的实际调节成本、传统火电机组调峰增加的煤耗成本之间的比较。

中远期，虚拟电厂相比其他市场主体更具有安排机组启停、出力的灵活性，更容易参与现货市场交易和现货结算服务。我国虚拟电厂可参与的市场交易品种包括中长期交易、发电权交易、现货及更复杂的辅助服务市场。

在我国目前的辅助服务市场中，山西省、江苏省、浙江省、河北省等省份，以及华北、华中等区域和南方电网均有虚拟电厂参与辅助服务市场的政策文件。通过提供调峰、备用等辅助服务，发挥分布式资源的长处，获取补偿收益，具体补偿方式要视各省规则而定。

当前阶段，在现货市场、辅助服务市场有待成熟的时期，以第三方独立主体参与辅助服务、市场化需求响应为切入点，调研广东省、山东省、浙江省等地区的市场规则、资源禀赋等情况，从现实需求中梳理技术发展方向，在完善产品研发过程的同时，提升资源聚合、系统调控、市场交易等虚拟电厂核心技术能力。

8.6 小结

虚拟电厂的兴起标志着电力行业向着更加智能、灵活和可持续的方向发展。从商业模式的角度看，虚拟电厂既有产品供应商的商业模式，通过产品销售获取收益，又有虚拟电厂聚合商的商业模式，通过参与电网运行和市场交易实现资源的最大化利用。虚拟电厂在市场中的参与也呈现出多样性，主要包括需求响应市场、中长期电力市场、现货市场和辅助服务市场。目前，虚拟电厂的灵活性使其在调峰辅助服务市场中更容易与传统机组竞争，并随着电力市场的不断发展和新能源比重的增加，虚拟电厂的市场价值将逐步凸显。

总体而言，虚拟电厂可为清洁能源的大规模利用提供有力支持，同时为整个电力体系向更为智能和可持续的方向发展提供了更多可能。

9 虚拟电厂标准体系

9.1 标准体系简介

近几年，国务院、国家发展改革委、国家能源局、科技部等多部委发布了多份文件，均明确提出发展虚拟电厂。然而首先怎么发展，产学研各界尚未统一认识。其次，虚拟电厂的分布式、可调控、规模化、可定制的特点需要运行管理规划，但我国虚拟电厂行业还未出台统一的管理标准；再次，虚拟电厂发展"百花齐放，百家争鸣"，各地已争相开展虚拟电厂工程示范应用。因此，亟须通过虚拟电厂相关标准建设，降低虚拟电厂建设成本，推动虚拟电厂产业进步，为虚拟电厂健康稳定发展提供技术支撑。

虚拟电厂是基于互联网的能源高度聚合，将接入的分布式电源、用户侧可调节负荷等资源参与需求响应、辅助服务、电力现货交易等衍生服务，其架构、通信、运营及管理技术继承于需求响应，并在此基础上进行升级和扩展。本章主要从需求响应标准和虚拟电厂标准两个角度进行阐述。

9.2 需求响应标准简析

9.2.1 需求响应国际标准

与需求响应相关的已有标准或规范分为电网侧相关标准、设备侧相关标准，以及电网与用户侧接口标准三大类。电网侧相关标准较多，如 IEC 61968 系列标准、IEC 61970 系列标准、IEC 61850 系列标准等。PC118 关注的主要是电网与用户侧接口标准，包括 IEC TC57 的部分标准、开放式自动需求响应（open automated demand response，OpenADR）通信规范，以及结构化信息标准促进组织（Organization for the Advancement of Structured Information Standards，OASIS）制定的相关规范、智能能源子集（smart energy profile，SEP）等。

OpenADR 是一个具有传输和安全机制的通信数据模型，其重点是提供 DR 事件和价格信号，促进电力服务提供商和用户间的信息交换，在设施内部实现 DR 自动化的策略与技术方面也开展了卓有成效的工作。OpenADR 能够与设施控制系统进行互动，并通过预置程序根据 DR 信号进行动作，对 DR 事件或价格实现自动化响应。相对于传统的需求响应，自动需求响应减少了或完全不需要人工干预，提高了 DR 的灵活性和效率，有利于负荷调度的真正的实现。

OpenADR 最早由美国能源部所属劳伦斯伯克利国家实验室（Lawrence Berkeley National Laboratory，LBNL）研究开发。2009 年加州能源委员会发布了 OpenADR1.0，并交由"开放源码软件系统"和"公用事业通信体系结构"（utility communication architecture，UCA）负责形成 OpenADR2.0。2012 年，OpenADR 联盟将 OpenADR2.0a 作为美国的国家标准发布。OpenADR2.0 分为不同的产品认证等级，包括 OpenADR2.0a、OpenADR2.0b 和 OpenADR2.0c，后一个规范均比前一个提供更多的服务和功能。经过近十年 OpenADR2.0b 获得了批准，被许多公用事业公司、售电公司、聚合商、建筑业主等其他公司使用。然而，由于 OpenADR2.0b 在设计和实现时受制于现实情况的复杂性，原先依托的技术已落后于现今快速发展的 IT 技术，因此提出了 OpenADR3.0。OpenADR3.0 并非要取代 OpenADR2.0，相反它提供了一种额外的、简化的方式，可在当前及不同的场景中添加 OpenADR 功能。OpenADR3.0 采用了 OpenAPI YAML（SwaggerDoc）规范，其提供了信息模型、枚举、安全性和其他方面内容，相比 OpenADR2.0 增强了可读性。

AS 4755 系列标准详细规定了家用空调、热水器、游泳池水泵控制器、电动汽车充放电设备、家用光伏发电系统的硬件接口及通信协议指令，明确了家用电器需求响应等级，实施需求响应等级标识制度，并与家用电器能效标识一同推广应用，取得了良好的效果。韩国也在 DR 型家电研究设计方面开展了诸多实践，并进行了 DR 试点，取得了较好的实践效果。

9.2.2 需求响应国内标准

国内需求响应的标准制定工作已经取得了一定进展，标准涵盖了需求响应的各个方面，包括需求响应系统的研发、建设和运维，配套系统的建设，需求响应终端的研发、生产，需求响应业务流程、业务模式等，并形成了一套标准体系架构，需求响应标准体系架构如图9-2-1所示。

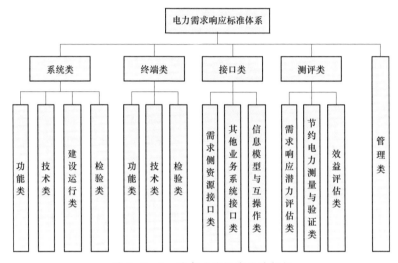

图9-2-1 需求响应标准体系架构

国内目前已发布的需求响应相关标准见表9-2-1。

表9-2-1 需求响应相关标准

序号	标准名称
1	GB/T 32127—2015《需求响应效果监测与综合效益评价导则》
2	GB/T 32672—2016《电力需求响应系统通用技术规范》
3	GB/T 34116—2017《智能电网用户自动需求响应 分散式空调系统终端技术条件》
4	GB/T 35681—2017《电力需求响应系统功能规范》
5	GB/T 37016—2018《电力客户需求响应节约电力测量与验证技术要求》
6	GB/T 38332—2019《智能电网用户自动需求响应 集中式空调系统终端技术条件》
7	DL/T 1759—2017《电力负荷聚合服务商需求响应系统技术规范》
8	DL/T 1867—2018《电力需求响应信息交换规范》

国家标准 GB/T 32127—2015《需求响应效果监测与综合效益评价导则》于 2016 年 5 月 1 日正式实施，提供了评估需求响应的依据、指导方针和获得收益的依据，为需求响应的市场建设提供经济依据，为现货市场的建立提供计算和分析依据。

国家标准 GB/T 32672—2016《电力需求响应系统通用技术规范》于 2016 年 11 月 1 日正式实施，对电力需求响应系统的总体要求进行规定，明确规定系统的术语与定义、系统基本功能及其性能指标、系统接口与通信要求等，适用于电力需求响应系统设计、开发和运行。

国家标准 GB/T 34116—2017《智能电网用户自动需求响应 分散式空调系统终端技术条件》于 2017 年 7 月 31 日正式实施，规定了需求响应效果监测与综合效益评价的一般原则、指标及其计算方法，适用于需求响应实施机构分析和评价需求响应项目，对项目实际产生的效果进行分析，评价需求响应项目实施的综合效益，为综合资源规划提供参考。

国家标准 GB/T 35681—2017《电力需求响应系统功能规范》于 2018 年 7 月 1 日正式实施，对需求响应系统功能、需求响应终端功能的架构进行详细的罗列。

国家标准 GB/T 37016—2018《电力客户需求响应节约电力测量与验证技术要求》于 2018 年 12 月 28 日正式实施，规定了电力用户需求响应节约电力测量与验证的流程、算法、要求以及方法，适用于需求响应项目中节约电力的测量与验证。

国家标准 GB/T 38332—2019《智能电网用户自动需求响应 集中式空调系统终端技术条件》于 2019 年 12 月 10 日正式实施，规定了集中式空调系统自动需求响应终端的环境条件、功能配置、功能要求、接口要求、性能要求、电磁兼容要求，适用于直流 5V～36V 交流 220V/380V 集中式空调系统自动需求响应终端的研发、生产、测试及维护。

行业标准 DL/T 1759—2017《电力负荷聚合服务商需求响应系统技术规范》于 2018 年 3 月 1 日开始实施，规定了电力负荷聚合服务商需求响应系统工作环境要求、系统设计要求、系统功能要求、系统主要性能指标，适用于电力负荷聚合服务商需求响应系统设计、开发、建设、运行和维护。

行业标准 DL/T 1867—2018《电力需求响应信息交换规范》于 2018 年 10 月 1 日开始实施，落实建设泛在电力物联网的要求，实现电力需求响应资源、支撑平台、硬件终端间的信息共享、泛在互联，规定了电力需求响应系统信息交换的一般原则和要求、信息模型、信息交换服务以及信息交换机制，适用于电力需求响应系统的设计、研发与升级完善。

9.3 虚拟电厂标准简析

9.3.1 虚拟电厂国际标准

2023 年 10 月，全球首个虚拟电厂国际标准 IEC TS 63189 第一部分和第二部分，由国际电工委员会（IEC）发布，由 IEC 分散式电力能源系统分技术委员会（SC8B）归口管理。IEC TS 63189-1：2023《虚拟电厂—第一部分：架构与功能要求》提出虚拟电厂的统一术语定义、技术要求和控制架构，明确了虚拟电厂在发电功率预测、负荷预测、发用电计划、可调节负荷管理、储能装置控制管理、分布式电源协调优化、状态监控、通信、数据采集等方面的功能要求，可为世界各国开展虚拟电厂规划、设计、建设和验收提供重要的技术参考，对虚拟电厂的推广应用和持续发展发挥基础性作用。IEC TS 63189-2：2023《虚拟电厂—第二部分：用例》从不同国家的虚拟发电厂的实际业务应用、试点项目和学术研究中获取基本信息、业务角色、参与者、场景和流程，旨在以用例的形式获取需求，其中包含逻辑序列中的场景和步骤，以便相关方不仅能理解其相关需求，开发虚拟发电厂或运营虚拟发电厂，还能为功能、角色等进行标准化命名，该标准的用例适用于任何类型的 DER 聚合，也适用于微电网。

9.3.2 虚拟电厂国内标准

经过行业内专家多次研讨，构建了国内虚拟电厂标准体系表（见图 9-3-1），制定了虚拟电厂标准项目，为虚拟电厂技术发展和应用提供标准化支撑，分为基础综合、系统与平台、资源与终端、信息与通信、运营与管理、规划与评估六大类，每一类标准及主要内容说明详见表 9-3-1。

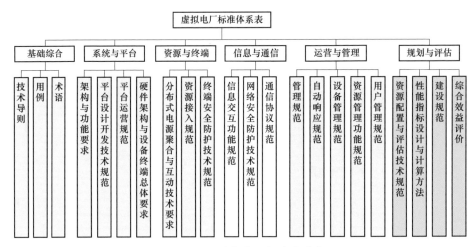

图 9-3-1　虚拟电厂标准体系表

表 9-3-1　　　　　　　　　　每一类标准及主要内容

类别	标准名称	主要内容
基础综合	技术导则	规定虚拟电厂的整体技术要求、性能指标等
	用例	标准化虚拟电厂系统的业务角色、项目、场景和流程等
	术语	规定虚拟电厂相关术语定义
系统与平台	架构与功能要求	规定虚拟电厂系统组成、控制模式和功能要求
	平台设计开发技术规范	指导虚拟电厂软件平台设计，实现业务与应用功能，完成数据建模、采集及处理等管理，并与外部系统进行交互
	平台运营规范	规定注册规范、认证规范、行为规范等
	硬件架构与设备终端总体要求	规定虚拟电厂实现硬件架构、分布式资源纳入虚拟电厂所需终端设备改造要求
资源与终端	分布式电源聚合与互动技术要求	规定虚拟电厂分布式电源的种类和分类、资源模型建立和聚合、参与电网调控方法
	资源接入规范	规定虚拟电厂用户侧资源接入的一般性要求、架构与接口、功能、性能、工作环境和安全防护等内容
	终端安全防护技术规范	规定虚拟电厂终端安全防护总体要求，安全防护框架、边界防护、网络环境安全防护、主机系统安全防护、应用安全防护等
信息与通信	信息交互功能规范	规定不同运用场景下，在执行不同业务功能时，信息通信系统的运行方式及信息模型
	网络安全防护技术规范	规定虚拟电厂网络安全防护的总体架构、本质安全、本体安全、通用安全等要求
	通信协议规范	规定包含报文格式、报文类型、报文体、指令格式、指令名、指令参数等技术规范

续表

类别	标准名称	主要内容
运营与管理	管理规范	规定虚拟电厂与电网互动内容、虚拟电厂的分布式资源并网与互动运行技术要求等
	自动响应规范	规定根据现场实际的情况对需要调控的设备自动进行按需管控的要求
	设备管理规范	规定设备前期管理、设备资产管理、设备检修规范、设备运行管理等规范
	资源管理功能规范	规定包含虚拟电厂网络资源管理功能、网络资源调度管理功能、资源查询统计功能等功能规范
	用户管理规范	规定用户申请和创建、用户变更和停用、用户注销、管理员变更等功能规范
规划与评估	资源配置与评估技术规范	规定虚拟电厂资源配置与评估技术要求,指导虚拟电厂进行合理规划、设计、开发与评估
	性能指标设计与计算方法	规定典型场景下虚拟电厂可调性能的通用评价指标,并给出评价指标的计算方法
	建设规范	规定虚拟电厂的分类、装配配置原则、安装及现场检验
	综合效益评价	在不同场景下,综合多种指标,全面评估虚拟电厂的效益,包括经济效益、环境效益等

其中,GB/T 44241—2024《虚拟电厂管理规范》、GB/T 44260—2024《虚拟电厂资源配置与评估技术规范》两项标准于 2024 年正式发布。GB/T 44241—2024《虚拟电厂管理规范》指导虚拟电厂作为电网的可控资源参与电网的调频、调峰和调压手段,规定虚拟电厂规划设计、建设接入、注册运行、运营和退出应遵循的原则和管理要求。拟用于接入电网管理的虚拟电厂规划、建设、准入、运营、退出等全生命过程管理。GB/T 44260—2024《虚拟电厂资源配置与评估技术规范》结合当前及未来虚拟电厂发展情况,明确建设需求、资源配置方案和评估技术,规定虚拟电厂性能要求、资源分析、资源配置、项目评估等内容,用于虚拟电厂运营商进行合理配置、开发与评估等方面。

9.4 小结

经过多年积累和努力,我国虚拟电厂相关国际标准化工作,已从单向"采用国际标准",转变为深度参与及牵头国际标准化工作。在国内标准化方面,已完成适合于国内电力市场政策及运营模式的虚拟电厂标准体系顶层设计，目前正处于系统平台、资源终端、信息通信、运营管理等分类别的标准细化设计过程。随着虚拟电厂标准化工作的深入推进，必然推动虚拟电厂的快速稳定健康发展，为新型电力系统建设及"双碳"目标达成提供强有力的标准化技术支撑。

10 虚拟电厂实践案例

10.1 全国首个市场化运行示范实践案例——冀北虚拟电厂

10.1.1 项目概述

2019 年 12 月，冀北虚拟电厂投运启动成为全国首个市场化试运营的示范工程，并正式投入商业运营。该工程依托泛（FUN）电平台运行，具备秒级感知、计算、存储能力，可有效降低发、输、供电环节投资。工程一期接入实时控制蓄热式电采暖、可调节工商业、智能楼宇、智能家居、储能、电动汽车充电站、分布式光伏等 11 类 19 家泛在可调资源，容量约 160MW。依托华北电力调峰辅助服务市场，2020 年，冀北电网夏季 10% 空调负荷通过虚拟电厂进行实时响应；蓄热式电采暖负荷通过虚拟电厂进行实时响应，可增发清洁能源 720GWh，减排二氧化碳 63.65 万 t。

10.1.2 系统架构

冀北虚拟电厂攻克了聚合调控、市场交易、信息通信等关键技术，实现了参与电网调控和市场运营的落地应用。虚拟电厂采用工业物联网"云、管、边、端"体系架构，如图 10 - 1 - 1 所示。

（1）云侧设有虚拟电厂智能管控平台。该平台部署在公网环境中，采用成熟的基础云计算设施，以及物联网（internet of things，IoT）平台、大数据平台等成熟服务，研发了资源建模、智能聚合、调控优化、市场交易、运营评估等核心功能算法，并与调度 D5000 系统、电力交易平台、营销系统建立了数据双向安全交互接口，实现可调节资源实时连续柔性调节。

（2）管侧采用运营商通信网络，通过 4G、5G 等移动通信网络，实现控制指令、运行状态、运营信息闭环安全传输。

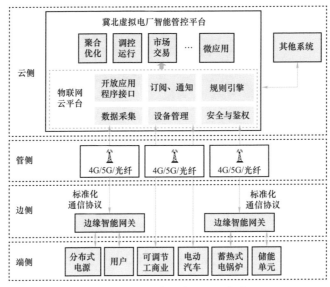

图 10-1-1　冀北虚拟电厂架构

（3）边侧设置即插即用的边缘智能网关，通过云边协同、边缘计算和多场景业务、多网络模式自适应技术，实现可调节资源通过物联网标准协议接入平台。

（4）端侧设有用户侧智能终端/用户侧管理平台，以实现可调节资源状态感知、柔性控制，包括直控和分控两种控制模式。直控是指虚拟电厂智能管控平台向用户侧智能终端/管理平台下达分解后的调控指令，终端直接对用户侧资源设备进行功率控制。这种控制模式适用于自动化程度较高的资源，如蓄热式电采暖、智能楼宇等。分控是指虚拟电厂智能管控平台向可调节资源下达分解后的调控指令，资源根据自身生产情况对各设备进行功率控制。这种模式适用于生产过程需要人为参与、控制目标需要考虑人为随机因素的资源，如工商业负荷等。上述两种控制模式可以通过移动应用程序（application，App）开展。此外，可调节资源、虚拟电厂运营商、虚拟电厂平台运营商可以通过移动 App 监测市场运营信息、系统运行情况、虚拟电厂和可调节资源运行情况及其他功能，以及进行代理、运行、运营、分析等。

10.1.3　应用案例

目前，冀北虚拟电厂示范工程接入了张家口、秦皇岛、承德、廊坊地区蓄热式电采暖、智慧楼宇、可调节工商业等 11 类可调节资源，总容量为 358MW，最大调节能力为 204MW，占总容量的 57%。以冀北虚拟电厂参与华北调峰辅助服务市场典型日运行情况为例，其运行曲线如图 10-1-2 所示，可调节资源在参与虚拟电厂聚合优化前，其运行功率曲线总和与尖峰平谷时段划分基本一致，即虚拟电厂集中在平/谷时段用电，不考虑电网运行情况；在参与虚拟电厂聚合优化后，冀北虚拟电厂一直投入 AGC 受控模式，控制期间积极追踪调控指令，在电网晚高峰时期将用电延后，到后半夜低谷调峰困难时期（新能源大发期间），快速提升低谷用电负荷。

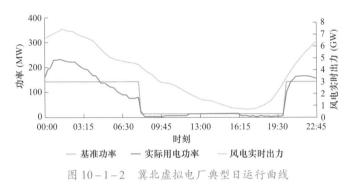

图 10-1-2　冀北虚拟电厂典型日运行曲线

　　虚拟电厂调节速率可定义为可调节资源响应调度指令的速率，冀北虚拟电厂实际最大调节功率为 154MW，最大调节速率为 15.7MW/min，为虚拟电厂额定有功功率的 4.4%，调节性能良好。

　　冀北虚拟电厂参与华北调峰辅助服务市场（主要参与华北电力调峰辅助服务市场京津唐市场，每年 11 月至次年 4 月开展）的流程主要包括注册、日前运行、日内运行、结算 4 个阶段。在注册阶段，虚拟电厂运营商/负荷聚合商上报企业信息、可调节资源明细等，调控机构审核虚拟电厂运营商/负荷聚合商入市资格并公布入市名单；在日前运行阶段，虚拟电厂运营商/负荷聚合商申报功率曲线、价格、调节能力等信息，调控机构进行市场预出清，并下发虚拟电厂次日 96 点功率计划等，虚拟电厂运营商/负荷聚合商接收功率计划并分解；在日内运行阶段，调控机构每 15min 完成市场出清并下发实时功率计划，虚拟电厂运营商/负荷聚合商接收功率计划并分解；在结算阶段，调控机构根据历史运行功率、电量数据等核定虚拟电厂调节电量及收益，虚拟电厂运营商按照合同约定将收益分解至各个可调节资源。

10.1.4 应用成效

冀北虚拟电厂自 2019 年 12 月投运以来，全程参与了华北调峰辅助服务市场出清，已在线连续提供调峰服务超过 3200h，累计增发新能源电量 34.12GWh，单位电量收益为 183 元/MWh，虚拟电厂运营商/负荷聚合商和用户总收益为 624.2 万元。其中，虚拟电厂运营商/负荷聚合商收益为 395.95 万元，用户侧资源收益为 228.25 万元。目前，冀北虚拟电厂智能管控平台上已有两家虚拟电厂运营商/负荷聚合商代理可调节资源参与调峰市场运营。

10.2 服务城市型负荷调控示范实践案例——上海虚拟电厂

10.2.1 项目概述

商业建筑虚拟电厂是通过建立一种以消费者为导向的用电能力的控制，形成一个特殊虚拟电厂，在城市需要时时刻输送电能，有效缓解区域用电平衡矛盾。自 2016 年起，上海市积极开展国家级需求侧管理示范项目——上海虚拟电厂建设，推进虚拟电厂运营平台的开发及项目试点实施：由上海市经济和信息化委员会指导，上海市黄浦区发展和改革委员会具体实施，通过负荷集成商运营管理对用户侧负荷资源进行统一集中调控，商业建筑用户响应参与为主，在全国范围内率先构建了独具特色的面向商业建筑为主要调控对象的虚拟电厂，汇聚商业用户需求响应资源并制定、适配相应策略，提高商业建筑用电的智能化水平和应急保障能力，保证电力供需平衡和促进可再生能源消纳。

上海市的用电负荷呈现典型国际化大都市特征，空调负荷占比高、负荷波动性强且用电峰谷差较大等问题突出；黄浦区拥有大量商业建筑，区域负荷集中，以空调类为主的商业负荷聚集成为构成负荷高峰的主要原因，大型商业建筑数量超过 200 幢，面积 1000 万 m^2，年耗电量约 13 亿 kWh，峰值负荷近 500MW，而这类负荷具有一定的可调性能，加之原有区级建筑能耗监测基础设施建设完善，具有良好的负荷调控基础条件。

2016 年，基于黄浦区建筑能耗监测系统平台项目，开发了虚拟电厂生产与运营调度管理应用，建成了世界首个城市商业建筑虚拟电厂，项目首先覆盖黄浦区 130 幢楼宇（其中 68 幢办公建筑、30 幢宾馆酒店、10 幢购物商场、22 幢综合体），虚拟电厂内按虚拟发电机资源模型注册了 550 个可调资源（其中空调资源占比 74%，其他资源占比 26%），具有 59.6MW 调节容量，形成 315 种发电组合策略、4 种发电模式。2018 年至今，上海商业建筑虚拟电厂累计发电调度超过 1200 幢次，累计响应削峰负荷超 200MW，其规模化调控能力日趋显现，已经纳入上海电力需求响应日常调度常规资源。

10.2.2　系统架构

上海虚拟电厂运营遵循业务需求导向的设计原则，实现应用功能对虚拟电厂参与市场化交易业务目标的全覆盖。上海虚拟电厂运营技术支撑平台分为虚拟电厂交易平台、虚拟电厂运营管理与监控平台和虚拟电厂平台三个平台。其中虚拟电厂交易平台分为内网应用功能和外网应用功能，内网应用功能实现虚拟电厂交易的组织管理过程，外网应用功能实现虚拟电厂市场交易公告发布、接收虚拟电厂报价、向虚拟电厂发布成交结果和结算信息等。虚拟电厂运营管理与监控平台主要为内网应用，同时具备接收虚拟电厂注册申请、参数申报等外网信息接收功能。虚拟电厂平台为虚拟电厂侧参与市场化交易的功能平台。项目总体应用架构示意图如图 10－2－1 所示。

10.2.3　交易机制

上海虚拟电厂平台资源的交易组织过程如下：

（1）调控中心根据电网运行状态、负荷预测情况发布调度需求，由交易中心将该需求向市场主体发布，组织市场主体参与交易。

（2）虚拟电厂运营商应根据市场化交易合同、当前可调资源用户可调容量等参与交易申报，在交易系统内对可调容量与价格进行申报。

（3）市场主体在交易系统内申报后，由交易中心负责交易出清，削峰类交易可直接通过交易系统向市场主体发布交易出清结果，填谷类交易还应经调控中心安全校核通过后方可向市场主体发布出清结果。

（4）形成出清结果后，虚拟电厂应根据中标结果形成负荷控制方案，并下发至其聚合的可调资源用户，由调控中心通过调控系统下发调度指令负责调用。

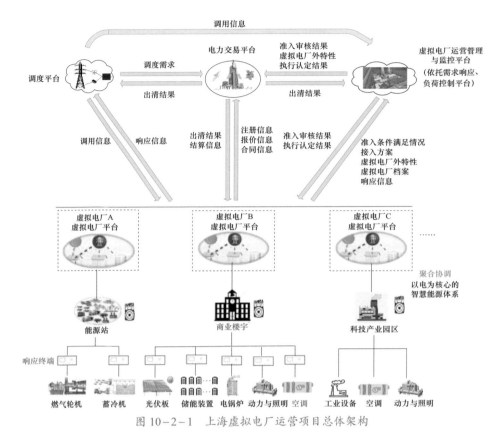

图 10-2-1 上海虚拟电厂运营项目总体架构

虚拟电厂参与电力市场的交易机制方面，从当前市场发展方向考虑，将虚拟电厂市场化过程大致分为近期、中期、远期三个阶段。近期，在现货电能量及辅助服务市场稳定运行前，重点定位于增加系统调节能力，统筹考虑电网调峰、调频的业务应用场景，开展融入中长期连续运营的预挂牌调峰、预挂牌调频的新型交易品种，着重扩大虚拟电厂规模，提升调节能力。中期，待现货电能量及辅助服务市场运行稳定后，探索虚拟电厂参与现货市场运行，自主响应市场价格，形成全时段平衡调节能力，初步建成虚拟电厂参与的电能量现货及辅助服务的市场交易体系。远期，随着上海电力市场的全面建成，以及虚拟电厂能力的不断提高，虚拟电厂可参与容量市场、平衡市场。包括建立虚拟电厂的容量拍卖机制，以及建立基于平衡单元的第三方平衡服务商，完善发电侧和用电侧共担平衡责任的市场运行机制等。

10.2.4 应用案例

（1）特殊天气变化电力运行保障。2018 年 8 月 17 日，正值台风"温比亚"

168

在上海市登陆，全市启动电力调峰预警，黄浦区商业建筑虚拟电厂首次投运，在当天 12:00～13:00 电力负荷高峰时段，通过虚拟电厂运营调度，104 幢签约商业建筑作为虚拟发电节点在同一时间投入运转，消减各自负荷，1h 实际消减电力负荷 20.12MW。上海虚拟电厂运行响应整体情况如图 10-2-2 所示。

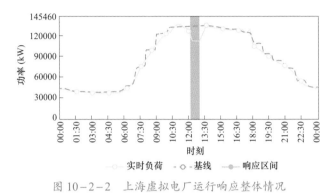

图 10-2-2　上海虚拟电厂运行响应整体情况

（2）日常高负荷时段电力运行保障。2019 年 8 月 9 日，上海市的夏天迎来用电高峰时刻，虚拟电厂实施了自投运以来迄今为止规模最大的一次虚拟发电，发电时间段由中午 12:00 启动至 14:00 结束，实际参与发电楼宇 129 幢，通过合理调节各自空调、照明、动力使用负荷，共计在高峰电力消减负荷 50.51MW。虚拟电厂发电执行情况如图 10-2-3 所示。

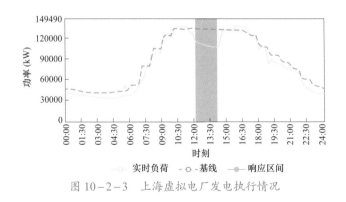

图 10-2-3　上海虚拟电厂发电执行情况

（3）智慧减碳实践。2021 年五一节长假末尾，国网上海市电力公司开展了国内首次以"双碳"为主题的电力需求响应行动。运用虚拟电厂技术，精准调控工业生产、商业楼宇、微电网、分布式能源、冷热电三联供、储能设施、冰蓄冷、公共充电站、小区居民充电桩等不同负荷资源，不仅是国内同类需求响应行动中可调节资源种类最全、充电桩负荷规模最大、基站储能参与度最高的一次，同时还首次融入了"智慧减碳"的概念，是国内首次基于虚拟电厂实施智慧减碳的实践。

10.2.5 应用成效

通过上海虚拟电厂的具体实施推进，实现了累计 59.6MW 商业建筑需求响应资源开发，其中 10%的商业建筑具备分钟级自动需求响应能力。完成商业建筑虚拟电厂生产与运营调度应用开发与上线运行，平均柔性负荷调度能力 10%。2019 年已开展建筑内部响应竞价，向市场化目标前进了一步。

以目前 50MW 虚拟发电厂运行效果进行测算，通过该项目的用电控制能力和市场机制建设，建筑将实现更主动的精细化管理，以年优化管理 100h 用电测算，每个建筑可节约 3 万~4 万 kWh 的电能消耗，相当于近 10t，百幢建筑可节约标准煤约 1000t，减排二氧化碳 2700t，高绩效实现节能减排目标。虚拟发电资源同步进入电力交易市场，还可获取更大的经济效益。

虚拟电厂的实施运营，还可以激励用户改变粗放型消费行为，主动参与节能节点活动，并获得相应的收益；实施需求侧管理节约每千瓦的投资远低于新建电厂的千瓦造价，可减缓发供电边际成本的过快增长，抑制电价的上升幅度，有利于稳定电价；可强力推动电网移峰填谷，缓解拉闸限电，改善电网运行的经济性和可靠性，提高电网的运营效益；可减少发电燃料消耗，减少二氧化碳、二氧化硫、氮氧化物和烟尘等污染控制费用。

10.2.6 应用展望

（1）继续挖掘并充分调度楼宇参与的积极性。注重楼宇自主参与为主，注重帮助楼宇自身精细化管理能力建设，结合政府在楼宇节能减排及日常管理服务业务，以政府推动、企业推进、市场主导、行业促进和社会参与多角度结合，不断地重复提升楼宇认知、加强楼宇认同、提高楼宇电力运行管理水平。

（2）逐步扩大资源参与规模，增加资源参与种类。通过积极引导楼宇（居民）先参与，带动规模楼宇（小区）共同参与；发挥光伏、储能、电动汽车等内在潜力优势，也可推动这类资源作为储能单元参与调峰/填谷事件。

（3）积极推进负荷集成商为主体运营的商业运营模式，形成政府—电网企业—负荷集成商—用户相互关联的信息链，使虚拟发电实施真正反馈电网所需，保证虚拟发电效果可监测和可验证。

10.3 源网荷储友好互动直调型实践案例——宁波虚拟电厂

10.3.1 项目概述

近年来，"双碳"目标、以新能源为主体的新型电力系统建设等重大任务相继部署。分布式电源、储能、电动汽车等新型负荷大量接入并网，能源电力交互模式从单向向双向、从刚性向柔性、从整体向区域协同控制转变。电力系统面临着能源电力安全保障和低碳转型发展的双重压力。与此同时，随着电力需求迅猛增长，电网峰谷差率逐年增加，电力系统时段性、灵活性调节能力不足现象进一步加剧。宁波作为浙江电力负荷中心，用电规模居全省第一，第二产业用电量占比超过 70%，面临的保供电压力逐年增长，传统调度手段已难以满足要求，急需探索新的路径与模式提升电网调节能力。

虚拟电厂作为解决上述问题的可行方案之一，能够实现辖区内传统发电厂、分布式电源、可控负荷和储能系统等资源的有机结合，从而减小新能源出力波动性。在"双碳"目标和浙江省多元融合高弹性电网建设行动方案指导下，国网宁波供电公司加快探索基于能源互联网形态的多元融合高弹性电网落地实践，以基于源网荷储友好互动的虚拟电厂平台为抓手，建设源网荷储协同机制，创新打造以新能源为主体的新型电力系统宁波样板。

宁波方案针对现阶段国内电力市场尚未完全成熟、虚拟电厂无法照搬国外经验的问题，首创提出直调虚拟电厂的理念，利用虚拟电厂技术打通并实现了调度端对用户侧可调节资源的直控直调新模式。直调虚拟电厂模式以数字化为支撑，互动化为路径，实现了对分布式电源、可调节负荷和储能的有效聚合和精准控制。

10.3.2 系统架构

宁波虚拟电厂是浙江省首个虚拟电厂平台，有着丰富的建设和运营经验，系统架构如图 10-3-1 所示。

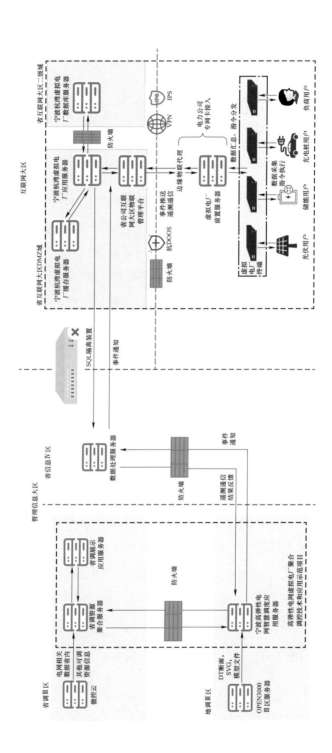

图 10-3-1　宁波虚拟电厂系统架构图

宁波虚拟电厂平台充分考虑浙江电网运行需求,构建重过载处置、经济运行、无功调节等应用场景,通过位于信息管理大区的智慧调度平台和位于互联网大区的虚拟电厂平台两者的互动协调,对内预测预警电网运行事件,对外实现调度策略的分配、执行和评估,实现直调虚拟电厂调节事件的全流程管控。宁波虚拟电厂技术架构如图 10-3-2 所示。

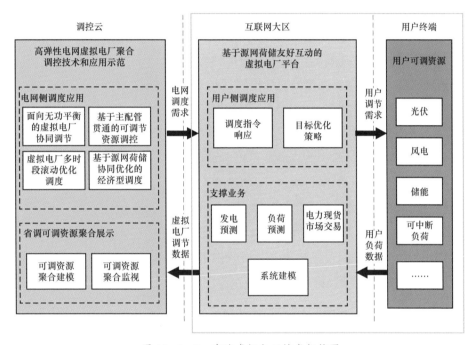

图 10-3-2 宁波虚拟电厂技术架构图

10.3.3 应用案例

宁波虚拟电厂平台在宁波杭州湾地区进行试点应用,汇聚了包括可调节负荷、光伏、储能电站三大类资源共 18 家用户(包括 14 家企业、4 家光伏),具备 4.8 万 kW 调节能力。2021 年 8 月 3~5 日,宁波虚拟电厂平台参加了浙江省首次组织的电力辅助服务市场交易,通过合理的竞标策略,在竞价出清的市场化机制下,成为浙江省首批第三方独立主体参与电力辅助服务市场的四家集成商之一。

2023 年,浙江省第三方主体参与辅助服务市场试运行,国网宁波综合能源服务有限公司通过虚拟电厂平台,参与 8 次辅助服务市场交易,中标价格在 288~

320 元/（MWh）之间，总计聚合负荷 172800kW，总计响应电量约 500MWh。国网宁波综合能源服务有限公司常态化代理宁波虚拟电厂平台，参与辅助服务市场交易，提升电力系统调节能力，促进电力有序供应和清洁能源消纳，积极推动电力保供稳价。

10.3.4　应用场景

宁波虚拟电厂平台建立了以 220kV 莲花变电站主变压器、花越 1604 线路、110kV 越瓷变电站主变压器、前湾储能电站为基础的网架模型，创新"虚拟电厂+储能"模式，根据储能电站充放电特性和调节能力，对所辖区域内的分布式资源实现智能控制和优化，在四大应用场景中发挥作用：

（1）"光储协同"助力绿电消纳。拟合区域内分布式光伏功率与储能电站充放电功率，以"新能源+共享储能"和功率为控制对象，将储能电站调节能力赋予分布式光伏，平抑分布式光伏波动影响，助力绿电消纳，结合储能将具有随机性的新能源转变为可调节的可靠电源。

（2）"经济调度"引领经济运行。以主变压器负载波动等电网经济运行指标优化作为控制目标，发挥储能电站调节作用，应用母线负荷和新能源功率预测数据，预判供电区域负荷波动特性，平滑主变压器负载，减少母线电压波动，提高电能质量和电网经济运行水平。

（3）"应急响应"护航电网安全。实时监测区域内主要输变电设备通道的负载率指标，并滚动实施 6h 超短期负荷预测，当被监测设备负载预测值将超过预设阈值，或者电网 $N-1$ 故障引起设备突发重满载时，储能电站作为优质的快速响应资源接受虚拟电厂平台调节指令，缓解区域电网设备出现重满载运行问题，科学保障电力有效供应。

（4）"资源分级"提升调节能力。实现对接入的可调资源分类聚合，创新分级有序调控模式，响应电网调节需求，优先调用储能电站、空调等"无感""微感"负荷资源，尽可能减少调用工业负荷对用户生产的影响，以最小代价实现系统调节能力提升。

10.3.5　应用特色

（1）动态聚合灵活资源，唤醒沉睡可调资源。宁波虚拟电厂挖掘工业企业、商业写字楼、电动汽车、数据中心、光伏、储能电站等多类型可调资源，实现可调资源类型全覆盖，并细化调节时间属性，形成包含通知时间、可持续时间、响应时段等响应特性三维表征，精准匹配电网运行特性，显著提升网荷互动效率，满足设备故障、削峰填谷、新能源消纳等多种需求。

（2）输变配用精准建模，打造源网荷储一张图。贯通电网调度技术支持系统，通过灵敏度算法计算每个可调资源与网架设备的灵敏度及耦合关系，将虚拟电厂资源精准匹配到网架设备，建立层级鲜明、区域清晰的虚拟电厂可调节资源管理机制，打造源、荷、储可调资源"电网一张图"。

（3）可调资源动态映射，精准响应电网需求。以实时潮流监视和超短期负荷预测为手段，动态反馈输电、变电、配电环节由于新能源波动、负荷爬坡、故障处置、检修转供造成的局部供电能力不足和电网运行需求。以可调资源对电磁环网的潮流灵敏度为依据，分配调节资源，构建可调资源爬坡时间、持续时间和可调容量等详细模型，编制调节方案。持续监视可调资源调节效果和电网供电能力恢复状态，滚动响应电网需求。

10.3.6 应用成效

以在宁波的应用情况为例，在宁波推广应用后共产生 10 万 kW 可调资源，其削峰作用相当于 6 万 kW 的储能电站，按照储能电站 500 元/kW 的投资成本，可节约延缓 3000 万元的电网侧设备固定投资。此外，从 2019 年 11 月～2021 年 11 月的 2 年时间里，宁波虚拟电厂在节假日期间提高宁波地区新能源消纳空间共计 1267.5 万 kWh 电量，按照 0.478/kWh 元的价格计算，共产生新能源发电效益 605.9 万元。照同样方法计算，宁波虚拟电厂通过在浙江宁波、浙江平湖、浙江诸暨和江苏溧阳四地进行应用推广，于 2019 年 11 月～2021 年 11 月期间共产生新增与节支利润 10237.54 万元。

宁波虚拟电厂紧扣"双碳"目标下的新型电力系统建设任务，为以新能源为主体的新型电力系统提供必要调节手段。宁波虚拟电厂通过零碳低碳的可调资源替代火力发电，为电网提供有效辅助服务，契合了清洁低碳的发展要求。宁波虚拟电厂通过电力辅助服务市场、需求响应补贴等方式开展市场用户引导培育，通过清洁电、绿色电的方式推动能源高质量发展，实现多方共赢。

10.4 多能产业园区型"三位一体"实践案例——嘉兴虚拟电厂

10.4.1 项目概述

为顺应数字化、绿色化改革发展趋势，加快构建新型能源体系，提升能源清洁利用水平和电力系统运行效率，更好发挥新型电力系统在能源保供增供稳价方面的作用，国网嘉兴供电公司遵照国家和浙江省关于新时代新能源高质量发展的工作要求，积极推进"光伏＋储能＋虚拟电厂""三位一体"综合示范项目建设。

"光伏＋储能＋虚拟电厂""三位一体"综合示范项目以确保能源电力安全为前提，以分布式光伏为增量供给主体，以新型储能为多能互补重要支撑，以虚拟电厂为系统调节枢纽平台，充分挖掘系统灵活性调节能力和需求侧资源，强化源网荷储各环节间协调互动，持续提升能源电力系统调节能力、综合效率和安全保障能力，推动嘉兴市新时期能源高质量发展，为促进能源电力稳供保价、资源要素空间拓展奠定扎实基础。

10.4.2 系统架构

浙江嘉兴建设虚拟电厂管理平台接受嘉兴市发展和改革委员会管理，国网嘉兴供电公司负荷管理中心负责日常运营，主要负责虚拟电厂管理平台的建设和运行维护，组织开展虚拟电厂用户注册、资源接入、调试管理、接收和执行需求指令、响应监测、效果评估等工作。

平台广泛聚合储能、空调管控、充电桩管控、5G基站等第三方聚合商，同时接入单体可调设备资源，打造电网资源池，是满足市场化多元主体需求的市场化服务系统；针对地/县可预见性缺口及突发紧急状况，可实现负荷精准调控和快速响应，是保障电力供需平衡的负荷管理与响应的实时系统；为政府和企业提供需求响应、辅助服务交易、能效碳效分析等多元服务，是新型的供用电关系和能源生态的重要载体。嘉兴虚拟电厂总体架构如图10-4-1所示。

1. 虚拟电厂管理平台架构

嘉兴虚拟电厂管理平台主要业务模块包括资源运监、聚合控制、负荷管理、电力交易、综合管理、平台运营以及全景可视化决策中心，如图10-4-2所示。

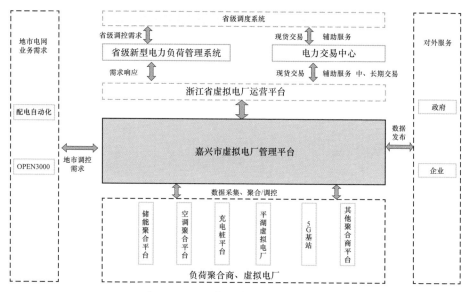

图 10-4-1　嘉兴虚拟电厂总体架构

嘉兴虚拟电厂管理平台有以下四个方面业务交互需求：

（1）承接省级新型负荷管理平台负荷管理业务，组织负荷聚合商、虚拟电厂参与需求响应、有序用电、应急支撑，实现负荷管理的自动化、精细化。

（2）对接地市级调控系统，针对地市电力缺口及突发紧急状况，完成地市负荷管理功能。

（3）承接省电力交易中心的负荷聚合商、虚拟电厂注册、核准、数据服务业务，主要实现交易信息发布、辅助量价申报、补贴计算、事前基线分析、事中响应监测、事后收益及考核等全流程信息服务。

（4）全景可视化决策中心主要利用不同的三维动态模型更准确地对系统运行状态进行快速、高效的视觉表达，结合嘉兴虚拟电厂建设背景、建设意义、平台定位等，呈现虚拟电厂平台的运行基本概况信息、资源运行概览、可调资源全维度精准画像、参与电力交易等情况。

2. 数据流架构

嘉兴虚拟电厂管理平台的数据架构遵循国网嘉兴供电公司新一代信息化架构整体要求，综合考虑多业务组件、多数据类型、多对外接口等外部数据特征，提供统一的数据交互框架和安全体系，既可实现标准化数据接入，又充分保障能源设施、能源系统及能源信息的完整性、可靠性和可用性。

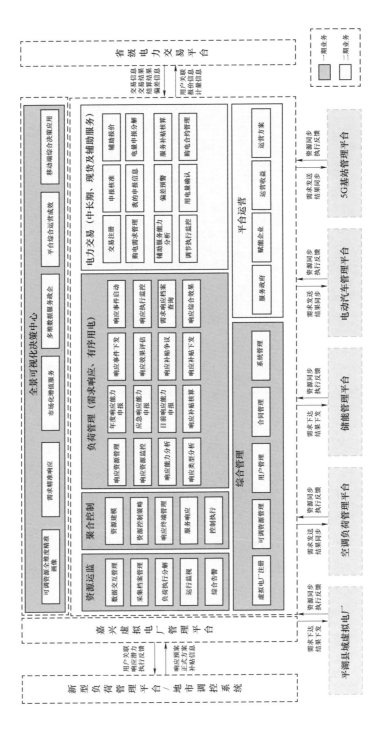

图 10-4-2 嘉兴虚拟电厂管理平台

平台部署在互联网大区，与管理信息大区、互联网进行数据交互。嘉兴虚拟电厂数据架构如图10-4-3所示。

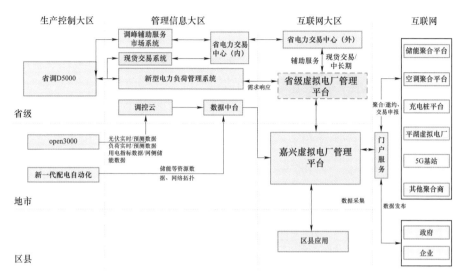

图10-4-3 嘉兴虚拟电厂数据架构

主要数据交互内容如下：

（1）与管理信息大区进行数据交互。

1）新型电力负荷管理系统。嘉兴虚拟电厂管理平台向电力负荷管理系统提供响应能力数据，包括调节容量、响应时长、调节速率、响应时间、调节精度等聚合资源能力，新型电力负荷管理系统对嘉兴虚拟电厂管理平台发布需求响应信息。

2）数据中台。通过数据中台获取调度自动化系统的关于光伏实时/预测数据、负荷实时/预测数据、用电指标数据和网侧储能数据，获取配电自动化系统的网侧和用户侧储能侧数据，从调控云获取气象数据。

（2）与互联网大区数据交互。嘉兴虚拟电厂管理平台与省电力交易中心平台进行负荷聚合商、虚拟电厂注册信息、准入审核、报价信息、出清结果等信息交互。

（3）与互联网数据交互。嘉兴虚拟电厂管理平台对政府提供资源统计数据、资源参与交易数据等。为企业提供响应/交易结果、收益分析等数据。

3. 安全架构

参照国家电网有限公司现有二级系统定级情况，将系统等级保护初定为二级，遵循"分区分域、安全接入、动态感知、全面防护"的安全策略，按照等级保护二级系统要求进行安全防护设计，并根据业务系统的不断完善加强对系统的防护，最大限度的保障应用系统的安全、可靠和稳定运行。依托公共服务云平台，部署在互联网大区。嘉兴虚拟电厂遵循省公司系统开发部署统一要求，采取统一部署策略，采用前后端分离，部署 k8s 集群，通过接口实现系统集成，系统安全防护架构图，如图 10-4-4 所示。

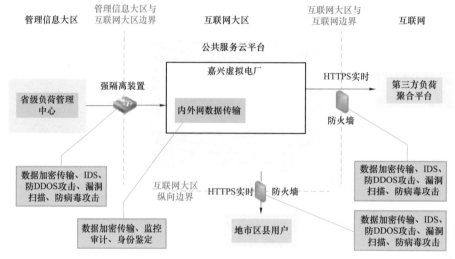

图 10-4-4 嘉兴虚拟电厂安全防护架构

10.4.3 应用场景

（1）需求响应。当省级电网出现缺口时，省级电网下发嘉兴区域的响应需求，由新型电力负荷控制系统将需求下达嘉兴虚拟电厂管理平台，平台利用资源画像、聚合分解等控制技术协调优化下属可调资源参与需求响应，完成能力评估、执行管理以及效果评估。嘉兴虚拟电厂需求响应场景示意如图 10-4-5 所示。

当县域局部电网出现临时缺口时，可依托市级虚拟电厂平台调配本区域内可调资源，其中具有资源聚合调控平台的县域（海宁、平湖），由县域平台先期自行调节，不足部分再依托市级虚拟电厂平台调配本区域内其他可调资源。

（2）有序用电。在有序用电期间，嘉兴虚拟电厂管理平台接收调度指令，聚合储能、空调、充电桩等多种可调资源参与有序用电业务，根据负荷指标数据、光伏发电预测数据、负荷预测数据、可调资源预测数据以及错峰避峰计划，提前预测供需缺口，自动形成有序用电策略，指挥各类可调资源完成精准调控，打造负荷精准调控指挥大脑，实现供电能力和用电指标高度精准贴合。

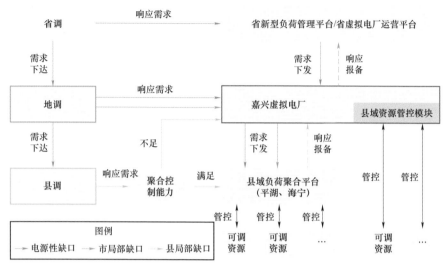

图 10-4-5　嘉兴虚拟电厂需求响应场景示意

（3）市场交易。嘉兴虚拟电厂管理平台广泛聚合可调资源负荷聚合商、虚拟电厂，撮合多主体资源聚合参与电力交易，提供电力交易事前基线分析、事中响应监测、事后收益及考核等全流程信息服务，使用市场化手段在用电需求精准匹配供电能力的同时，进一步挖掘每一度电的潜在价值。

（4）政企服务。聚焦政府关心的电力错峰、能耗指标、企业生产用电成本等问题开发数据产品，如高耗能企业的消减电量、白名单企业的增值电量以及清洁能源的消纳电量、区县负荷响应情况、光储协调能力等。

10.4.4　应用展望

（1）有效提升区域电力系统调节能力。嘉兴虚拟电厂管理平台充分运用能源互联网、大数据、云计算、人工智能等技术，最大化挖掘储能、智能楼宇、电动汽车充电站、风电等分布式资源，深入开展用电特性分析，构建 32 万 kW 的全要素高互动负荷资源池，形成全市非工业可调负荷资源统一管理、统一调配，有效保障嘉兴电网安全运行和供需平衡，推动传统"源随荷动"调度模式向"源荷互动"新模式转变。

（2）有效提升社会资源多元互动服务。依托嘉兴虚拟电厂管理平台，推动负荷管理与电力中长期、现货、辅助服务等市场化业务有效衔接，构建连续性常态化交易机制，提升电力交易的频次和规模，促进分布式资源消纳和有效利用。

（3）有效推进虚拟电厂标准体系建设。基于嘉兴虚拟电厂管理平台运行管理经验及模式创新探索，形成并网运行技术规范、运营管理规范、激励补贴机制等一系列政策机制，为全国虚拟电厂推广应用提供了可复制、可借鉴的经验。

10.5 分时分类多层级全域调控实践案例——金华虚拟电厂

10.5.1 项目概述

电力是"双碳"目标下能源转型的关键领域，金华电网在建设以新能源为主体的新型电力系统过程中，新能源等非同步电源占比大幅攀升，以常规燃煤机组为代表的同步电源占比不断下降，金华电网在系统安全、新能源消纳、电网利用效率等方面矛盾日渐突出，主要存在以下问题：

（1）电网承载能力面临挑战。随着高比例外来电（90%）和清洁能源（装机占比42%），以及夏季冬季的高峰负荷，导致电网逐步呈现"双高双峰双随机"的态势。负荷电量增长较快；终端电气化率保持高水平发展，电能终端占比达40%，供需侧的影响对电网的承载能力提出进一步的挑战。

（2）需求侧负荷难以统筹调控。金华可控负荷资源丰富，电动汽车充电负荷达8.5万kW，空调负荷最大达364万kW，移动5G基站、商业楼宇、工业用户等可控负荷资源潜力巨大。但是资源呈现地理位置分散、单体容量小，难以直接参与电网系统的调节。目前金华电网缺少智能化管控系统，无法基于时间特性进行有效的聚合，无法结合电网拓扑和实时断面数据进行有效的响应。

（3）电网保供稳价形势严峻。浙江电网面临"外来电不可控、新能源不稳定"难题。今年夏季外来电短缺，电力保供稳价面临巨大困难，需要战略谋划电力保供稳价工作，发挥电网枢纽平台作用。

为应对上述难题和挑战，随着物联网技术和通信技术的快速发展，以及人工智能、5G等新一代信息技术的不断成熟，特别是新型储能等具备"源荷"双重特征的新型负荷快速发展，金华公司提出建设金华虚拟电厂建设思路，以数字互联促进能源互联，提升对海量分散资源的可观、可测、可控和可用水平，汇聚碎片化点滴可调资源，最大化提升金华电网系统灵活调节能力。

金华虚拟电厂以提升系统调节能力为主线，通过聚合海量碎片化点滴资源，构建需求侧资源潜力评估模型，实现分布式点滴资源高效聚合；通过"注源控流"，有序有规律地接入分布式源侧资源与负荷侧资源，进行统一协调控制管理，提升源荷控制可靠性；通过接入多类型需求侧资源参与需求响应、辅助服务、现货市场，提升电网系统调节能力。

10.5.2　系统架构

金华虚拟电厂遵循国网浙江省电力有限公司数字化牵引新型电力系统总体建设方案，按照"1全2系3层3景"的思路全面推进建设，建成"全域覆盖、点滴汇聚、精准响应"的金华全域虚拟电厂。金华虚拟电厂借助一体化云平台数据优势，打破专业数据壁垒，贯通电力市场，整体包含以下3方面：① 与调度自动化系统实现数据贯通，实现场站、线路运行数据实时获取，支撑虚拟电厂实现区域精准需求响应调度。② 通过直联及级联方式接入社会化点滴资源构建可调资源池，并依托省公司互联网大区物联管理平台与虚拟电厂平台实现双向交互接入。③ 以地市两级平台与新型电力负荷管理系统实现贯通，以第三方独立主体身份与电力交易平台实现业务交互，形成具备电网主动调节、市场化引导调节的虚拟电厂运营模式。金华虚拟电厂整体架构如图10-5-1所示。

10.5.3　系统特点

（1）构建全社会海量可调资源池。针对不同的可调资源接入方式，通过终端直连或者平台级联的方式将其接入金华虚拟电厂平台，并且形成统一标准信息模型，实现用户侧负荷监测以及可调资源控制交互。金华虚拟电厂资源接入如图10-5-2所示。

（2）开展分时分类，分层分区的多元灵活资源池规划、建设与接入。针对特异性的多元柔性资源禀赋，形成分时分类资源精准画像。构建计及网架节点灵敏度的经济最优资源调度模型，将海量灵活资源调节能力与网架设备实现有机映射，实现基于电网网架拓扑进行调节能力的分层分区聚合调用。

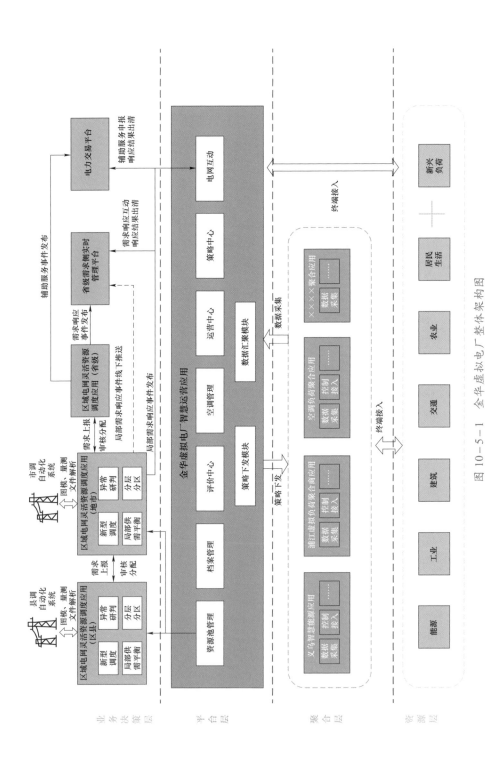

图 10-5-1 金华虚拟电厂整体架构图

184

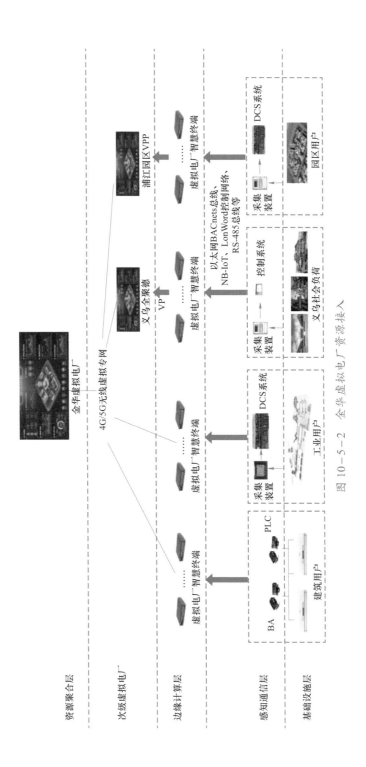

图 10-5-2 金华虚拟电厂资源接入

（3）打造源网荷储协同控制三层智慧调度体系。构建多层级源网荷储协同控制的"调度—运营—执行"三层智慧调度体系，面向调控中心开发调度层应用，实现全域一键响应和局部精准调节；面向综合能源开发运营层应用，业务定位是电力市场相关业务；面向执行用户开发终端设备实现信息触达与智能交互，突破地区电网、电力市场、电力用户跨层级业务耦合，为虚拟电厂参与电网调度、市场交易提供保障。

（4）构建虚拟电厂参与电力市场机制。虚拟电厂与电力交易中心和新型电力负荷管理系统进行对接，实现通过虚拟电厂平台聚合资源以负荷聚合商身份参与需求响应、电力辅助服务以及其他电力交易品种。虚拟电厂平台按交易品种进行容量上报，并及时从电力交易中心获取披露信息以及交易结算信息并进行代理虚拟电厂用户电力交易结算。

10.5.4 应用案例

金华虚拟电厂平台自 2021 年 4 月开始建设，目前已在金华市域 9 个县市公司推广应用，聚合用户 5000 余户，接入实时负荷 37 万 kW，具备 10 万 kW 调节能力。金华虚拟电厂通过参与常态化辅助服务市场，验证了虚拟电厂参与电力市场的机制和业务流程并持续为用户获取市场收益；同时，在金华电网迎峰度夏期间通过实战演练论证了虚拟电厂的调节能力。

（1）助力电力辅助服务决策。基于电力交易中心发布的辅助服务交易参数，结合用户生产功率、往年的历史基线功率，以及储能的日常运行工况，考虑越限、储能返送电等异常情况，最大化用户辅助服务收益，通过虚拟电厂辅助运营商进行报量报价以及调节策略自动生成，辅助运营商进行电力辅助服务市场运营决策。

（2）助力地区一键平衡。根据分布式能源特性，提供秒级、分钟级、小时级、日前 4 个不同调节特性调峰机组，结合调控中心区域缺口，实现一键下达指令并执行。

（3）助力电网局部精准调节。贯通营配调部门多个系统，实现各电压层级的电气设备与负荷资源有机匹配，构建电网资源和需求响应资源一张图；基于各级电网电气联络和电磁环网特性，开展网荷灵敏度计算，建成电网资源和需求响应资源贡献度矩阵；开展设备短期负荷预测，实现供需平衡超前预判，根据贡献度矩阵与需求响应评估体系建成电网资源和需求响应资源精准互动机制。

10.5.5 应用成效

根据 2022 年度运行方式统计，浙江全社会最高用电负荷达到 10190 万 kW，但与之同时，浙江 5%的尖峰负荷出现时间只维持 27h，为此建设大量的发电、电网设施，不仅造成投资效率和设备使用效率低下，还增加了电网调节难度。通过金华虚拟电厂实施，引导负荷侧资源合理用电，以金华公司 2025 年计划接入 50 万 kW 负荷可调资源计算参与高峰负荷削减调节，金华公司预计每年可节约、延缓 49 亿元新建投资，降低社会用能成本。

金华虚拟电厂平台上线以来，2023 年五一期间参与浙江省电力交易中心调峰辅助服务 2 次，共计调节电量 124800kWh，共计为用户赚取 39936 元收益；参与夏季需求响应 2 次，分别压降负荷 8000、10577kW，虚拟电厂在运营实操方面取得了预期的效果。

10.6 首个跨省区域级虚拟电厂实践案例——南网虚拟电厂

10.6.1 项目概述

虚拟电厂是当前国家开展新型电力系统建设、实现"双碳"目标的重要技术方向，是充分采用数字技术提升电力需求侧能效管理、促进新能源消纳、增强新型电力系统韧性的有力抓手。为推动南方区域虚拟电厂产业体系高质量发展，南方电网公司自 2020 年 1 月起，逐步建设和探索虚拟电厂参与电网运行和电力市场，从顶层设计、调度规范、规则制定、并网服务等方面，加强虚拟电厂管理，促进南方区域虚拟电厂体制机制和产业生态逐步完善。设计部署了网级虚拟电厂调度管理技术支撑平台，建成投运国内首个网地一体虚拟电厂，拓展虚拟电厂参与网级"两个细则"、调频、跨省备用等应用场景，验证了新型电力系统分布式源荷资源参与源荷互动的调节能力，也为分布式源荷资源优化利用技术的推广应用起到了良好的示范效果。逐步形成规模化、多时间尺度聚合资源响应与直控能力，实现南网层面虚拟电厂的统一管理、分级复用，有力支撑南方区域双碳和新型能源体系构建目标实现。目前，南方电网需求响应能力已突破 1100 万 kW，其中，深圳实时最大可调节负荷能力超 38 万 kW，广东最大削峰响应容量超过 120 万 kW。

10.6.2 系统架构

为推进南方电网公司战略落地和高质量发展，落实公司提质增效、创新驱动战略举措，全力打造智能电网运营、产业链整合和能源生态构建等方面的核心竞争力，南方电网公司筹划建设虚拟电厂，设计了涵盖"南网总调—省级中调—示范地调—虚拟电厂资源聚合商"四级架构的虚拟电厂顶层技术应用路线，如图 10-6-1 所示，并在不同层级开展虚拟电厂技术攻关和落地应用，助力南方电网公司构建以电网企业为主导的智慧能源生态服务，促进南方区域分布式资源利用水平，引领需求侧管理和储能等新业态发展，推动城市能效管理水平的提升、应用及其产业化发展。

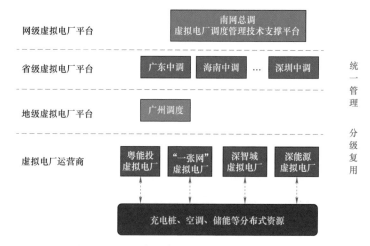

图 10-6-1 南网虚拟电厂顶层技术应用路线

在南方电网公司电力调度控制中心（简称南网总调）层面，基于南网调度云设计部署了网级虚拟电厂调度管理技术支撑平台，攻克虚拟电厂接入南网总调信息交互的问题，实现虚拟电厂云平台与南网总调基于云边融合的智能调度运行平台数据交互，并与电网运行监控系统、调节系统等调度系统实现接口交互。在云边技术支持架构下，将持续扩大虚拟电厂资源接入范围，拓展虚拟电厂参与网级"两个细则"、调频、跨省备用等应用场景，逐步形成规模化、多时间尺度聚合资源响应与直控能力，实现南网层面虚拟电厂的统一管理、分级复用。

在省级中调层面，根据资源禀赋分省搭建省级虚拟电厂调度管控样板，定位于省级电网调度机构对下属地市虚拟电厂的调控管理，开展本省需求响应、阻塞缓解等应用，接收和响应网级虚拟电厂调度指令，并对所管控的虚拟电厂运营商进行实时监视、调度控制和交易组织。其中，深圳中调联合南网科研院攻关建设虚拟电厂运营管理云平台，试点开展分布式电源、储能、充电桩、可中断负荷等分布式资源聚合；广东中调开展虚拟电厂集群调度与市场交易示范应用平台建设，试点开展风电、光伏等小电源为主的资源聚合。

在示范地调层面，面向园区、负荷聚合商、售电商、用户虚拟电厂或用能管理系统，搭建市级虚拟电厂协同互动调控系统，开展分布式资源集中接入和运行管理，并与电网运行管理系统、电力交易中心等系统互联，向上对接省级虚拟电厂调度管控平台，向下做好参与虚拟电厂工作的电力用户、负荷聚合商管理工作，引导用户优化用电负荷，参与电网运行调节，是粤能投等虚拟电厂聚合商参与网、省电网调度的上级指挥平台。

在虚拟电厂资源聚合商层面，支撑粤能投等第三方主体建设虚拟电厂资源聚合平台，聚焦分布式资源数据采集和管理，具备聚合管理、基线分析、日前邀约、日内可中断、手机端 App 等主要功能，实现接收调度指令、分解调度指令、控制策略生成和市场结算等功能，并通过市场化需求响应等手段获取收益。通过发挥南方电网公司能源生态系统核心企业作用，逐步培育一批虚拟电厂资源聚合服务业务龙头企业，构建打造南方区域虚拟电厂产业生态。

10.6.3 应用特色

（1）制定可调节负荷并网运行及辅助服务管理实施细则。为深入贯彻落实党中央、国务院决策部署，完整准确全面贯彻新发展理念，做好"双碳"工作，构建新型电力系统，深化电力体制改革，持续推动能源高质量发展，保障南方区域及广东、广西、云南、贵州、海南五省（区）电力系统安全、优质、经济运行及电力市场有序运营，促进源网荷储协调发展，维护社会公共利益和电力投资者、经营者、使用者的合法权益，2022 年上半年，南网总调协同国家能源局南方监管局开展南方区域"两个细则"修编，编制了《南方区域可调节负荷并网运行及辅助服务管理实施细则》（简称《细则》），首次将可调负荷纳入"两个细则"管理，该《细则》同年 6 月由国家能源局南方监管局正式印发。虚拟电厂参与南方区域"两个细则"品种和相关技术要求如图 10－6－2 所示。

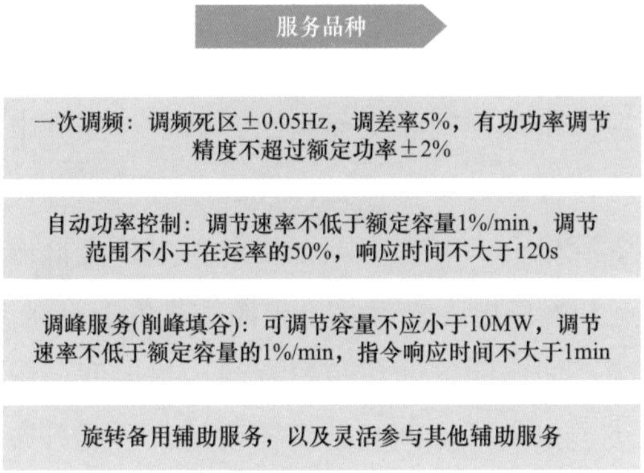

服务品种

一次调频：调频死区±0.05Hz，调差率5%，有功功率调节
精度不超过额定功率±2%

自动功率控制：调节速率不低于额定容量1%/min，调节
范围不小于在运率的50%，响应时间不大于120s

调峰服务(削峰填谷)：可调节容量不应小于10MW，调节
速率不低于额定容量的1%/min，指令响应时间不大于1min

旋转备用辅助服务，以及灵活参与其他辅助服务

图 10-6-2　虚拟电厂参与南方区域"两个细则"品种和相关技术要求

该《细则》明确了负荷聚合商、虚拟电厂参与电力辅助服务的方式和参与南方区域一次调频、自动功率控制、削峰填谷辅助服务的技术要求，为虚拟电厂提供辅助服务的收益补偿，破除了虚拟电厂发展政策壁垒，标志着市场长效机制初步建立。其中，虚拟电厂准入门槛为：直控型可调节负荷，容量不低于30MW，向上或向下调节能力不低于 5MW，持续时间不低于 0.5h。

（2）制定第三方主体参与区域调频、备用市场规则。为贯彻落实《关于完善能源绿色低碳转型体制机制和政策措施的意见》《关于进一步推动新型储能参与电力市场和调度运用的通知》等要求，健全南方区域电力市场体系，推动南方区域辅助服务市场建设，促进新型储能、虚拟电厂等新兴业态发展，受国家能源局南方监管局委托，南网总调组织编制了《第三方独立主体参与南方区域调频辅助服务市场交易实施细则（模拟运行稿）》《第三方独立主体参与南方区域跨省电力备用辅助服务市场交易实施细则（模拟运行稿）》，2023 年 3 月由国家能源局南方监管局批复并正式发布。明确了虚拟电厂等第三方独立主体参与南方区域调频市场、备用市场的技术门槛、参与条件、交易组织实施流程等内容，为虚拟电厂参与调频、备用奠定了机制保障。虚拟电厂参与南方区域调频、备用相关技术要求如图 10-6-3 所示。

（3）制定虚拟电厂并网调度服务手册。为向虚拟电厂项目业主单位提供优质、高效的并网调度服务，依据 DL/T 2473《可调节负荷并网运行与控制技术规范》、Q/CSG 212045《中国南方电网电力调度管理规程》等文件，南网总调牵头编制《南方电网虚拟电厂并网调度服务手册（试行）》，满足虚拟电厂参与南方电网调控运行和市场运营业务需求。

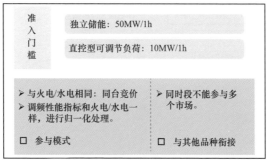

第三方独立主体参与南方区域调频辅助服务市场

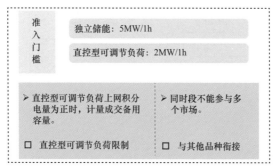

第三方独立主体参与南方区域跨省电力备用市场

图 10-6-3　虚拟电厂参与南方区域调频、备用相关技术要求

《南方电网虚拟电厂并网调度服务手册（试行）》规定了虚拟电厂接入南方电网并网、调度的基本原则和相关要求，明确了虚拟电厂并网的整体工作流程、评价与改进方案，为虚拟电厂规范化并网调度和高效管理提供了指引。虚拟电厂并网工作流程示意图如图 10-6-4 所示。

（4）制定虚拟电厂并网调度协议。为加强对虚拟电厂接入电网并网调度的专业化、规范化管理，明确虚拟电厂与电网调度双方的权责划分，2023 年 6 月南网总调正式发布虚拟电厂并网调度协议标准文本，规定了虚拟电厂接入电网调度的并网条件以及并网管理、调度运行、调节性能、调度自动化、调度通信、网络安全等方面的要求。2023 年 9 月，深圳供电局和深圳特来电新能源有限公司签订全国首份虚拟电厂并网调度协议。此次并网调度协议的签订，为各大虚拟电厂运营商提供了并网服务的样本，为电网供需互动与能源生态建设提供了全新思路。

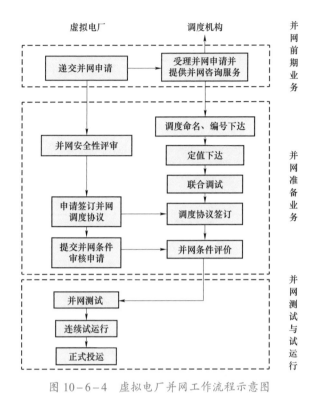

图 10-6-4 虚拟电厂并网工作流程示意图

10.7 市场化需求响应虚拟电厂实践案例——广东虚拟电厂

10.7.1 项目概述

在构建以新能源为主体的新型电力系统背景下，电力系统中的可再生能源占比持续增加，其间歇性和波动性给系统的安全经济运行带来严峻挑战。针对此问题，国家发展改革委、国家能源局发布《关于完善能源绿色低碳转型体制机制和政策措施的意见》等文件，要求拓宽电力需求响应实施范围，通过多种方式挖掘各类需求侧资源并组织其参与需求响应。《南方电网公司建设新型电力系统方案（2021—2030 年）》（南方电网办〔2021〕14 号）指出，为构建以新能源为主体的新型电力系统，要求推动能源消费转型，增加需求侧的调节能力。

为贯彻落实国家相关要求，推动建设以新能源为主体的新型电力系统工作落实落地，满足新型电力系统对负荷侧调节能力的需要，挖掘传统高载能工业负荷、工商业可中断负荷、用户侧储能、电动汽车充电设施、分布式发电、智慧用电设施等各类需求侧资源的调节潜力，保障电力供应，亟须对适应新型电力系统的需求侧管理机制展开研究，通过市场化需求响应机制和错峰机制的设计与配合，依托市场这只"无形的手"激励用户主动挖掘用能弹性，提升电力系统的负荷侧调节能力，切实确保电力供应保障工作。用户响应效果示意如图 10-7-1 所示。

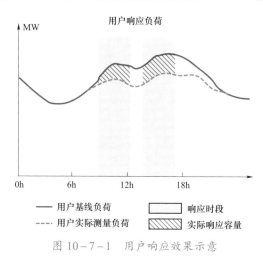

图 10-7-1 用户响应效果示意

广东电网有限责任公司积极推动将需求侧可调节资源纳入电力电量平衡，在国内率先建立市场化疏导的需求响应交易机制。2020 年 11 月，广东省能源局、国家能源局南方监管局发布《广东省市场化需求响应实施方案（试行）》征求意见稿，于 2021 年 4 月正式发布《广东省市场化需求响应 2021 年实施方案（试行）》。2021 年 5 月广东率先启动市场化需求响应机制，2022 年进一步丰富响应资源种类和交易品种，市场主体踊跃响应，及时缓解高峰供电紧张压力。

10.7.2 系统概述

按照"需求响应优先，有序用电保底"原则，广东电网有限责任公司积极推动政府编制并出台市场化需求响应规则，市场化需求响应机制遵循"一个市场、一套机制、一个平台"原则，在顶层机制设计上全面兼容了省地两级应用场景，以市场化机制引导用户侧主动"削峰填谷"。

（1）丰富交易品种。充分考虑多元化主体负荷特性、价格敏感度、响应速度、调节成本等差异性，精准培育调节资源，差异化设置日前邀约、可中断负荷和直控型可调节负荷竞争性配置等三类交易品种。全省统一开设需求响应交易品种并在统一的平台交易，应用统一的准入、交易、激励、评价、结算标准；支持任意时段和任意地区组合的需求响应交易组织，确保长效运营的有序性。广东市场化需求响应交易品种如图 10-7-2 所示。

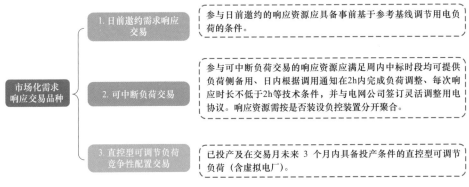

图 10-7-2　广东市场化需求响应交易品种

（2）应用需求响应市场定价机制。市场主体报量报价参与竞争，按照满足需求容量且边际市场主体全量中标的原则，按申报价格由低到高依次调用，直至满足响应容量需求。采用边际出清定价模式，出清价格为边际市场主体的申报价格。由市场供需决定需求响应价格，充分体现市场主体响应意愿。需求响应市场定价及出清机制如图 10-7-3 所示。

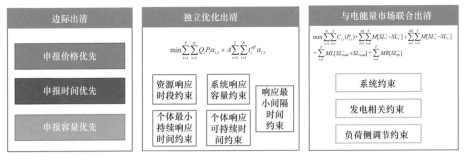

图 10-7-3　需求响应市场定价及出清机制

（3）建立全国首创的用户侧疏导机制。在保障用户用电价格稳定的基础上设计疏导分摊机制，需求响应收益由需求地区全部工商业用户按月度实际用电量比例分摊，并设置度电分摊上限；需求响应考核资金由需求地区全部工商业用户按月度实际用电量比例分享。

（4）鼓励多元化主体参与交易。最大化降低用户参与自主申报门槛，具备分时计量条件的市场用户（包括直接市场用户和电网代购电用户）均可注册成为响应资源并参与需求响应交易。允许电能量与需求响应代理关系相互独立，引入第三方独立主体聚合商，增加用户选择聚合商建立代理关系、聚合商挖掘用户的灵活性。广东市场化需求响应参与主体如图 10-7-4 所示。

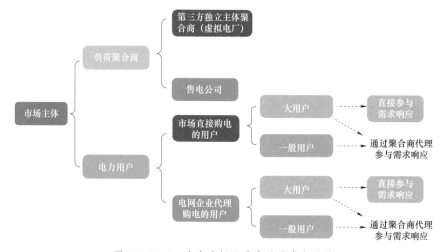

图 10-7-4　广东市场化需求响应参与主体

（5）支持海量用户自主申报。明确未签订代理合同的用户默认直接参与需求响应交易并调低用户申报下限门槛，激发用户自主参与交易的积极性。开发交易中心小程序，推动用户在小程序上自主申报并从市场中获利。

（6）需求响应与有序用电有效衔接。在电力供应紧张时期，优先组织市场化需求响应，后组织有序用电。编制需求响应与有序用电的衔接方案，在需求信息发布、申报组织、日前出清与有序用电安排、日内执行与网供指标调整等环节明确需求响应与有序用电的具体衔接机制。

10.7.3　应用案例

保供应、保安全成效显著，受到广泛认可。2021 年 5 月 17 日，广东启动市场化需求响应结算试运行，市场反应踊跃。2021 年通过 12 个交易日快速调动百万千瓦级响应能力，执行率达到 90%以上，精准、及时地缓解了用电高峰期电力供需紧张矛盾。截至 2022 年 11 月底，市场累计注册用电户数超过 5.7 万户，培育稳定响应用户约 3.3 万户，注册用户基线负荷总规模超过 6000 万 kW。

2021 年以来市场累计组织交易 84 天，在邀约 200 万 kW 的运行日最大申报响应量 280.9 万 kW，单日最大执行响应容量达到 277.3 万 kW，储备需求响应能力约 600 万 kW。广东市场化需求响应机制已在南方五省区大力推广，被国内多个省区借鉴应用。

全国率先建立需求响应用户侧长效疏导机制，促进需求响应交易可持续发展。解决传统补贴资金不足的问题，在改革红利总盘子不变的情况下，让主动响应的用户享受更大的改革红利，激励更广大用户加入优化用能大军，调用收益"取之于民，用之于民"，以市场化机制引导用户侧主动削峰填谷。

市场化需求响应提升系统调节能力，实现源网荷储多能协同互补。通过在新能源富集地区针对性开展晚高峰期间的局部地区需求响应交易，有效规避了茂湛地区夜间新能源出力快速下降、机组临修等场景下供电"卡脖子"问题，应用市场化手段挖掘了稳定的约 20MW 调节能力，实现源网荷储多元互补。

10.7.4　应用展望

需求响应机制引导用户对于自身调节弹性价值有更加直观的感知，向具有调节潜力的用户释放了友好的激励信号，对于推动负荷侧由"被动改变"向"主动响应"转变具有重要意义，通过源网荷互动提升电网安全稳定运行能力，为能源绿色低碳转型提供坚实支撑。

后续可统筹考虑与新型电力负荷管理系统的有效衔接，打造成熟可靠的运营模式。充分利用新型电力负荷管理系统的建设契机，激励用户加快对调节资源进行改造升级，充分挖掘用户侧资源的调节潜力，提升需求响应执行的灵活性和可靠性。

构建更加完善的收益机制及疏导机制。研究兼具公平性和激励性的收益机制，差异化体现资源响应速度及响应效果对收益的影响，确保需求响应资源可以精准有效地"好钢用在刀刃上"；拓展需求响应交易所需资金来源，为需求响应常态化开展提供坚实保障。

10.8　南网地市级精准需求响应实践案例——广州虚拟电厂

10.8.1　项目背景

广州电网具有明显的城市负荷特征，电力峰谷差大，电力设施建设受限条件多，局部电网高峰期存在时段性供电压力，低谷期调峰能力不足。网内近年来空调、充电桩、5G 基站等用户负荷快速增长，需采取有效措施引导和激励用户挖掘可调控资源，提高源、网两侧的适用效能。

为推进供给侧结构性改革，引导用户优化用电负荷，缓解电网运行压力，增强电网应急调节能力，打造广州市新型电力系统示范，2021 年开始，广州市工业和信息化局联合广州供电局共同开展虚拟电厂建设工作。将虚拟电厂作为全社会用电管理的重要手段，以"激励响应优先，有序用电保底"为原则，通过聚合负荷侧灵活性资源以虚拟电厂形式参与电网运行调节，逐步形成广州市统调最高负荷 3%左右的响应能力，提高电力系统供电可靠性和运行效率。为激励用户参与并培育虚拟电厂需求响应市场，2021 年 6 月，广州市正式发布《广州市虚拟电厂实施细则》作为配套政策依据，对参与响应的电力用户、负荷聚合商根据响应效果给予激励措施。

广州虚拟电厂管理平台具备日前需求响应、日内提前 4h 需求响应、实时需求响应功能，基于实时拓扑和户变关系实施分区域的精准需求响应，旨在通过用户响应，缓解和解决广州电网 220kV 主变压器与线路、110kV 主变压器与线路、10kV 馈线及重点台区等运行问题。

10.8.2 系统概述

广州虚拟电厂采用云—边—端三层架构，对应调度、聚合商、用户三个层级，如图 10-8-1 所示。其中，云侧的广州虚拟电厂调控管理系统具备邀约响应和实时响应两大功能，其技术特点是基于主配电网运行监控系统、地理信息系统、计量、营销多系统数据融合建立站—线—变—户拓扑关系，通过电网动态分区构建虚拟机组，实现区域性到户的精准调度控制。广州虚拟电厂调控管理系统数据集成逻辑图如图 10-8-2 所示。

边侧在聚合商处部署聚合商运营管理系统，通过在用户侧部署的智能交互终端采集各可调资源信息，并且掌握资源与用户的所属关系，能将同一用户的资源聚合为用户控制单元并通过边缘网关向调控系统上送用户控制单元的运行信息。端侧的用户智能交互终端可灵活采用集中式或分布式等部署方式，实现可调资源的数据采集与控制。

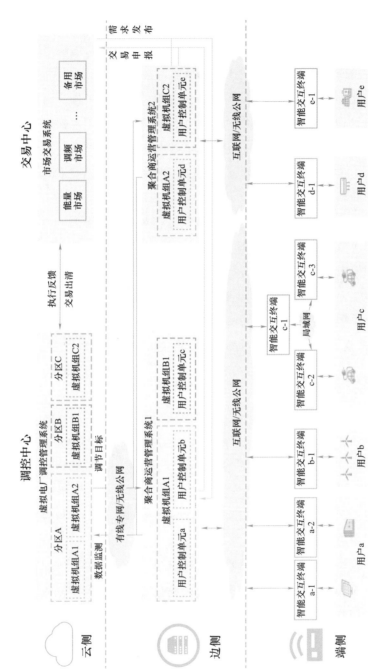

图 10-8-1 基于云边融合技术的广州虚拟电厂系统构架

系统	数据
主网OCS	主网图模、实时运行数据
配电网OCS	配电网实时运行数据
GIS	配电网图模
计量系统	电能表量测、停复电信号
营销系统	用户台账、户变关系

图 10-8-2　广州虚拟电厂调控管理系统数据集成逻辑图

10.8.3　应用案例

广州虚拟电厂平台为市级虚拟电厂平台，面向园区、用户虚拟电厂或用能管理系统开展集中接入和运行管理，与电网运行管理系统、电力交易中心等系统互联，获取电网运行数据及调节需求并进行响应执行等，用于引导用户优化用电负荷，参与电网运行调节，实现削峰填谷，提高电网运行效率。截至 2023 年 9 月，广州虚拟电厂管理平台共注册参与主体 160 家，代理用户 2018 户，涵盖工商业负荷、储能、充电桩等各类资源，注册最大需求响应能力 134.6 万 kW。

2021 年 8 月 29 日，广东电网广州供电局顺利开展了首次虚拟电厂需求响应，标志着广州虚拟电厂正式投入运行，成功打造南方电网公司首个市级实用化虚拟电厂。2021 年 8 月 29 日凌晨，为削减增窖站居民空调用电的负荷尖峰，调度员在广州虚拟电厂管理平台输入削减增窖站 2 号主变压器负荷 1700kW、持续 2h 的实时响应需求。平台精准定位感知通过 10kV 增窖 F23 线路接入的公交充电站可满足虚拟电厂调用需求，并向其发出实时响应指令。指令下达 1min 内，增窖站 2 号主变压器峰值负荷下降约 2000kW，削减比例约 10%。此次实时响应在不影响公交正常运营的前提下，通过降低公交充电负荷，达到削减主变压器短时尖峰负荷、保障居民用电的效果，并为公交充电聚合商带来 5.5 万元的补贴收益，实现电网、负荷聚合商、居民用户的共赢。广州虚拟电厂响应效果图如图 10-8-3 所示。

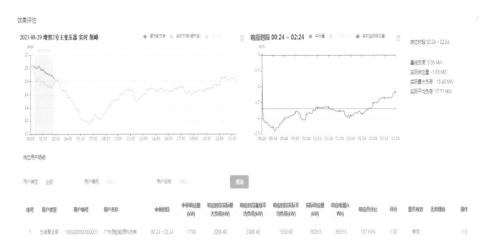

图 10-8-3 广州虚拟电厂响应效果图

10.8.4 应用展望

为进一步提高虚拟电厂运行效率，探索适应市场化虚拟电厂的调度控制架构，广州供电局开展了南方电网公司重点科技项目"规模化灵活资源虚拟电厂聚合互动调控关键技术研究"，项目研究规模化灵活资源分层分区动态聚合及响应能力量化技术、虚拟电厂多层级聚合互动市场模式及分布式可信交易技术、虚拟电厂多时间尺度优化调度及协调控制方法，研发虚拟电厂协同互动调控系统软硬件，并在超大规模城市电网完成示范应用与验证，力争打造城市级规模化虚拟电厂应用标杆，推动虚拟电厂具备参与调峰、调频、备用、阻塞消除等辅助服务和电能量交易的能力，提升电力系统运行的可靠性、灵活性和经济性，培育虚拟电厂新兴产业，助力"双碳"目标下新型电力系统建设。

10.9 超大型城市虚拟电厂管理实践案例——深圳虚拟电厂

10.9.1 项目概述

深圳电网具有清洁能源比例高、负荷密度高、峰谷差大的特点。2022 年底，市内清洁电源装机容量占全市总装机容量约 72%。外电、清洁电比重大，西电东送 2 回直流（贵广Ⅱ直流、滇西北直流）800 万 kW 落点深圳，西电东送清洁能源电量 341.84 亿 kWh，每年为本地减排二氧化碳近 5000 万 t，实现本地清洁能源全额消纳，2022 年非化石能源电量占比超 58%，处于国内领先水平。深圳电网属于典型城市电网，负荷密度高度集中，2022 年，全社会用电量 1073.8 亿 kWh，最高用电负荷 2143 万 kW、同比增长 5.1%，负荷密度为 1.07 万 kW/km²，是全国负荷密度最高的城市电网。年负荷曲线具有典型南方城市特点，负荷呈现夏季"一谷双峰"、冬季"一谷三峰"的局面，负荷峰谷差明显，最大峰谷差逐年递增，尖峰负荷持续时间短，2022 年全年 3% 的尖峰负荷持续时间约 10h，5% 的尖峰负荷持续时间约 25h，电网调节能力需求明显。

深圳市拥有丰富的电源侧和用户侧资源：① 建筑负荷，经估算，全市空调负荷约 618 万 kW，按照 20% 调节能力测算，可调能力超过 124 万 kW。② 分布式光伏，深圳市按照"宜建尽建"原则积极开展分布式光伏建设，预计 2025 年分布式光伏装机量将超过 150 万 kW。③ 新能源汽车，深圳市新能源汽车推广应用全球领先，全市新能源汽车保有量超过 80 万辆，建成充电桩超 19 万个，车桩密度均处于国内首位。到 2025 年，全市新能源汽车保有量将超过 130 万辆，将提供巨大的移动储能潜力。

为全面支撑电动汽车和新能源产业高质量发展，助力构建新型电力系统，结合深圳超大型城市电网特点，立足于新发展阶段、着眼于新发展格局，统筹电力保障、电力清洁性和城市绿色低碳发展，深圳市选择建设虚拟电厂作为抓手，先行先试，探索出提高源网荷储一体化调控水平的实施路径，实现"源—网—荷—储"精准互动。按照能源互联网"网络 + 平台 + 服务"的发展模式，深圳供电局联合南网科研院建成国内首个网地一体虚拟电厂管理平台。推动 5G 基站、新能源汽车充换电场站、电动自行车换电柜、建筑楼宇、工业园区、储能系统等资源接入虚拟电厂管理平台，资源规模超过 210 万 kW，实时最大可调节负荷能力超 38 万 kW。培育虚拟电厂运营商和推动能源企业拓展核心设备生产制造，打造全国首个以虚拟电厂为核心的源荷互动体系和产业生态。

10.9.2 应用特色

（1）强化创新引领，打造统一标准平台体系。建立健全标准规范，系统化构建虚拟电厂技术标准体系。编制 DB4403/T 342—2023《电动汽车充换电设施有序充电和 V2G 双向能量互动技术规范》、DB4403/T 343—2023《分布式光伏接入虚拟电厂管理云平台技术规范》、DB4403/T 341—2023《虚拟电厂终端授信及安全加密技术规范》等三项深圳市地方标准，为各类终端智慧化改造、接入响应提供统一的参考指引，有效填补市内乃至国内相关标准技术空白。

随着电动汽车的进一步渗透和发展，电动汽车充电负荷调节响应能力会大幅提高，对电动汽车充换电设施的高效利用将大大提升电网负荷调控的能力，DB4403/T 342—2023《电动汽车充换电设施有序充电和 V2G 双向能量互动技术规范》规范了电动汽车充换电设施接入虚拟电厂管理云平台的相关技术细节，完善专业标准体系，指导电动汽车参与车网互动工作，规定了电动汽车充换电设施有序充电和 V2G 双向能动的接入方式、业务交互流程、数据传输类型、网络安全、终端设备、验收测试等技术要求，指导电动汽车充换电设施接入虚拟电厂管理云平台。

"十四五"期间，深圳市规划建设 150 万 kW 分布式光伏，为尽快挖掘需求响应资源，利用虚拟电厂等新型技术对分布式资源进行聚合和调控，深圳市发展改革委《深圳市关于大力推进分布式光伏发电的若干措施》要求，有新增分布式光伏并网后，需接入虚拟电厂管理云平台进行统一管理。DB4403/T 343—2023《分布式光伏接入虚拟电厂管理云平台技术规范》明确了分布式光伏接入虚拟电厂管理云平台的接入方式、业务交互流程、数据传输类型、网络安全、终端设备、验收测试等技术要求，指导分布式光伏接入虚拟电厂管理云平台。

深圳虚拟电厂管理云平台建立后，需要规范负荷侧可调节资源的接入，接入时采用的终端设备建议统一的授信和加密标准，确保后续源网荷互动的数据安全和终端安全。DB4403/T 341—2023《虚拟电厂终端授信及安全加密技术规范》对负荷聚合平台侧部署的虚拟电厂终端及终端侧安全防护设备，以及部署于可调节负荷的终端侧安全防护设备在授信及安全加密方面的总体目标及要求、网络安全要求、安全加密方式及安全加密要求进行了详细的规定，确保源网荷互动的数据和终端安全。

（2）突破海量负荷侧资源接入电网调度安防难题，改变源随荷动常规方式。创新突破用户侧负荷高频采集、在线实时监控、调节指令下发、台区/馈线精准负荷削减等全方位关键技术，解决海量负荷侧资源接入电网调度安防难题，实现调度系统与用户侧可调节资源的双向通信，推动多品类、多来源用户资源规范化接入，实现用户资源全时段可观、可测、可控。

通过研发"瀚海"系列国产化自主可控产品,覆盖加密芯片、安全通信模组、智能终端和测试装置,解决了虚拟电厂并网的多项技术难题,为虚拟电厂技术大规模应用提供一体化解决方案。

截至 2023 年 9 月,深圳虚拟电厂管理云平台已对接虚拟电厂运营商 78 家,管理资源规模超过 210 万 kW,实时最大可调节负荷能力超 38 万 kW,涵盖电动汽车充电桩、建筑楼宇、工业园区、储能、分布式光伏等多类型可调节资源,建成南网范围数据采集密度最高、接入负荷类型最全、规模最大、直控资源最多的虚拟电厂示范工程。到 2025 年,深圳将建成 100 万 kW 可调节能力的虚拟电厂,将有效促进清洁能源消纳 10 亿 kWh,实现二氧化碳减排 83.6 万 t,节约土地价值 50 亿元。

(3)建成国内首个网地一体虚拟电厂运营云平台,助力负荷侧资源参与电网调度。面向以数字化、绿色化协同推动构建新型电力系统和新型能源体系新要求,建成国内首个网地一体虚拟电厂管理云平台。创新采用工业物联网"云—管—边—端"架构体系,首次打通与网省两级调度系统数据接口,建成国内首家部署于网级调度云、可实现网省两级调度直接调度的虚拟电厂运营管理云平台,具备调度直接调控条件,为新型电力系统电力电量平衡、安全稳定控制提供新方法。

平台按照电网调度分层分区控制要求,采用南方电网的总调、中调、虚拟电厂三级协同的体系架构,与深圳调度自动化系统、停电管理系统、需求侧管理等系统互联互通,探索了海量用户标准化、安全化的接入形式,赋能深圳电网调度、虚拟电厂运营商从市场准入到执行监管评估的全业务流程支撑。

深圳虚拟电厂云平台作为新型电力系统的创新平台,采用"云边协同"技术,实现了电网与各用户主体之间协同互动;采用鲁棒优化、等值聚合技术,构建了多层级、多时序、多目标的用户信息物理模型;采用资源动态组合、经济调度优化技术,提供不确定性环境下的调控能力分析与辅助决策支持。

与国内其他注重需求侧响应的虚拟电厂相比,平台打通了与调度运行监控系统接口,突破常规需求侧响应不具备参与电网实际调度运行的技术痛点,打通了负荷侧资源进入电网调度全业务链条,可满足调度对聚合商平台下发 96 点计划曲线、实时调节指令、在线实时监控等技术要求,为用户资源通过虚拟电厂参与市场交易、负荷侧响应,实现电网削峰填谷等应用提供坚强技术保障。

(4)采用云平台开发虚拟电厂运营优化全套业务方案,保证良好的可扩展性、复制性。遵循云平台开发规范，设计提出了面向负荷集成商、大用户及现有需求侧管理平台，支撑现货市场、辅助服务市场，涵盖用户注册、用户申报、市场监管、交易结算等全流程的虚拟电厂平台业务功能，采用最新分布式云计算和微服务技术，开发完成了虚拟电厂智慧运行及优化管理一体化平台，保障其良好的可扩展性、易用性及推广性，可全方位满足虚拟电厂"源-网"深度互动应用。

采用云平台技术架构进行虚拟电厂建设，可实现资源的统一管控及优化配置，促进应用快速开发与迭代，有利于实现模型、架构复用，可在深圳先行先试试点，进而进行南网全网乃至全国推广，不重复建设，降低总体开发成本。

（5）国内首次开展虚拟电厂参与调频技术验证。虚拟电厂调频业务属于安全性要求高的电网实时控制类业务，对网络安全和数据安全有非常高的要求。通过研制 5G 端到端的专用切片技术，实现虚拟电厂调频安全高效应用，大幅降低通信建设和维护的成本，有助于推动虚拟电厂参与提供电力系统辅助服务。

在某换电站内部署基于国产可控安全芯片的虚拟电厂并网运行控制终端，搭载 5G 卡作为身份认证，可调管容量等数据通过 5G 卡发送至安全接入区，再由安全接入区接入深圳调度系统，调度系统 AGC 指令也可直接由安全接入区下发至子站，安全接入区解决了资源接入电网运行监控系统的安防难题，使控制响应速度大幅提高。基于"5G＋边缘计算＋智能网关"的监测与控制技术，结合部署轻量化加密技术、并网运行控制终端、安全接入区，保障电力调度系统信息数据安全和调频"秒级"响应要求。本次基于深圳移动 5G 商用网的虚拟电厂调频业务场景成功投运，是深圳电网在实时控制业务 5G 应用工作中的又一项重大突破。

（6）深圳虚拟电厂揭示备用潜力。跨省电力备用辅助服务市场为电力资源跨省优化利用提供市场环境，有助于保障电力可靠供应。而虚拟电厂运营商将其备用电能出售给跨省电力备用辅助服务市场，则可以更好地帮助电网企业灵活调节资源以提升新能源就地消纳能力、保证电能质量，同时提升运营商的多元市场投资能力，增强电力交易市场灵活性。

2023 年 9 月，按照国家能源局南方监管局关于第三方独立主体参与电力市场交易试点的工作部署，南网总调与深圳供电局第一时间展开研讨，在市场主体备用能力的可持续监测、备用容量稳定调用的技术支持两方面开展攻关，积极组织深圳虚拟电厂运营商开展宣贯和培训。组织深圳虚拟电厂参与跨省电力备用辅助服务市场调用试运行，共 10 家虚拟电厂运营商参与，在负荷高峰时段内以市场方式为电力系统提供正备用能力 60MW，并在发电或输电系统模拟故障的环境下紧急下调用电功率 60MW，顺利完成备用调电试运行。这是国内虚拟电厂首次参与该市场，不仅揭示了深圳虚拟电厂备用能力的潜力，而且检验了虚拟电厂参与跨省电力备用辅助服务市场申报、出清、执行等全业务流程，为国内相关领域探索了经验。

（7）发布深圳市虚拟电厂运行指导文件。为最大化挖掘分布式资源的调节潜力，引导用户积极参与虚拟电厂精准响应，深圳市印发深圳虚拟电厂运行的首套指导性文件《深圳市虚拟电厂精准响应实施细则》《深圳市虚拟电厂精准响应管理办法》《深圳市虚拟电厂精准响应承诺书》，为深圳虚拟电厂常态化参与电网调控提供了制度和资金保障，助力深圳以先行示范标准实现"双碳"目标。

系列文件明确由深圳虚拟电厂管理中心（简称管理中心）负责组织开展深圳虚拟电厂运营商注册、精准响应组织、精准响应结算、合约管理、信息披露与报送、培训宣贯等工作；并首次基于"站—线—变—户"电网拓扑精准定位虚拟电厂管辖资源，进而实现台区级精准响应的理念，制定和规范了虚拟电厂精准响应启动条件、组织流程、响应价格、基线计算、收益结算、考核机制、分析评价、争议处理等内容，为深圳虚拟电厂的业务运转和规模化发展提供了全方位指导。

（8）成立国内首家 5G 聚合平台应用中心。2023 年 6 月，国内首家 5G 聚合平台应用中心在深圳成立。5G 聚合平台应用中心作为深圳虚拟电厂管理中心首个挂牌的二级聚合平台，将充分发挥通信基站储能的优势，提供电网电力电量调节能力，赋能新型电力系统的新探索。深圳铁塔首批近 5000 座 5G 基站的储能系统接入深圳虚拟电厂管理中心，成功实现负荷侧与电网调度侧间的用能实时数据、用能计划等数据联通，预计可调负荷 1.5 万 kW，相当于 2 万台一匹空调的用电负荷。5G 基站储能系统平时多为闲置，通过聚合后接入深圳虚拟电厂管理中心，在不影响基站正常运行的情况下增加或降低储能功率，既参与电网电力电量的调节，辅助解决局部地区电力阻塞问题，又有助于提高电力系统的资源利用率，促进社会资源可持续绿色发展。

（9）打造虚拟电厂优势产业生态。利用中心特色和优势，扩大虚拟电厂产业和生态圈，促进行业良性、规范发展，做好负荷侧资源进入电网、服务电网的"引路人"。聚合虚拟电厂产业链各类资源，上游包括5G基站、分布式光伏、数据中心、电动汽车充换电场站/电动自行车换电柜/建筑楼宇、工业园区、储能系统等基础资源，逐步培育高负荷园区、南网电动、铁塔、深圳能源等能源消费和供给的龙头企业；中游为虚拟电厂运营商，逐步提升虚拟电厂运营管理平台服务能力，不断扩大可控负荷、分布式能源、储能等资源接入规模；下游为电力需求方，建立电力公司、售电公司及高负荷用户的顺畅交易渠道，培育交易市场。

通过虚拟电厂产业链上、中、下游各类资源聚合，推动华为技术有限公司、中兴通讯股份有限公司等ICT龙头企业布局虚拟电厂新赛道，实现"设备＋服务""场景＋技术"高效融合、叠加赋能，提升深圳新能源产业集群发展能级，助力构建数字能源先锋城市。

2022年12月13日，在2022碳达峰碳中和论坛暨第十届深圳国际低碳城论坛上，深圳举行了虚拟电厂聚合商大型集中签约仪式，标志着深圳虚拟电厂产业生态初步建立，发展步入快车道。深圳虚拟电厂管理中心与中国电信集团有限公司、中国移动通信集团公司、华为技术有限公司等单位签订了虚拟电厂建设六方合作协议，并与36家虚拟电厂聚合商企业签约。携手带动虚拟电厂相关技术创新和产业发展，进一步扩大深圳虚拟电厂的参与主体，促进虚拟电厂综合示范项目发展，提升虚拟电厂参与新型电力系统灵活调节能力，助力加快构建深圳现代化城市新型能源体系。

2023年6月29日，2023国际数字能源展上，深圳虚拟电厂管理中心携手虚拟电厂上下游产业链代表，全方位展示以虚拟电厂为核心的相关产业，展区得到国内外各级领导及各行业专家参观超过万人次。通过聚合各方优势资源，有力构建能源产业上下游数字服务新生态，引领全球数字能源产业链提质升级，助力构建新发展格局。

10.9.3　应用案例

深圳虚拟电厂管理中心不断完善功能和交易方式，引领各级运营商适应灵活可调资源与电网的互动，共同探索新能源体系下超大型城市电网源网荷储的协同构建，从 2023 年 5 月开始，实现常态化、市场化开展虚拟电厂精准响应。调用流程如下：

（1）日前交易：$D-1$ 日 12:00 前，向虚拟电厂运营商发布运行日（D 日）系统调节响应需求时段、容量、类型、资源基线；17:00 前，管理中心完成交易出清，并发布资源调用顺序和补贴价格；18:00 前，发布日前调度计划。

（2）日内调度：D 日，跟踪调度计划执行，并可发布日内紧急调度指令。

（3）运行结算：根据运行日特征向前抽取有效样本数据计算虚拟电厂基线功率，完成与虚拟电厂补贴结算。

案例 1：针对因夜间集中充电造成重过载的馈线，精准邀约相关聚合商，引导相关充电桩开展削峰填谷，合理调整充电计划。共 3 家虚拟电厂运营商参与此次调节，最大调节功率为 0.3 万 kW，有效调节电量约 0.26 万 kWh。经与数据采集与监视控制系统校核，该线路调节时段负荷下降约 40%，有效避免了馈线重载发生。为配电网运行优化，提供切实可行的方法。

案例 2：深圳整体负荷逼近历史最高，管理中心针对深圳整体尖峰负荷开展精准响应，邀约范围为全深圳可调资源。吸引 10 家虚拟电厂运营商参与，最大调节功率为 7 万 kW，有效调节电量约 4.5 万 kWh，日清费用约 14.8 万元。为城市电网的电源性缺口问题，提供新的解决思路。

截至 2023 年 9 月，共开展 20 次精准响应，有效调节电量总和约 24.7 万 kWh，最大调节功率约 7 万 kW，减少碳排放约 207t，为各虚拟电厂运营商带来经济收益约 88 万元，创造社会直接经济效益达 667 万元。

10.9.4 应用展望

虚拟电厂管理平台作为用户与电网互动的桥梁，是用户负荷侧调节资源进入电网的必经之路，是电网实现用户侧资源良好互动的中枢，深圳虚拟电厂管理中心未来将依托虚拟电厂管理平台，持续探索构建虚拟电厂可持续发展路径。

（1）找准虚拟电厂在新型能源体系下的角色定位。积极推动新型电力系统从"源随荷动"到"源荷互动"升级，深入挖掘电网海量资源的灵活调节潜力，最大化提升可调资源的使用效率和全社会能效水平，积极探索打造"新型电源"低成本解决方案，推动各类用户从能源服务消费者转变为能源服务生产者，为低碳、安全、经济运行的城市电网提供可推广的经验，不断丰富新型能源体系的主要内涵和主体范围。

（2）强化有为政府和有效市场的高效协同。协同政府构建完善虚拟电厂体制机制，充分调动电网企业和产业链上下游企业的工作积极性，营造全社会广泛参与的虚拟电厂发展环境。通过虚拟电厂管理政策和地方标准的配合协同，强化深圳新能源汽车密度和充电桩密度全球领先的优势条件，先行示范打造车网互动新范例。在建筑楼宇虚拟电厂商业模式尚未充分成熟的阶段，推动国有企业、党政机关等公共机构建筑率先开展虚拟电厂响应试点建设。

（3）打造可落地、可持续、可推广的虚拟电厂商业模式。充分调动各类用户主体的主观能动性，以市场化的本地虚拟电厂精准效应补贴打造模式推广"第一桶金"。积极争取各级部门支持和指导，实现"跨区市场、省内市场、深圳市场"的叠加赋能和"需求响应市场、辅助服务市场、电能量市场"的相互补充。

10.10 现货市场下省域虚拟电厂实践案例——国网山西虚拟电厂

10.10.1 项目背景

国家层面先后出台了《国家发展改革委 国家能源局关于推进电力源网荷储一体化和多能互补发展的指导意见》（发改能源规〔2021〕280 号）、《电力需求侧管理办法（征求意见稿）》《电力负荷管理办法（征求意见稿）》等文件，支持虚拟电厂参与电力市场交易和系统运行调节。2023 年 9 月，国家发展改革委、国家能源局联合印发《电力现货市场基本规则（试行）》，标志着电力现货市场已从试点探索过渡到全面统一推进阶段，并指出要推动分布式发电、负荷聚合商、储能和虚拟电厂等新型经营主体参与市场交易。

山西是全国首个省级能源革命综合改革试点，持续深化电力体制改革，构建起了"中长期＋现货＋辅助服务""省内＋外送"融合发展的完整电力市场体系。电力现货市场领跑全国，自 2018 年 12 月 27 日启动试运行以来，先后历经 7 次结算试运行，运行周期从单日开始，逐步拉长至周、半月、全月、双月，最终实现连续试运行，经历了一年四季各种供需情况、重大会议及节假日、冬奥会保供等不同场景的检验，运行平稳有序。2023 年 12 月 22 日，山西省能源局、国家能源局山西监管办公室联合发布《关于山西电力现货市场由试运行转正式运行的通知》(晋能源电力发〔2023〕320 号),自此山西电力现货市场成为我国首个正式运行的电力现货市场,为电力市场改革树立了一座新的里程碑。

国网山西省电力公司与国电南瑞科技股份有限公司合作,利用云平台、大数据、物联网、自动控制等技术,于 2022 年建成了现货市场环境下国内首个省级虚拟电厂。截至 2023 年 11 月底,山西虚拟电厂已初步完成"负荷类"10 家虚拟电厂建设,共聚合容量 132.1 万 kW,可调容量 39.9 万 kW。与传统虚拟电厂参与需求响应或辅助服务市场不同,山西虚拟电厂通过报量报价的形式参与现货市场交易,在国内首创了基于电能量市场分时价格信号交易模式充分发挥现货市场分时价格信号作用,引导发、用、储侧资源通过虚拟电厂方式积极参与电力电量平衡,对提升新能源消纳及电力安全保供能力、推动新型电力系统建设具有重要意义。山西虚拟电厂建设成果先后被电网头条、中国能源网、中国电力报、新华网等多家媒体报道,引起社会广泛关注和热议。

10.10.2 系统架构

国网山西虚拟电厂总体架构按照自下而上的顺序,可划分为设备资源层、虚拟电厂层、系统平台层三层,其总体架构如图 10-10-1 所示。

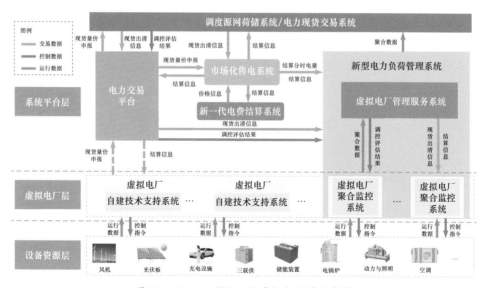

图 10-10-1 国网山西虚拟电厂总体架构

设备资源层主要指虚拟电厂运营商所代理并聚合的广大用户侧可调资源，包括风机、光伏板、储能装置、可调节负荷、可中断负荷、充电桩等，将用户侧可调节资源的信息感知和汇集，向虚拟电厂层上送运行数据，并接收其下发的调控指令。

虚拟电厂层主要由广大虚拟电厂运营商组成，各运营商可选择自建系统或直接应用新型电力负荷管理系统虚拟电厂聚合监控系统，从而具备对所代理用户侧可调资源的聚合管理能力，实现对可调资源的聚合控制和市场运营，代理用户参与电能量以及辅助服务市场等多种场景的交易。

系统平台层主要由电力交易平台、调度源网荷储系统/电力现货交易系统、新型电力负荷管理系统、市场化售电系统组成，互联网部、调控中心、营销部、交易中心、营服中心、省电科院等各部门各司其职、协同配合，实现虚拟电厂注册入市、市场交易等全流程管理，共同建立现货背景下虚拟电厂市场化运营机制。

根据国家发展改革委等有关部委正式印发，2023 年 10 月 1 日起施行的《电力需求侧管理办法（2023 年版）》《电力负荷管理办法（2023 年版）》要求，后续将把服务电网企业的虚拟电厂管理服务系统作为一个模块集成到新型电力负荷管理系统中。

10.10.3 交易机制

国网山西虚拟电厂参与电力现货市场大致可分为交易准备、市场交易、交易执行、交易结算四个阶段。在交易准备阶段，虚拟电厂聚合监控系统根据代理协议组织用户开展交易准备，将运行数据、聚合数据进行汇集，经新型电力负荷管理系统上送给调度源网荷储系统。在市场交易阶段，虚拟电厂运营商登录电力交易平台进行量价申报，并由调度系统进行市场出清。在交易执行阶段，虚拟电厂聚合监控系统根据现货出清信息，基于经济性最优、影响用户最少等多种可供选择的策略分解目标，将用电总计划曲线分解至具体用户进行动作响应，调度源网荷储系统进行调控评估结果确认，通过虚拟电厂管理服务系统转发至聚合监控系统。在交易结算阶段，由电力交易平台负责发布交易结算信息，市场化售电系统负责交易结算，新型电力负荷管理系统负责发布执行情况，最后进行虚拟电厂运行统计、虚拟电厂结算、用户结算。国网山西虚拟电厂参与电力现货市场业务流程如图 10-10-2 所示。

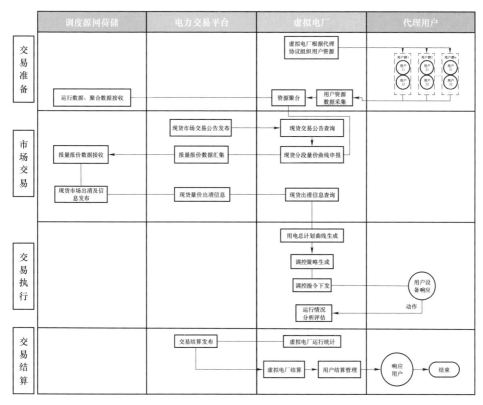

图 10-10-2 国网山西虚拟电厂参与电力现货市场业务流程

10.10.4 应用案例

与传统虚拟电厂参与需求响应或辅助服务市场不同，国网山西虚拟电厂作为售电公司的高级形态在批发市场中通过报量报价的形式参与现货市场交易，再按照零售合同与代理用户开展交易，通过批发市场与零售市场的价差获取收益。

（1）报价方式转变。由传统售电公司的"报量不报价"转变为"报量报价"方式参与电力现货市场，能够充分利用现货市场分时价格引导机制。

（2）约束条件缩小。根据核定调节容量与最大用电负荷比例，相应放宽虚拟电厂中长期分时段交易缺额回收约束，使得中长期电量占比缩小，并取消用户侧超额获利回收费用。

（3）获得红利共享。虚拟电厂具备对代理资源的负荷管理能力，能够调控可调资源的发用电出力，降低代理用户的用电成本，从而分享红利。

山西某公司于 2023 年 7 月 20 日作为首家虚拟电厂取得市场交易资格，并在 8 月参与电力现货市场交易，9 月虚拟电厂调节时段出清电量总计 5354.4MWh，实际用电量 5297.4MWh。完成削峰 2087.1MWh，填谷 3210.3MWh，整体产生红利 82935.76 元，红利均价为 15.65 元/MWh。

10.10.5　应用成效

国网山西虚拟电厂的建设成果可推广至具备配套政策支持的其他网省，为地方政府、电网企业适应电力市场改革，提出市场模式与规则的设计和完善建议，提供模式推演和验证分析的环境，应用成效突出。

产生的直接效益如下：

（1）为山西省进一步推进源网荷储灵活高效协同互动，提升电力市场对高比例新能源的适应性，构建适应新型电力系统的市场机制提供新技术验证与具体应用的研究基础。可以为全国虚拟电厂场景提供参考和典范。

（2）随着山西省分布式电源、电动汽车、储能、微电网的快速发展，深化山西省电力现货市场建设，进一步推进源网荷储协同互动，建立现货背景下的虚拟电厂市场化运营机制，有利于充分挖掘系统灵活性调节能力和需求侧资源，有利于各类资源的协调开发和科学配置，有利于提升系统运行效率和电源开发综合效益，有利于提升电力系统实时平衡和安全保供能力。

产生的间接效益如下：

（1）为山西省应对电力现货市场化改革、响应政府号召、满足市场主体需求以及营造公开透明的电力交易环境提供支撑。

（2）用户侧可以方便获取现货交易方面信息，可以参与竞价并且快速可靠获得结算收益，可使参与现货交易的用户数量显著提升，履约能力提高，有助于推动虚拟电厂在更大范围的推广与实施。

10.10.6　应用展望

（1）加强技术研究，优化模型设计。提高相应的技术手段，利用大数据分析、人工智能预测等技术，提高基线计算、潜力评估等模型的精准度，让虚拟电厂更好的适应不断变化的电力市场和环境条件，提高负荷资源利用率，降低运营成本。

（2）加快市场研究，激发用户活力。探索虚拟电厂常态化参与"中长期＋现货＋辅助服务＋容量"市场，探索制定虚拟电厂典型套餐，通过更有吸引力的价格或分成模式，有助于激励用户主动配合调节，拓展用户收益模式，提升虚拟电厂和代理用户的互动效率，挖掘潜在市场。

（3）完善监督体系，建立跟踪机制。健全市场监督和评估机制，实时跟踪虚拟电厂市场执行情况和套餐执行情况，防范市场风险、技术风险和合规风险，定期对虚拟电厂套餐的经济性和成效性进行评估，保障市场的稳定运行。

10.11　广东首个商业性运转平台实践案例——粤能投虚拟电厂

10.11.1　项目概述

2021 年，南方电网公司印发《南方电网公司建设新型电力系统行动方案（2021—2030 年）》《南方电网公司服务碳达峰、碳中和工作方案》，提出到 2025 年，推动南方五省区新能源新增装机达到 1.5 亿 kW。为克服新能源发电不可控且无法匹配负荷变化、保障新型电力系统安全稳定，方案进一步明确提出：引导非生产性空调负荷、工业负荷、充电设施、用户侧储能等柔性负荷主动参与需求响应，到 2030 年，实现全网削减 5% 以上的尖峰负荷。

为积极响应广东省即将实施的市场化需求响应，广东电网能源投资有限公司开发建设粤能投虚拟电厂管理平台，对自有以及市场上相关的需求侧响应资源进行聚合管控，盘活各类资源常态化参与广东省交易中心市场化需求响应市场，缓解广东地区迎峰度夏期间电网负荷缺口，推动能源消费的高质量发展。

10.11.2　系统架构

粤能投虚拟电厂整体业务涵盖电网侧源网荷储协同调控、负荷聚合商侧负荷聚合虚拟电厂和负荷侧监测控制三个层级。电网侧，虚拟电厂实现源网荷储全域感知、弹性分析和优化控制；负荷聚合商侧，负荷聚合虚拟电厂将分散的用户侧资源打包整合，提升用户侧参与电网调度的活力和性能，获取增值收益；

负荷侧，通过工业互联网智能终端实时感知负荷运行状态，实现精控制。粤能投虚拟电厂系统架构如图 10-11-1 所示。

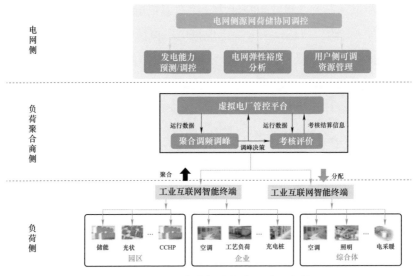

图 10-11-1 粤能投虚拟电厂系统架构

虚拟电厂智慧管控平台负责联系调度中心、协调市场主体，充分挖掘资源调控潜力，依托现有统一电力市场交易平台，建设从虚拟电厂注册管理、合同管理、资源管理、运行监视、聚合管理、响应管理、考核结算、交易过程管理的全流虚拟电厂交易功能。粤能投虚拟电厂智慧管控平台功能架构如图 10-11-2 所示。

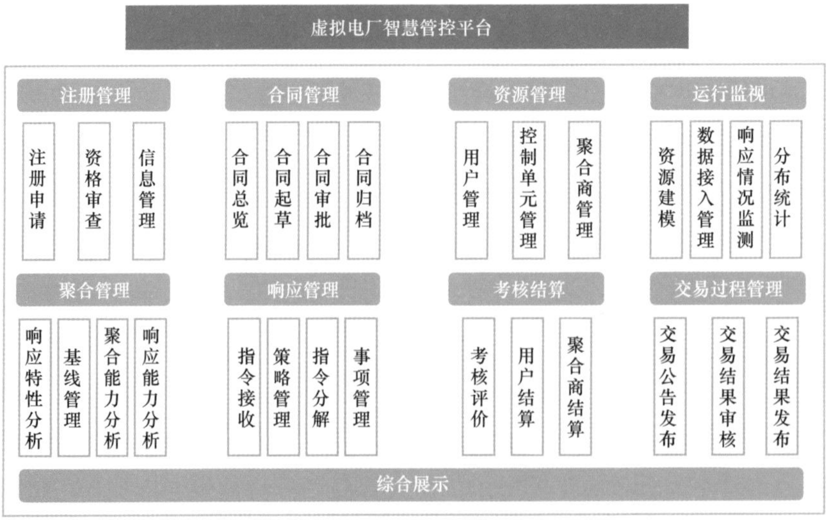

图 10-11-2 粤能投虚拟电厂智慧管控平台功能架构

构建可调控负荷资源池，通过工业互联网智能终端接入分布式储能、屋顶光伏、充电桩、智慧路灯、工业负荷、空调等分布式资源，实现"集中管理，边云协同；多能采集，全景感知；边缘计算，优化控制"。

同时，通过打造区块链能力引擎，实现虚拟电厂相关能源流、信息流、价值流和业务流的防篡改、可追溯，保证虚拟电厂过程的公正透明，同时智能合约实现交易自动触发提升交易效率，从而保障虚拟电厂运营安全可信。粤能投虚拟电厂运营可信安全的区块链能力建设如图 10 - 11 - 3 所示。

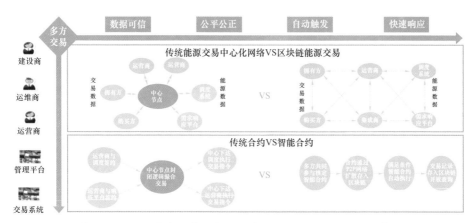

图 10 - 11 - 3　粤能投虚拟电厂运营可信安全的区块链能力建设

10.11.3　应用案例

粤能投虚拟电厂管理平台于 2022 年 4 月开放上线，是南方电网第一个实用化负荷聚合虚拟电厂和广东首个虚拟电厂商业性运转平台。该平台聚合光伏、储能、充换电站、空调、工商业负荷等各类用户侧资源，参与广东省交易中心市场化需求响应市场。平台已聚合广东、广西区域内新型储能、电动汽车充换电设施、分布式光伏、非生产性空调、风光储充微电网等各类分布式资源，聚合分布式资源规模 10751MW，其中可调节能力 1532MW。该平台实现大范围、多资源参与直控型需求响应、车网互动调节、二次调频辅助服务等新突破，同时还面向用户提供数字代维、智慧能管、市场交易等用能服务。

2022 年 7 月 26 日，伴随广东地区 2022 年需求响应市场的首次开放，粤能投虚拟电厂管理平台市场化需求响应正式启动，响应当日在全省范围内完成工业可中断、用户侧储能等可调节资源日前邀约响应，首战告捷，标志着粤能投平台已完全具备提供市场化需求响应服务能力。粤能投虚拟电厂管理平台响应 1h 相当于减少 3 万 kWh 用电，大概相当于 1h 1.5 万户居民柜式空调的用电，粤能投虚拟电厂管理平台按照广东地区市场规则要求，创建完整商业模式，以省、地、区、站点的分层模式打造"网格式"服务，提供日前邀约、日内可中断、实时直控三类产品，依据客户类型打造直控与非直控响应能力，确保做到"可观、可测、可调、可控"。粤能投虚拟电厂日运行曲线图如图 10-11-4 所示。

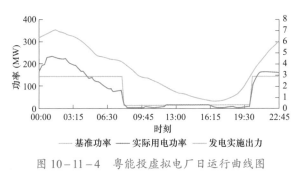

图 10-11-4 粤能投虚拟电厂日运行曲线图

粤能投虚拟电厂管理平台项目被授予"中国电力技术市场 A6 联合体 2022 年综合智慧能源优秀示范项目"奖牌，获得了行业的高度认可。

10.11.4 应用展望

粤能投虚拟电厂管理平台实现了对各类用户侧可调控资源的聚合管控算法创新研发，建立包含非生产性空调负荷、工业负荷、充电设施、用户侧储能等多元化资源在内的可调控资源池，为各类用户侧可调控资源提供了多层级聚合管理；打通了用户侧可调控资源参与广东省交易中心市场化需求响应市场的实现路径，实现了用户侧可调控资源的"可观、可测、可调、可控"，有效提升用户侧调控能力，助力新型电力系统建设；将以对用户侧可调控资源参与广东省交易中心市场化需求响应市场的收益的分析评价为基础，探索负荷聚合管理平台商业化运营模式，可盈利的参与各种品类电网辅助服务，以多方共赢为基础推进业务形态创新。

10.12 国内首台套省网实时调节实践案例——华能浙江虚拟电厂

10.12.1 项目概述

华能浙江虚拟电厂位于浙江省杭州市，由华能（浙江）能源开发有限公司投资建设，项目于 2021 年初开始建设，历经近两年的建设和探索，于 2022 年 11 月 25 日顺利通过 72h 连续试运行，正式投产，是国内首台接入调度系统并参与系统实时调节的虚拟电厂。项目具有缓解电力供需紧张、提升电网调节能力、提高能源利用效率、降低用户用能成本、促进可再生能源消纳、节省电力系统建设投资、服务区域经济发展等重要作用。华能浙江虚拟电厂现有接入资源可调容量 170MW。

10.12.2 系统架构

华能浙江虚拟电厂配备两台机组，一号机组为调峰调频机组，主要接入新型储能、分布式发电、用户侧应急电源等具备发电能力的可调资源，通过对发用电负荷的精准控制，实现调度指令的秒级响应，为电网提供实时的调峰、调频服务，提升电网调节能力。二号机组为调峰机组，主要接入楼宇空调、充电桩平台、可调工业负荷、微电网等负荷资源，通过管理和优化用户用电曲线，实现发电调峰功能，能够有效抑制电力负荷时段性冲击，缓解电网运行压力。

华能浙江虚拟电厂具体运行方式：虚拟电厂主站向上与浙江省调度及其他平台（包含需求响应平台、电力市场交易平台等）进行数据交互，接收调度下发的调节指令，并将指令解聚分解至各接入资源进行调节，同时上传调度所需的运行状态数据及其他信息。部署在资源侧的智能终端与各接入资源进行通信，采集其运行数据，并上传至虚拟电厂主站系统，同时下发虚拟电厂主站系统的调节指令至相连的资源，完成本地闭环控制。华能浙江虚拟电厂系统架构如图 10-12-1 所示（图中字母符号 SOC 表示荷电状态，U 表示电压，I 表示电流，P 表示有功功率实时出力，Q 表示无功功率实时出力，λ 表示功率因数，AGC 表示自动发电控制）。

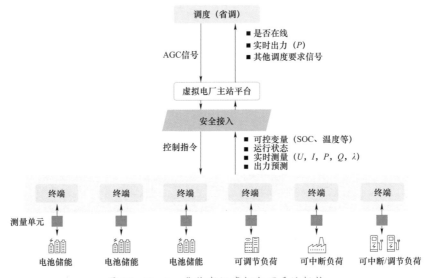

图 10-12-1　华能浙江虚拟电厂系统架构

10.12.3　应用场景

1. 虚拟电厂提供调峰服务

日前，虚拟电厂向调度报送最大技术出力、最小技术出力、可深度调峰能力、调峰容量、最大运行时间、最小运行时间、最小停机时间等信息。调度机构根据次日供需情况或现货市场运行情况，安排（或市场出清）虚拟电厂次日的开停机计划及发电出力曲线。

在执行当日，虚拟电厂按日前计划出力曲线调峰运行。当系统有深度调峰需求时，调度机构可通知虚拟电厂开展深度调峰、降低出力（可以降低到负值）的指令，虚拟电厂按调度要求退出 AGC，提供深度调峰服务。调峰流程示意图如图 10-12-2 所示。

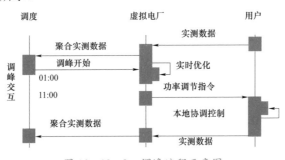

图 10-12-2　调峰流程示意图

2. 虚拟电厂提供调频服务

虚拟电厂接入资源中的储能电池、分布式燃机等快速调频资源，可以提供调频服务，采用"日前申报，日内调用"的方式参与。

在执行日前，虚拟电厂向电力系统调度机构申报调频容量、最大运行时间、最小停机时间等基本参数，调度机构根据负荷预测、各机组出力、电网安全校核等情况，在日前进行出清，并将中标量（计划模式）或中标量价（现货辅助服务模式）等信息下达给虚拟电厂；在运行当日，虚拟电厂接收调度调频指令（AGC 功率指令），通过协调控制用户侧储能、分布式燃机等快速调频资源出力，跟踪并响应调度系统的 AGC 指令，响应的结果满足二次调频的性能要求。调频流程示意图如图 10 – 12 – 3 所示。

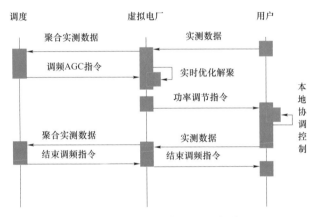

图 10 – 12 – 3　调频流程示意图

3. 虚拟电厂提供需求响应服务

虚拟电厂主站系统通过评估接入资源可响应的容量范围，根据评估结果优化日前需求响应策略参与需求响应。此外，虚拟电厂平台的需求响应功能也将包含实时优化功能，在未来实时需求响应市场中，接收调节指令，并将调节指令下发给参与的用户资源进行实时调节。华能浙江虚拟电厂需求侧响应流程示意图如图 10 – 12 – 4 所示。

4. 虚拟电厂提供备用服务

虚拟电厂通过聚合可控负荷、储能、充电站等资源向电网提供10min 和30min 备用服务。具体调用方式为虚拟电厂根据所聚合资源情况每日向调度报送备用容量、备用时段、调用方式、最大运行时间等参数。在电网负荷高峰时段，调度机构根据申报技术参数向虚拟电厂主站平台下达 10min 和 30min 备用指令，启动虚拟电厂提供备用辅助服务。当需要实际调用虚拟电厂备用资源时，调度可以实时通过 AGC 指令下发调度指令，虚拟电厂根据调度指令进行调节，通过优化储能、分布式燃机发电，可调节负荷、可中断负荷降低用电等手段来实际响应调度指令。

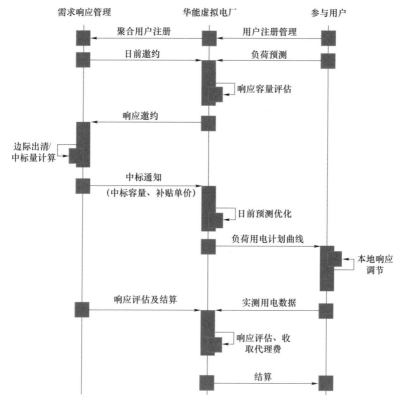

图 10-12-4 华能浙江虚拟电厂需求侧响应流程示意图

10.12.4 商业模式

华能浙江虚拟电厂通过与用户的合作共享，聚合和代理资源共同参与电力辅助服务市场等市场化交易方式获得经济收益。现有模式下，虚拟电厂聚合用户资源共同参与需求响应、第三方独立主体参与辅助服务的市场获得收益。现货模式下，华能浙江虚拟电厂可参与调频、备用等辅助服务品种交易，获得收益。虚拟电厂作为独立市场主体，参与市场交易，从市场中获得收益，并按照各聚合资源的调节效果向用户资源支付响应调整费用，实现与用户的收益共享。与此同时，虚拟电厂解决了单一用户因可调容量小、可提供服务品类单一、响应时间短而无法参与市场的问题，通过代理用户参与交易，帮助用户获得额外经济收益，进一步降低用户用能成本，提升用户市场竞争力。

10.13 国内首套跨区域自主调度实践案例——华电广东虚拟电厂

10.13.1 项目概述

华电广东虚拟电厂位于广东省广州市，由华电广东能源销售有限公司与国网南京自动化股份有限公司共同建设，项目于 2021 年开始建设，系统部署在广州万博布式能源站，作为虚拟电厂智慧管控主站平台，在各地市按需部署虚拟电厂智慧管控分站平台，以华电广东能源销售公司为运营主体，各地市的资源接入和聚合调控单元一体化协同运行，接入广东全域范围内各类可调节资源及具备需求响应能力的工商业负荷用户，参与广东及各地市电网运行和电力市场交易。

历经一年多的建设和探索，虚拟电厂智慧运营管控平台于 2023 年 8 月在广州正式上线，建设成在省地两级全域范围内多种类型资源接入、聚合、分区管控的全域型虚拟电厂，参与大范围的电网调度和需求响应。项目为参与广东省电力实时需求响应提供优质解决方案，提高聚合商组织代理用户参与响应的效率，简化用户参与响应的流程，提升用户报量报价的准确性，持续提升用户收益。同时对电网而言，有利于缓解供需紧张，提升电网灵活性，提高能源利用效率等。华电广东虚拟电厂智慧管控平台现注册用户总数 358 家，最大削峰响应容量共计 1298.81MW，最小削峰响应容量共 42.41MW。

10.13.2 系统架构

华电广东虚拟电厂运营管控系统由虚拟电厂运营管控系统主站、虚拟电厂运营管控分站、通信网络和用户资源侧终端设备组成。其中虚拟电厂运营管控系统主站由虚拟电厂运营商负责运营，对上和区域调控中心、虚拟电厂管控平台及电力交易中心进行交互，对下通过通信网络连接部署在资源用户侧的虚拟电厂边缘端或下级级联的负荷聚合商平台，并利用虚拟电厂边缘终端连接用户侧各响应资源或用户侧能量管理平台。

虚拟电厂运营管控主站或分站的运行监控子系统部署前置服务器，并通过安全接入区接入可控资源站端数据，系统支持运营商公网，虚拟专网和专用网络等多种接入方式，完成虚拟电厂运营管控系统与可控资源站端间的信息交互。运营管理子系统部署虚拟电厂运营和交易管理服务器实现虚拟电厂运营交易管理等业务应用。虚拟电厂运营管控系统支持通过互联网大区接入虚拟电厂管控平台，同时也支持直接接入调控主站，接收调度直调命令。华电广东虚拟电厂管控平台系统架构示意图如图10-13-1所示。

10.13.3 应用场景

（1）虚拟电厂提供日前邀约需求响应交易。负荷聚合商以虚拟电厂方式代理用户参与广东省日前邀约需求响应交易，虚拟电厂智慧管控平台为用户提供需求响应辅助申报、智能辅助决策、申诉管理、合同管理等功能。

系统接收交易中心披露的邀约响应需求和基线负荷数据，通过App/公众号/短信等多种消息通知方式，提醒并辅助用户发起需求响应申报。系统采集用户侧园区用电负荷数据，根据用户历史响应申报情况，结合中标电价预测功能，分析用户响应潜力，提供最优报量报价方案，辅助用户与聚合商协商完成邀约响应申报并记录申报过程。

申报完成后，系统接收交易中心出清结果并发布用户通知。在运行日当天，系统实时跟踪用户响应功率曲线，在线分析响应达标率和考核风险，通过App/公众号/短信等多种消息通知机制，辅助用户进行响应执行。

响应完成后，系统接收交易中心发布的结算信息，对所有注册用户的基线负荷和结算电量进行校核，同时根据合同约定比例计算校核用户和聚合商收益情况，系统还能结合每次响应情况进行复盘分析，分析异常数据并提供用户申诉接口。

（2）虚拟电厂提供可中断负荷交易。负荷聚合商以虚拟电厂方式代理用户参与广东省可中断负荷交易，交易方式与日前邀约类似。系统在运行日前一周完成用户代理申报，在运行周根据调度中心发布的虚拟电厂调用清单以及用户合同类型对接入的用户资源进行代理控制或通知用户执行响应。响应结束后，系统对备用费用和调用费用进行计算校核，对日内调用的可中断负荷进行响应评价。

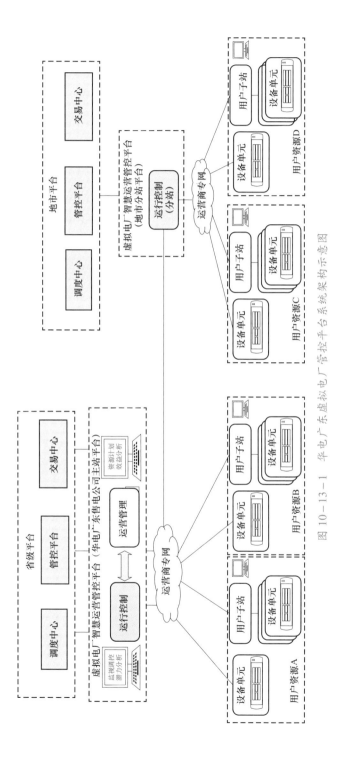

图 10-13-1 华电广东虚拟电厂管控平台系统架构示意图

（3）虚拟电厂提供直控型可调节负荷竞争性配置交易。负荷聚合商以虚拟电厂方式代理用户参与广东省直控型可调节负荷竞争性配置交易，聚合对象限定为独立储能资源。系统在交易前完成调节容量认定后，根据现货电能量交易细则和辅助服务规则实施虚拟电厂调用、执行及费用结算。目前系统支持日前调峰辅助服务和日内 AGC，虚拟电厂作为一个整体，接受调度调峰指令，并将调节指令分解下发至各接入资源进行调节响应，实现上、下调峰的功能。聚合商以虚拟电厂形式向调度报送全厂功率调节上限、功率调节下限、调峰容量、最大持续时间、最小持续时间等信息。调度机构根据上报信息和市场需求制定运行计划曲线。虚拟电厂在运行日可按计划出力曲线调峰运行，同时也可以接收调度机构实时下发的功率遥调目标执行 AGC 调节。

10.13.4 商业模式

华电广东虚拟电厂运营主体为华电广东能源销售有限公司，通过与用户的合作共享，聚合和代理资源共同参与电力需求响应和辅助服务等市场化交易，再通过约定比例分成的方式获得经济收益，解决了单一用户因可调容量小、可提供服务品类单一、响应时间短而无法参与市场的问题。基于省地两级虚拟电厂管控平台，代理广东省地区全域用户参与交易，灵活满足不同地区虚拟电厂并网和运营管控要求，适应当前虚拟电厂准入和市场政策的差异，帮助用户精准报量报价，提高用户预期响应收益，提升用户参与市场积极性。同时，基于大数据运行分析和人工智能技术，通过虚拟电厂智慧运营管控平台可以对聚合用户响应情况进行智能分析评价，既能帮助聚合商识别优质用户，提高聚合商资源聚合效率和响应执行精准度，同时也能帮助用户实现智慧用能分析，提高用户响应收益。

10.14 省地两级云边端协同调度实践案例——浙江浙能虚拟电厂

10.14.1 项目概述

浙江浙能能源服务有限公司计划建设"源网荷储一体化"浙江浙能虚拟电厂，聚合分布式发电、储能、电动汽车、可控负荷、增量配电网等灵活性资源，将各资源按区域拟合为虚拟发电机组，接入浙江省电网，由调度中心进行控制，形成省级虚拟电厂，浙江浙能虚拟电厂管控平台系统架构如图 10-14-1 所示。在"双碳"目标和构建以新能源为主体的新型电力系统背景下，项目将致力于实现规模化灵活资源虚拟电厂的聚合互动调控，提升新型电力系统下区域电网自我平衡与消纳能力，解决电力系统灵活性调节能力不足的问题。

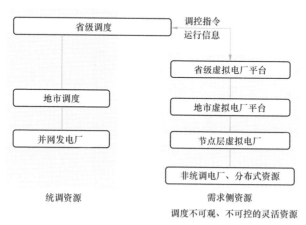

图 10-14-1 浙江浙能虚拟电厂管控平台系统架构示意图

浙江浙能虚拟电厂项目计划采用成长型系统架构分为多期建设，计划建成覆盖源、网、荷、储各环节的虚拟电厂。聚合现有调度不可观不可控的灵活资源，含分布式电源总容量不低于 100MW，可调节资源总容量 300MW 以上，其中快速调频容量不低于 30MW，可实现最高峰值负荷降低 100MW 及以上。后期资源接入量增长后形成总控站和区域子站分层架构模式。

聚合资源类型主要为 20kV 及以下分布式光伏、分散式风电、分布式燃机、小微水电、储能、电动汽车、楼宇空调、景观照明、工厂可控负荷、增量配电网等灵活性资源。

10.14.2 系统架构

项目研发浙江浙能虚拟电厂云—边—端协同调度系统，搭建以全省 11 个地市为边缘的区域虚拟电厂聚合点，多类型动态资源聚合为特征的虚拟电厂机组，攻克协同调控技术，解决多重复杂工况下虚拟电厂云—边—端协同调控难题。浙江浙能虚拟电厂云—边—端协同示意图如图 10-14-2 所示。

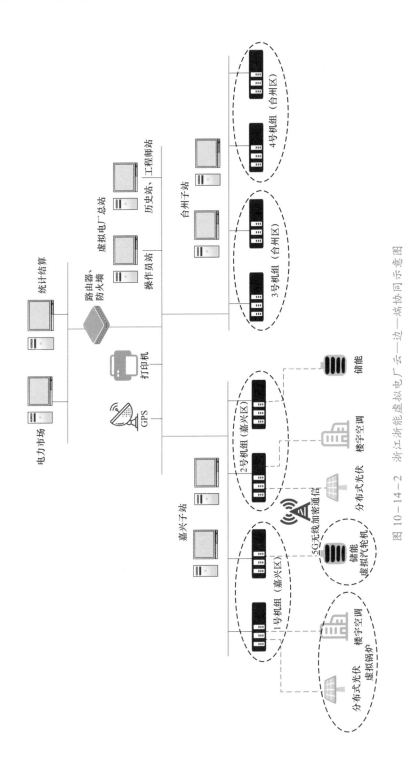

图 10-14-2　浙江浙能虚拟电厂云—边—端协同示意图

云（总平台层）：由调度层和监控层构成，接受调度指令与反馈遥测信号。采用大数据分析、人工智能分析，实现调度指令分解下发，机组数据解耦等功能需求，同时负责监控虚拟电厂运行状态。系统灵活部署、弹性伸缩，支持海量终端接入后的调控扩展。

边（聚合控制层）：接受平台层调度指令，通过聚合模型控制终端资源响应调度指令，返回数据信号。采用"统一硬件平台+容器化管控"技术架构：硬件平台采用大型工业控制平台，保证虚拟电厂运行稳定性，结合边缘计算技术提高业务处理实时性，实现虚拟电厂参与发电、调频、调峰业务应用灵活部署，多样化物联网通信方式和协议，加密认证机制适应海量异构终端即插即用，安全接入。

端（资源层）：通过 5G 技术等通信技术部署多类型智能感知终端，实现用户侧资源运行状态、设备状态、环境状态以及其他辅助信息交互。

10.14.3　系统特色

（1）与标准电厂一致的虚拟电厂。浙能虚拟电厂建设计划采用成长型系统架构，基于省内电网潮流分布，将区域内的分布式资源按照各自特性合理聚合为虚拟电厂机组，通过高精度模型算法使其具备升降负荷与调频能力，形成与标准电厂一致调度的虚拟发电机组，在实现自身效益同时，也将探索开展服务电网潮流整体安全控制，走出一条"网厂联动、团结治网、共谋安全"的浙能虚拟电厂探索之路。

（2）分层分区设计。浙能虚拟电厂基于分层分区结构设计，相比于传统的分层概念，该项目不仅从物理视角考虑了电压等级和电网潮流的分层分区，同时从市场视角考虑了市场代理关系和区域市场环境对规模化灵活资源分层分区的影响。

虚拟电厂聚合的灵活资源涉及源、网、荷、储各个环节，每个环节特性又大不相同，分布式风光、分布式水电、工业园区、5G 基站、三联供、增量配电网、大型智慧楼宇、蓄热式电锅炉、电动汽车，也包含柔性负荷和秒级可中断负荷等。虚拟电厂的动态模型构建以不同系统需求作为触发条件，具有不同的时间尺度，对于调峰，日前构建；对于调频，小时级构建；对于配电网阻塞管理，分钟级构建。

（3）低延时通信设计。通信技术是调度和控制的重要保障，浙江浙能能源服务有限公司在通信资源调度及安全防护方面，提出虚拟电厂调控中确定性低时延保障、终端本体安全及数据安全防护技术，实现虚拟电厂业务通信保障、海量异构终端实时安全接入和隐私数据保护。系统计划采用"低延时-轻装备"通信结构设计，运用边缘计算、量子加密、区块链存证和 5G 通信网络切片技术，构建资源层到平台层的低时延安全通信。

平台层浙能虚拟电厂总系统接入调度Ⅰ区，聚合层边缘各虚拟电厂机组接入安全接入区，海量智能终端与边缘物联聚合装置或边缘物联处理模组集成 5G 模块，基站侧通过核心网用户面功能实现分流，通过公网或专网与聚合商实现通信 5G 模块与基站通信过程采用 5G 切片技术，根据需求选择高可靠低时延通信或海量机器通信模式，支持大规模终端接入。

通过以上技术，项目争取将调度指令下达到可调资源过程、就地控制响应过程、公网通信时延过程等并将整个通信链路延时控制在毫秒级，为虚拟电厂精准调控提供通信保障。

10.15 省内/省间辅助服务市场实践案例——宁夏虚拟电厂

10.15.1 项目背景

2022 年 3 月，国家发展改革委、国家能源局印发的《"十四五"现代能源体系规划》明确提出将虚拟电厂作为智慧能源示范工程的新模式新业态。2023 年 9 月，国家发展改革委发布《电力需求侧管理办法（2023 年版）》和《电力负荷管理办法（2023 年版）》，提出要全面推进需求侧资源参与电力市场常态化运行，支持将需求侧资源以虚拟电厂等方式纳入电力平衡，提高电力系统的灵活性。一系列举措的密集出台奠定了虚拟电厂的发展基调。

随着新能源装机容量高速增长，电网峰谷差持续增大，源侧、荷侧不确定性日益增强，负荷低谷时段风光消纳难，电力供需错配问题明显，导致调峰、调频、调压等电网运行调节工作压力越来越大。在风电、光伏等能源占比越来越高的趋势下，用于提升电网负荷弹性的虚拟电厂的重要性越来越突出。

开展虚拟电厂建设，通过广泛聚合管理用户侧灵活资源，促进分布式能源就地消纳，有效挖掘需求侧的灵活响应潜力，提高调节能力共享利用水平，代理分布式资源参与辅助服务等电力市场，为电网贡献可观调节能力，促进源网荷储多元智能互动升级转型，是新型电力系统构建中的重要手段。

国电南瑞南京控制系统有限公司结合技术优势及实践经验，开展面向辅助服务市场环境的虚拟电厂研究与应用示范，并在多个工程现场实际运行，具有一定的示范效应。

10.15.2 系统概述

（1）系统架构。面向辅助服务市场环境的虚拟电厂系统平台层分为虚拟电厂主站和虚拟电厂子站，虚拟电厂主站包括管理服务子系统和仿真检测子系统，负责与市场运营层交互；虚拟电厂子站包括聚合运营子系统，用户侧运行数据通过无线专网方式上送至用采系统/物联管理平台，由用采系统/物联管理平台将数据集成到子站，实现对可调节资源的聚合及运营管理，代理用户参与辅助服务市场交易。宁夏虚拟电厂总体架构如图 10-15-1 所示。

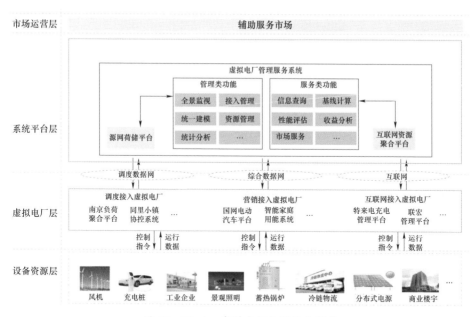

图 10-15-1 宁夏虚拟电厂总体架构

（2）应用架构。虚拟电厂运营管理平台主要包括管理服务子系统、仿真检测子系统、聚合运营子系统三部分，其中仿真检测子系统包括仿真类、检测类功能应用，管理服务子系统包括管理类、服务类功能应用，聚合运营子系统包括运营类、聚合类、控制类、市场类功能应用。宁夏虚拟电厂系统应用架构如图 10-15-2 所示。

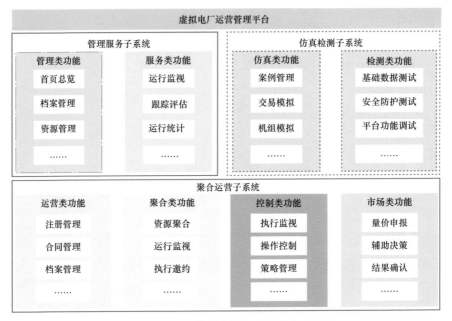

图 10-15-2　宁夏虚拟电厂系统应用架构

（3）集成架构。系统平台通过集成调度、交易、营销、用采等系统，实现数据和业务贯通，其中用电采集前置/物联管理平台，获取代理用户负荷数据；集成短信平台，实现对代理用户的市场信息通知及邀约；集成营销业务系统，获取户号、容量等台账类信息；集成调度系统，实现调控指令接收、聚合数据上送等；集成电力交易平台，获取市场动态、出清、结算等信息；集成物联管理平台，获取代理用户实时运行数据；集成车联网平台，获取接入车联网的用户运行数据；虚拟电厂技术支持系统（自建），获取档案信息、运行数据，并转发市场出清和结算信息。宁夏虚拟电厂系统集成架构如图 10-15-3 所示。

（4）平台功能。

1）虚拟电厂管理服务平台。虚拟电厂管理服务平台一方面面向区域范围内所有虚拟电厂运营商，提供接入管理、档案管理和资源管理等管理类服务，统一虚拟电厂接入规范，实现对全省虚拟电厂的统一管理；另一方面面向全省范围内所有虚拟电厂运营商，提供市场资讯、数据报送等公共服务，实现对全省虚拟电厂的统一服务，赋能全省虚拟电厂便捷参与需求响应和电力市场，合理优化公共资源配置，进一步释放市场红利。横向集成调度、交易、营销、用采等系统，实现数据和业务贯通，通过接口获取电力交易平台、调度等系统下发的公告信息，包括交易公告信息、市场公开信息等，并将交易公告信息发送给各个虚拟电厂。

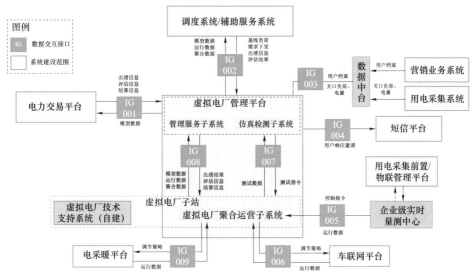

图 10-15-3　宁夏虚拟电厂系统集成架构

2）虚拟电厂聚合运营平台。虚拟电厂聚合运营平台聚合用户参与市场，为中小用户提供参与市场的机会，通过市场为电网提供灵活调节能力与电网互动，实现网荷双赢。虚拟电厂聚合运营平台具备如下所述的四大类功能：

a. 运营类。虚拟电厂依托平台开放共享、合作共赢的服务能力，为中小用户提供成员注册、资源申报服务，辅助用户将可调资源申请成为虚拟机组，通过签订虚拟电厂代理合同，正式纳入虚拟电厂统一管理，统一调控。虚拟机组接收虚拟电厂的市场交易代理和能量控制调节，通过聚合类、控制类功能，实现市场信号与能源利用的统一。虚拟电厂根据参与市场运营的收益，基于代理用户调控次数、响应时长、合格率等综合评判指标，对代理用户进行二次结算分配，实现市场红利传导与价值变现。虚拟电厂通过代理用户及其设备资源参与"日常管理—市场代理—聚合调控—盈利分配"全业务流程，实现虚拟电厂常态化运营。

b. 聚合类。虚拟电厂聚合类功能将用户侧分布式电源、可控负荷、储能等灵活可调节资源，通过面向多时空特性、多调节目标、多应用场景等不同维度的资源聚合技术，基于设备资源—虚拟机组—虚拟电厂的分层分类模型驱动，将代理用户的可调资源聚合成"负荷类""源网荷储一体化"虚拟可控集合体，对外形成运行稳定、可控可调的特殊发电厂。

c. 控制类。虚拟电厂代理用户在完成测控装置现场改造后，纳入虚拟电厂统一调管。虚拟电厂按照调控成本最低、影响用户数最少、用户影响程度最小等不同策略分解规则，将调节策略下发至储热式电采暖、分布式光伏等平台系统，由其负责对具体设备进行调节。虚拟电厂通过全景监视、执行监视，实时跟踪调节指令执行全过程，动态评判执行成效。

d. 市场类。主要支撑虚拟电厂参与辅助服务市场交易，通过建立虚拟电厂报量、报价决策模型，利用多场景模拟虚拟电厂竞标的不确定性，结合可调资源特性并以收益最大化为目标建立辅助决策模型，自动生成虚拟电厂报量、报价决策方案，辅助虚拟电厂在多元市场交易机制下，科学制定市场交易策略，及时传导和发布交易公告、市场出清、补贴发放等信息，以市场化的激励约束机制，引导和培育代理用户积极参与市场运营，实现用户侧可调节资源的充分利用与商业价值挖掘。

10.15.3 应用案例

以宁夏虚拟电厂建设实践为例，该省虚拟电厂运营管理体系建设第一阶段旨在充分挖掘灵活资源调节能力，聚合用户侧可调资源参与削峰、填谷辅助服务市场交易品种。参与主体包括独立用户、负荷聚合商、虚拟电厂运营商，虚拟电厂运营商指将不同空间的可调负荷、储能、分布式电源等多个资源聚合在一起作为整体提供调节服务的运营商，具有用电和发电两种属性。虚拟电厂运营商调节能力不低于 2 万 kW，且不低于最大用电负荷的 10%；需具备按照调节容量要求持续参与响应不小于 2h 的能力。

（1）业务流程。辅助服务市场交易业务流程包括用户侧各类市场主体资格审核、能力核定、市场注册、市场准备、市场信息发布、市场申报、市场出清、安全校核、市场结果发布、执行调用、电费结算等，其主要业务流程如图 10-15-4 所示。

（2）关键功能。

1）多维资源聚类。虚拟电厂资源多维聚合主要是在单体模型的基础上，从空间、时间、对象三个维度构建单体调节资源自动聚合的分类模型，形成聚合后的计算和控制资源，用于后续的监视控制和分析决策。空间上包括分区、地区以及全网等维度，时间上包括秒级、15 分钟级、30 分钟级、1 小时级以及 2 小时

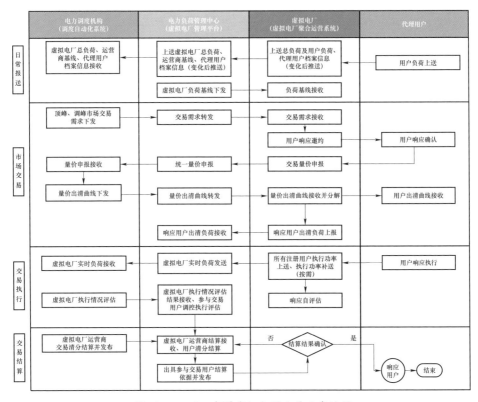

图 10－15－4　宁夏虚拟电厂主要业务流程

级，资源类型上包括工业大用户、非工空调、储能、负荷聚合商（包括智慧园区、商业楼宇、综合能源体等）以及电动汽车的采集量、不同时段的可控量和控制效果等，为越限消除、备用控制和电力平衡等业务场景做支撑。空间分布聚合具体是指以接入虚拟电厂单体资源为对象，按照主变压器、分区、地区及全网实现虚拟电厂空间分布聚合，为电网区域的监视、分析与控制提供虚拟电厂空间分布聚合信息，空间分布聚合信息属性包括区域名称、区域类型、区域当前有功、总容量、可调节量、已响应量、秒级上调裕度、秒级下调裕度、15min上调裕度、15min下调裕度、30min上调裕度、30min下调裕度、2h上调裕度、2h下调裕度、2h以上上调裕度、2h以上下调裕度。响应时间聚合具体是指以接入虚拟电厂单体资源响应时间为对象，按照毫秒级、秒级、15分钟级、30分钟级、2小时级、2小时级以上等不同响应时间类型建立响应时间聚合，为电网监视、分析与控制提供响应时间聚合信息，响应时间聚合信息属性包括响应时间类型名称、当前有功功率、总容量、上调节量、下调节量、已响应量等。

2）可调容量预测。虚拟电厂可调容量预测是指采用基于数据挖掘的虚拟电厂可调容量预测方法，通过预测日的气象参数、日期类型等，匹配得到相似日，进而得到基线负荷，再结合预测日的负荷情况可以得到可调容量。对区域内虚拟电厂进行能力画像，多维分析统计区域内虚拟电厂实时上调能力、实时下调能力、虚拟电厂实时负荷、接入情况；以曲线形式展示区域内虚拟电厂运行曲线、调控分析曲线；统计区域内接入用户数量、聚合容量分布情况、调控偏差率；管理各个虚拟电厂档案信息、代理用户信息数据；以日用电量、月用电量、年用电量维度分别统计虚拟电厂及代理用户的用电量、可调能力。宁夏虚拟电厂容量预测流程如图 10-15-5 所示，宁夏虚拟电厂相似日选取如图 10-15-6 所示。

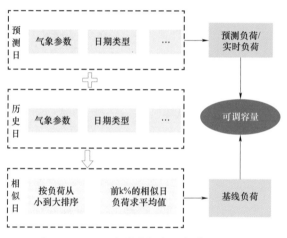

图 10-15-5　宁夏虚拟电厂容量预测流程

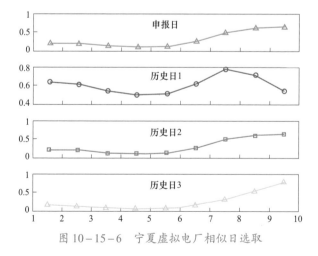

图 10-15-6　宁夏虚拟电厂相似日选取

3）基线负荷计算。基线负荷为判定辅助服务执行效果的依据，指未实施需求响应、有序用电、无供电设备检修（故障、异常）、辅助服务等情况下响应资源的正常用电负荷。基线负荷以小时平均功率计算，即小时电量。具备条件的，可以按 15min 功率计算。基线负荷计算、辅助服务执行结果认定和交易结算以电能计量装置数据为准。采集数据不完整时（如发生数据丢失且无法追补的情况），由电网企业根据拟合规则补全。基线负荷的计算按照 GB/T 37016—2018《电力用户需求响应节约电力测量与验证技术要求》执行。电网企业按照管辖范围记录所辖范围内市场参与主体辅助服务交易、调用、计量等情况。

（3）交易服务。通过接口以及页面形式汇集所有虚拟电厂参与辅助服务市场的申报信息。接收各虚拟电厂参与辅助服务市场的出清信息；接收各虚拟电厂参与辅助服务市场的结算结果信息，并将对应结算信息下发至对应虚拟电厂。

通过建设虚拟电厂聚合运营系统，宁夏将海量"物理分散、逻辑统一"的用户侧可调节资源聚合起来，参与电网调节，截至目前，虚拟电厂聚合运营系统已聚合电采暖、微电网、集中式储能、分布式储能、微电网、数据基站等 9 类资源，累计聚合容量 381 万 kW。截至 2023 年 6 月底，宁夏某虚拟电厂运营商已完成电采暖、工业负荷、楼宇空调、光伏、分布式储能、微电网、冷链物流、数据基站 8 类资源 111 户用户可调资源摸排、接入，可调节容量 223.4 万 kW，其中电采暖、楼宇空调可实现分钟级响应，可调节容量 9367kW；工业负荷、光伏、分布式储能、微电网、冷链物流可实现日前响应，可调节容量 222.5 万 kW，为电网切实提供灵活调节能力。

10.15.4　应用展望

虚拟电厂通过数字化和运营手段将各类分散可调电源和海量负荷汇聚起来统一管理、统一调控和统一服务，可有效支撑电网最大负荷 5%可调负荷资源库的构建。支撑推动以虚拟电厂形式参与辅助服务市场运营，将从根本上改变可再生能源发电依靠国家补贴、在电力营销中毫无优势的被动局面，实现能源生态多方共建共赢。

建设虚拟电厂是聚合可调节资源，提升新能源消纳水平的需要。近年来，我国新能源装机占比快速增长，部分时段存在"弃风弃光"现象，新能源消纳面临巨大压力。建设虚拟电厂聚合可调节负荷和储能资源，引导用户参与辅助服务市场，有助于推动新能源与电网良性互动，降低"两弃"电量，提升电网对新能源的消纳水平。

建设虚拟电厂是提高经济效益，挖掘用户设备资源价值的需要。随着我国经济增长和产业结构调整，社会用电需求持续攀升，叠加电力市场化改革进程加速，用户用能成本不确定性增加。建设虚拟电厂，聚合多元用户资源参与电网运行调节和电力市场交易，引导用户参与电力辅助服务有助于提升用户设备资源价值，拓宽用户收益渠道、减少购电支出，提高社会经济效益。

10.16 源荷储资源一体聚合调控实践案例——宁夏某区域虚拟电厂

10.16.1 项目背景

新形式下，分布式发电、需求侧响应、高弹性电网和综合能源系统等各种新事物、新技术不断涌现，电力行业正面临着包括高比例新能源接入、电网灵活性改造和碳减排在内的各种新挑战。"双碳"目标的提出，使得分布式清洁能源成为我国电网不可或缺的重要组成部分，高比例分布式可再生能源的接入也对电网的运行水平和调控能力提出了更高的要求。虚拟电厂作为一种新型电力系统管理模式，能够在可再生能源装机容量不断提升的背景下，掌握各分布式能源的聚类特性和灵活性特征，实现对各类分布式新能源的有效聚合和灵活调控，减小其出力间歇性、随机性和波动性对电网的冲击，是提升电力系统综合调节能力，加快灵活调节电源建设的一项重要措施。国家对虚拟电厂进行了大量的政策引导和鼓励，以推进国内虚拟电厂建设。随着 2016 年电力体制改革的稳步推进，我国虚拟电厂得到了进一步的发展。2020 年起，国家能源局确定将多层级虚拟电厂平台纳入能源领域重点专项，以推动虚拟电厂技术成果的转化落地。2021 年，国家能源局印发《2021 年能源监管工作要点》，积极推进虚拟电厂等第三方主体参与电力辅助服务市场，同年 10 月，国务院印发《2030 年前碳达峰行动方案》，提出要大力提升电力系统综合调节能力，加快灵活调节电源建设，引导自备电厂、传统高载能工业负荷、工商业可中断负荷、电动汽车充电网络、虚拟电厂等参与系统调节。2022 年，发布《关于加快建设全国统一电力市场体系的指导意见》，提出到 2025 年初步建成，到 2030 年基本建成全国统一电力市场体系；2022 年 3 月，国家发展改革委、国家能源局发布关于印发《"十四五"现代能源体系规划》通知，提出要推动储能设施、虚拟电厂、用户可中断负荷等灵活性资源参与电力辅助服务。此外，北京、上海等多地都将发展和建设虚拟电厂列入"十四五"规划。

然而，从目前已开展的虚拟电厂技术研究和实践来看，虚拟电厂关键技术研究的广度和深度还远远不够，主要问题包括虚拟电厂的基础设备欠缺，支撑计量、通信和控制的设备生产水平较为落后，虚拟电厂的生态圈没有形成；虚拟电厂关键技术研究不足，虚拟电厂的智能计量、信息通信和协调控制技术水平较低，其运行的实时性和自动化无法得到保障；虚拟电厂绿色低碳化运行方式有待开发，尤其是在"双碳"目标背景下，虚拟电厂降低碳排放量和提高新能源消纳量的低碳运行控制模式亟待研究。

针对虚拟电厂总体技术架构、聚合调控、优化控制、智能计量、市场交易、信息通信等关键技术难题，开展面向多元可调资源的虚拟电厂关键技术研究及系统开发，为实现对各类分布式新能源、可控负荷、电动汽车和储能系统的有效聚合和灵活调控，提升电力系统综合调节能力，加快灵活调节电源建设探索经验，掌握虚拟电厂关键技术，形成虚拟电厂运行控制核心产品体系，支撑新能源领域业务快速发展。宁夏某区域虚拟电厂从技术、实施、市场机制、商业模式等多层面实现多元可调资源具备一定程度的电力系统调节能力，进而提升新能源的消纳水平，实现分布式资源集约化管理、有力削减电力尖峰、保障电力供应、降低用电成本、引导居民能源绿色消费、促进能源转型，具有良好的应用前景，必将在新型电力系统中得到大范围推广和使用。

10.16.2 系统概述

1. 系统架构

为提升系统升级改造的灵活性，以应对电力交易规则变化以及客户多元定制化需求，将虚拟电厂系统解耦为四个相对独立的部分，分别是前端交互、应用服务、平台支撑、底层支撑，其系统架构如图 10-16-1 所示。这种系统结构的好处是，当某一部分需要升级或更换时，不会影响到其他部分的正常运作，从而保证了系统的稳定性，同时也减少了维护和升级的复杂性，提高了整体的灵活性和可维护性。

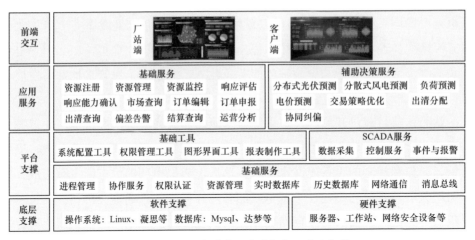

图 10-16-1　宁夏某区域虚拟电厂系统架构

　　底层支撑软硬件部分，主要是筛选一些稳定性、安全性、时效性较强的操作系统和数据库软件，以及一些系统兼容强、性价比较高的服务器、网安设备等硬件资源，为虚拟电厂系统运行提供稳固的基础和高效的资源支撑。此外，我们还自主设计研制了一款可调资源监控终端，主要功能包括可调节资源运行数据采集、控制指令下发、实时状态监控、故障报警及诊断等，为虚拟电厂系统运行提供了更为精准和即时的设备监控和管理能力。

　　平台支撑部分，主要是提供一些业务无关的通用服务，主要包括进程管理服务、协作服务、权限认证服务、资源管理服务、实时数据库服务、历史数据库服务、网络通信服务、消息总线服务、数据采集服务、控制服务、事件与报警服务等，同时，还包括一些通用工具，例如系统配置工具、权限管理工具、图形界面工具、报表制作工具等，为虚拟电厂系统运行提供了高效、灵活和可扩展的服务支持。

　　应用服务部分，主要包括可调节资源注册、可调节资源管理、可调节资源监控、可调节资源响应评估、可调节能力确认、电力市场信息查询、交易订单编辑、交易申报服务、出清查询服务、响应偏差告警服务、结算查询服务、运营分析等基础业务服务，同时还包括分布式新能源发电预测、负荷预测、电价预测、交易策略优化、出清分配、协同纠偏等辅助决策服务，为虚拟电厂运营人员提供了全面、实时和准确的业务支持和决策依据。

　　前端交互部分，包括服务于虚拟电厂运营人员的厂站端，使虚拟电厂运营人员能够方便地查看系统状态、操作控制和进行实时决策。同时还包括服务于可调节资源业主的客户端，使可调节资源业主能够方便地查看其资源状态、获取市场信息和提交交易申请。

2. 系统功能

虚拟电厂参与市场交易主要可以分为四个阶段，分别是准备期、申报期、执行期、结算期。具体而言，准备期需要完成的工作是各类可调剂资源接入。申报期需要完成的工作是根据预测数据和市场情况制定交易策略，提交电量供应和需求申报，以及设定价格。执行期需要完成的工作是根据市场的出清结果进行实际的电量生产或消耗，确保供需平衡和合同的履行。结算期需要完成的工作是核对实际交易数据，与市场运营方进行费用结算，处理任何出现的偏差，并为下一轮交易进行总结和策略调整。宁夏某区域虚拟电厂系统功能如图 10-16-2 所示。

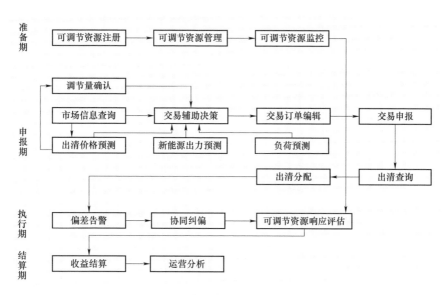

图 10-16-2　宁夏某区域虚拟电厂系统功能

（1）准备期功能。

1）可调节资源注册：此功能允许用户将他们的可调节资源如发电机、电池储能等在系统中注册。完成注册后，资源会被纳入系统的管理和监控范围内，用户需要提供资源的基本信息、规格、位置、输出能力等详细数据，以确保系统能够正确地识别和管理它们。

2）可调节资源管理：该功能提供了一套工具和界面，使系统管理员或资源所有者能够管理、配置和维护已注册的可调节资源。这包括资源的上线、下线、维护计划、性能调整等操作。

3）可调节资源监控：系统实时监控每一个已注册的可调节资源的运行状态和性能，如输出功率、效率、健康状态等。通过图形界面，用户可以迅速了解资源的当前运行情况。同时，兼具向可调节资源下达控制指令的功能，确保可调节资源响应准确性。

（2）申报期功能。

1）调节量确认：系统对每个资源的可调节能力进行确认，确保在需求变化时，资源可以按照预期的能力进行输出。

2）市场信息查询：用户可以查询当前电力市场的信息，如价格、需求、供应量等，从而做出更有策略的运营决策。

3）交易订单编辑：用户可以创建、编辑和管理交易订单，明确交易的数量、价格、时间等详细信息。

4）交易申报：资源所有者或管理者可以通过此功能向电力市场申报其资源的供电意向、数量和价格。

5）出清查询：用户可以查询到哪些交易订单已经被电力市场接受（即出清），从而明确自己的交易状态。

6）新能源出力预测：分布式光伏预测主要关注在分散的区域内的光伏发电系统的产能预测。利用气象数据（如太阳辐射、温度等）和历史发电数据，采用先进的算法和模型，预测未来一段时间内光伏系统的发电量。这有助于电网运营商和光伏系统所有者更好地规划和调度资源。针对分散式风电系统，通过分析气象数据（如风速、风向等）和历史发电数据，预测风电系统在未来一段时间内的产出。准确的风电预测能够帮助运营商调整发电策略，减少无效的功率和浪费。

7）负荷预测：负荷预测旨在预测电力系统在未来一段时间内的电力需求。通过分析历史负荷数据、气象信息、节假日、特定事件等因素，系统可以预测未来的电力需求，从而实现更为高效的电力调度和供应。

8）出清价格预测：电价预测利用历史电价数据、电力供需关系、天气因素、经济指标等信息，预测未来一段时间的电价走势。这对于市场参与者制定购买、出售或交易策略至关重要。

9）交易辅助决策：基于预测的电价、负荷和资源产出数据，交易策略优化工具为电力市场参与者提供最佳的购买或出售策略，以最大化利润或满足特定目标。

10）出清分配：根据电力出清结果，制定虚拟电厂内部各可调资源在运行日的发用电计划，确保总体响应偏差在允许范围内。

（3）执行期功能。

1）可调节资源响应评估：此功能对可调节资源的响应性进行评估，包括响应速度、响应量等，从而确定资源在紧急情况或需求变化时的表现。

2）偏差告警：当可调节资源的实际输出与预期或命令值存在较大偏差时，系统会实时发出告警，提醒用户及时调整或检查设备。

3）协同纠偏：协同控制涉及多个电力系统组件（如发电机、储能设备、负载等）的协同工作，以实现特定的目标（如稳定电网频率、满足峰值需求等）。该功能确保各个组件在电力系统中协同工作，优化整体性能。

（4）结算期功能。

1）收益结算：资源所有者可以查询与电力市场的结算信息，明确交易的最终收入、费用等财务细节。

2）运营分析：系统提供数据分析工具，帮助用户分析资源的运营数据，如运行效率、利润率等，从而为未来的运营策略提供参考依据。

10.16.3　系统特色

1. 多元资源兼容性

为适应日益复杂多变的电力环境，虚拟电厂必须面临并解决各种可调资源的接入问题。兼容性在此成为一个核心指标，以确保各类资源能够迅速、高效地接入虚拟电厂，从而更好地参与市场交易并实现盈利。为此，我们针对性地提出了一个技术方案来提升虚拟电厂的兼容性。

宁夏某区域虚拟电厂基于模块化设计和统一通信协议技术，有效提升虚拟电厂对不同类型资源的兼容性。模块化设计方面，通过分离系统的功能模块，确保每个模块能够独立运作，同时，根据不同资源的特性和需求，选择性地集成所需模块。这种设计方式不仅提高了系统的灵活性，也大大提高了对各种可调资源的接入速度。统一通信协议方面，在资源接入的过程中，通信协议的统一与标准化显得尤为重要。我们采用了国际标准的通信协议，确保虚拟电厂能与各种可调资源进行高效、稳定的通信，进而确保数据的实时性和准确性。

具体而言，宁夏某区域虚拟电厂资源主要包括分布式光伏、充电站、中央空调和分布式储能等不同类型的资源，在以下方面进行了针对性的优化。

分布式光伏：针对分布式光伏的特性，设计了一个专门的光伏数据采集与处理模块。此模块可以实时监测光伏发电量、环境参数如辐射量、温度等，并对异常数据进行智能诊断，确保光伏系统的高效运行。同时，该模块还具备对接逆变器、储能设备等其他相关设备的能力，提供完整的光伏系统管理解决方案。牛场分布式光伏如图 10－16－3 所示。

图 10－16－3　牛场分布式光伏

充电站：为满足充电站的需求，设计了一个充电管理模块，该模块能够实时监测充电桩的工作状态、电量、用户信息等，并进行智能调度，如峰谷电价时段的充电策略调整，确保充电过程既经济又高效。公共充电桩如图 10－16－4 所示。

图 10－16－4　公共充电桩

中央空调：对于中央空调，引入了能耗管理模块，它能够实时收集空调系统的运行数据，如温度、湿度、风速等，结合外部环境参数，智能调节中央空调的运行状态，实现最优的能耗和舒适度平衡。多联机中央空调如图 10－16－5 所示。

图 10-16-5   多联机中央空调

分布式储能：储能模块针对电池储能、超级电容和飞轮储能等多种储能技术进行了设计。该模块能够实时监测储能设备的状态，如充放电量、健康状态、预期寿命等，并根据电网需求进行智能调度，如频率调节、电压支撑等，以实现储能资源的最大化利用。工商业储能如图 10-16-6 所示。

图 10-16-6   工商业储能

2. 多元市场适应性

鉴于我国目前并无统一的全国性电力市场框架，各省电力市场虽共享相似的基本规则，但在特定的操作性细节上依然展现出差异。本节深入探讨虚拟电厂如何迅速适应各省份电力市场的交易规则，并对其所能参与的主要电力市场类型进行剖析。

从分析宁夏回族自治区的需求响应市场来看，交易规则简洁明了，其整个交易过程自电网侧发布需求至虚拟电厂获益，需经历准备、运行及结算三大阶段，并涉及 9 个明确步骤。需要注意的是，补偿费用计算方法所依循的公式为补偿费用=有效响应量×补贴系数×补偿价格×响应时长，此处的有效响应量是由"实际负荷－基线负荷"得出。宁夏回族自治区电力需求响应管理办法如图 10-16-7 所示。

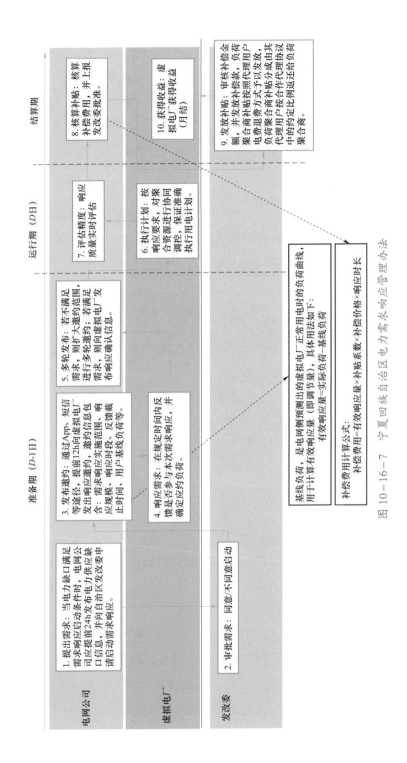

图10-16-7 宁夏回族自治区电力需求响应管理办法

辅助调峰市场相对需求响应市场展现出更高的复杂度。虚拟电厂的参与过程虽与需求响应市场类似，但其申报内容及补偿资金来源的复杂性明显提高。在此市场中，虚拟电厂除需上报可调节量外，还需对应上报调节量的价格，以此促进市场竞争并降低电网对虚拟电厂的服务费支付。

在电能量市场的实际运作中，由于长时间尺度电价预测较为困难，虚拟电厂多选择参与日前现货市场。相较于辅助服务市场，电能量市场规则更加复杂，主要需要关注的三个核心变化如下：① 发布的需求信息不再明确。② 申报规则更具灵活性。③ 虚拟电厂的考核规则及收益计算变得复杂。值得注意的是，电力现货市场进一步细分为 5 个时段，每个时段均可申报最多 10 条量价曲线，为虚拟电厂提供更细粒度的市场参与选择。

为快速实现虚拟电厂系统的省间迁移，在设计系统时对交易规则与策略优化引擎进行解耦，形成规则解析与策略优化独立模块。

规则解析模块：设计虚拟电厂系统的规则解析子模块包括了多个核心组成部分和流程：数据采集涉及多种输入途径如文档上传、API 接入，并设定数据更新机制以实现规则变动的实时校验；文本解析则通过文本预处理和关键信息抽取的方式，运用自然语言处理技术实现规则中关键参数的抽取；规则理解部分针对提取的信息实施结构化操作并解析其核心参数；数据存储则构建一个规则库以储存解析后的结构化数据，并实施版本控制；警告与通知机制在规则变更或解析失败时实时产生警告并通知相关人员；用户界面需要能够展示解析后的规则内容，并允许用户手动修改规则；最后，审计和报告环节定期生成规则解析准确度和使用报告，为进一步优化提供参考。整个子模块设计需确保各个环节之间的协同工作，实现从规则数据采集到解析、应用的全流程管理，并在必要环节考虑人机交互与通知报告，确保系统运行的准确性与时效性。

策略优化引擎：在设计虚拟电厂系统策略优化引擎时，着眼于确保系统能够基于多个运营目标（如成本最小化、收益最大化、风险控制等）导出均衡且高效的运营策略。首先，目标设定环节需要明确虚拟电厂在不同运营场景下的多个优化目标，并通过权重分配体现各目标间的重要性。其次，模型构建环节负责构建能够同时考虑多个优化目标的模型，该模型需能够处理目标之间的冲突与协同，并形成可行的解决方案。在算法选择与开发部分，需要选用或开发能够处理多目标优化问题的算法，例如基于遗传算法或者粒子群优化的多目标优化算法。此外，决策分析环节侧重于对优化结果进行解析和解释，辅助决策者理解各优化目标间的权衡与取舍。实施与控制环节旨在将优化结果转化为实际可操作的指令，导入到虚拟电厂的运营环节，并在执行过程中对各目标达成情况进行监控与控制。进一步，结果评估环节则基于实际运营数据对优化效果进行评价，分析在实际执行过程中各目标的达成情况以及潜在的偏差。最后，持续优化与反馈环节通过收集优化执行的反馈数据和经验，不断优化模型和算法，完善多目标优化过程。整个多目标优化子模块设计需着重平衡各运营目标间的冲突与协同，实现在多个目标之间找到一个相对均衡的优化方案，确保虚拟电厂的综合运营效果。交易优化引擎框架设计如图 10-16-8 所示。

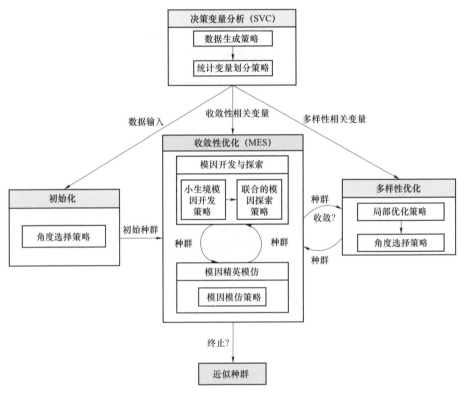

图 10-16-8　交易优化引擎框架设计

10.16.4　应用案例

本节以宁夏某区域虚拟电厂为例，来展示虚拟电厂运行管控系统实际效果。

该虚拟电厂聚合资源类型包括，分布式光伏、分布式储能、充电站、中央空调等。本节将从交易策略优化和控制策略优化两方法出发，展示虚拟电厂仿真运行情况。

（1）分布式光伏功率预测。交易策略优化采用最大熵预测模型来提升分布式光伏预测精度。具体而言，预测综合模型的计算过程是一个信息的综合过程。综合模型基于单一模型预测信息，得到一个最终的合理的预测结果。以风速预测为例，风速本身具有随机性和间歇性，因此在预测中把风速看成一个离散的随机变量序列。对于预测时间段的风速，分别使用多种单一模型进行预测，得到该时间段的风速分布作为该单一模型提供给综合模型的信息。将实际预测结果作为预测风速的中心点，统计对历史参考日虚拟预测的偏差，得到预测风速的各阶中心距。将多种单一预测算法获得的预测风速的统计特征作为约束信息，应用最大信息熵原理得到根据当前掌握的信息对预测风速做出最客观的预测。对于组合预测模型中每个单一的模型权重系数是通过最大信息熵原理来确定的，其原理表现为针对风电场风速或功率采用这单一预测模型对其进行预测，将预测出的实际观测值作为预测风电场的中心点，然后将历史参考数据虚拟预测的偏差统计出来，因此获得待预测风速或功率的各个阶次的中心矩。约束信息则由获得的风速或功率的统计特性来描述，求解方法采用最大信息熵原理。

由图 10-16-9 可以看出，最大熵组合模型的预测效果明显优于其他两种传统预测算法算法。在光伏功率预测任务中，基于物理模型的预测算法的平均绝对误差、均方根误差、平均绝对百分比误差值分别为 2.502、5.569、30.7，基于灰色关联特征的统计模型预测算法的平均绝对误差、均方根误差、平均绝对百分比误差值分别为 1.429、3.111、17.8，基于最大熵组合预测模型的平均绝对误差、均方根误差、平均绝对百分比误差值分别为 0.800、1.798、9.9。在风电功率预测任务中，基于物理模型的预测算法的平均绝对误差、均方根误差、平均绝对百分比误差值分别为 3.825、6.954、32.1，基于灰色关联特征的统计模型预测算法的平均绝对误差、均方根误差、平均绝对百分比误差值分别为 2.224、4.265、19.5，基于最大熵组合预测模型的平均绝对误差、均方根误差、平均绝对百分比误差值分别为 1.021、2.564、12.1。

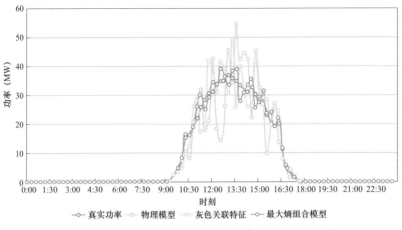

图 10-16-9 基于最大熵模型的分布式光伏预测效果

（2）电价预测。该系统采用粗糙集和神经网络的混合方法构建短期电价预测多指标模型，以提升电价预测精度。具体而言，应用粗糙集方法提取知识规则，以天气多指标模型中的最大电价和最小电价为决策属性，以各个天气指标为条件属性，分析决策属性对条件属性的依赖度及各条件属性在条件属性集中的重要性；从而进行指标约简，得出对短期电力的最大电价和最小电价起主要作用的天气指标，得到约简后的属性集合，去除掉训练样本数据中的噪声数据和冗余数据，减少其对 BP 网络训练的影响，缩短 BP 网络训练所需时间，提高 BP 网络的预测精度。

由表 10-16-1 可以看出，经过了粗糙集方法电力价格预测指标模型的属性约简后，相比于单一的网络方法具有明显优势。这也验证了采用粗糙集方法的计算能力提取知识规则，对指标模型而进行指标约简，从而去除掉训练样本数据中的噪声数据和冗余数据，减少弱相关指标在神经网络训练中的影响和神经网络训练所需时间，提高神经网络的预测精度。

表 10-16-1　　　　　　　　不同模型的电价预测精度对比

日期	模型 2APE（最高电价）	模型 2APE（最低电价）	模型 1APE（最高电价）	模型 1APE（最低电价）
9 月 21 日	3.43	3.03	4.37	3.28
9 月 22 日	5.28	4.63	8.35	7.63
9 月 23 日	2.17	1.79	2.81	3.27
9 月 24 日	4.33	4.05	6.28	5.19
9 月 25 日	4.24	3.27	5.93	3.86

日期	模型 2APE（最高电价）	模型 2APE（最低电价）	模型 1APE（最高电价）	模型 1APE（最低电价）
9 月 26 日	4.29	1.42	8.36	1.87
9 月 27 日	1.42	0.87	8.87	2.82
9 月 28 日	30.61	10.03	30.60	4.46
9 月 29 日	3.16	1.33	1.85	5.38
9 月 30 日	2.00	0.83	2.29	1.08

（3）交易辅助决策。本系统采用了一种基于区间优化的交易方案制定算法。虚拟电厂由于内部负荷和可再生能源的随机性，其实际购售电量可能会与日前购售电计划有较大的偏差。因此，竞价策略中要求，储能设备在制定日前计划时需要预留部分向上和向下的调节容量，从而在实际运行中平抑虚拟电厂总购售电量的偏差。这部分预留容量其实可以认为是可控电源为虚拟电厂内部不可控元素预留的旋转备用容量。但是让储能在任何时刻都提供足够的旋转备用容量可能不经济，因此模型中允许储能仅提供部分旋转备用容量降低成本，但也相应承担了购售电计划偏差带来的损失和风险。这部分购售电量偏差将会在实时市场中进行强制结算。

为解决上述问题，本系统针引入区间优化方法建立了虚拟电厂短期日前竞价策略。区间优化方法只考虑随机变量可能取值的区间，而忽略了具体的概率分布，更加容易精确预测。此外，区间优化还可以求解并优化虚拟电厂的收益区间。根据决策者对收益风险的厌恶程度不同，建立了考虑决策者悲观度的区间数排序方法，从而求解决策者最满意的收益区间。表 10-16-2 展示了不同收益悲观度的情况下，方法 1～3 中虚拟电厂的收益区间以及 3 种方法收益区间的排序关系。其中，方法 1 为本系统采用的方法，方法 2 为基于期望值的方法，方法 3 为不考虑概率因素的方法。可以看出，在不同的情况下，本系统所采用的方法均具有一定优越性。

表 10-16-2　　　　不同优化方法对现货市场收益的影响

收益悲观度 ζ_p	方法 1	方法 2	方法 3	排序
0.0	<10488,2692>	<12088,5207>	<10380,2588>	方法 1>方法 3>方法 2
0.2	<10870,3114>	<12088,5207>	<10482,2708>	方法 1>方法 2>方法 3
0.4	<11445,3954>	<12088,5207>	<10482,2708>	方法 1>方法 2=方法 3
0.6	<12026,5000>	<12107,5253>	<10482,2708>	方法 1>方法 2>方法 3
0.8	<12142,5338>	<12150,5394>	<10482,2708>	方法 1>方法 2>方法 3
1.0	<12150,5394>	<12150,5394>	<10482,2708>	方法 1=方法 2>方法 3

（4）控制策略优化。该系统采用优化分布式控制策略对分布式光伏进行功率群控。具体而言，在分布式光伏控制策略方面，当前方法主要分为三类，分别是集中式控制方法、分散式控制方法、分布式控制方法。其中，集中式控制方法通过采集所有 PV 的运行信息为每台光伏系统分配输出功率，当出现通信故障时，容易导致控制失效。因此，该控制方法的通信鲁棒性较差。分散式控制方法通常采用下垂控制使每台 PV 自动运行，不依赖于 PVC 控制中心，因此，该控制方法的通信鲁棒性较好，但却无法实现所有 PV 输出功率的协调控制。分布式控制方法结合了集中式控制方法和分散式控制方法的优点，借助由临近 PV 相互连接构成的通信网络以及嵌入每台 PV 的控制算法，实现 PVC 输出功率的平等、快速收敛控制，且具备较好的通信鲁棒性。

由图 10-16-10 可以看出，传统分布式控制方法的收敛速度较慢，并且在稳态运行点处存在较大的波动和偏差，难以实现光伏群输出功率的稳定控制，这是由于传统分布式控制方法仅专注于收敛控制，而没有提高过渡过程平稳性和快速性的相关控制律。同时，基于 DSC 的 PVC 输出功率控制方法能够实现 PVC 输出功率的快速、无静差收敛控制，使得 PVC 输出总功率的实际值准确跟踪调度中心下发的参考值。这是由于基于 DSC 的 PVC 输出功率控制方法能够充分利用不同 SGPVS 之间的差异信息，并在此基础上借助平滑函数和分布式网络实现了光伏群输出功率利用率的快速、准确收敛。

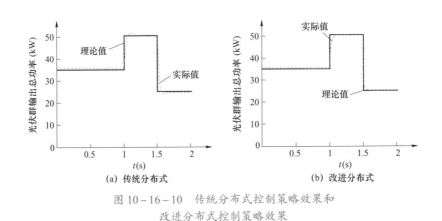

图 10-16-10　传统分布式控制策略效果和
改进分布式控制策略效果

该系统以快充和慢充两种充电方式并存的电动汽车充电站为研究对象的情

况下，在优先级惩罚机制排队模型的基础上继续以用户等待时间、分配功率作为参考量，提出了新用户加入充电的功率分配算法以及基于公平权重的充电功率分配算法。在基于优先级惩罚机制的充电功率初步优化的基础上，进一步为每位用户分配一个可变的充电权值，优化每辆车的充电功率，动态调整各用户所分配到的充电功率值，满足用户充电时的个性化需求。

图 10-16-11 展示了该系统采用的控制策略对等待时长的改善效果，可以看出，传统的 M/M/C/N 排队充电模式下用户的平均等待时长较长，且随时间的变动用户的平均等待时长变化较大，波动也较大。在考虑优先级惩罚机制的 M/M/C/N 的排队模型下用户的平均等待时长较传统的 M/M/C/N 排队模式下的用户平均等待时长整体上有所减小，尤其是在充电负荷的高峰时段效果比较明显，但是平均等待时长的峰值与最小值之间的差值仍然较大，波动也比较明显。然而，在优先级惩罚机制 M（n）/M/C/N 排队模型的基础上考虑新用户加入充电方式及基于公平权重的功率分配策略后所得到的用户平均等待时长较之前的两种方式的用户充电平均等待时长明显降低，且峰值与最小值的差值较小，整体上减少了用户的平均等待时长，节约了用户在整个充电过程中花费的时间，提高了整体的充电效率。并通过仿真数据计算得到在优先级惩罚机制的基础上考虑新用户加入充电分配算法和功率分配策略后的用户一天内平均等待时长的平均值为 5.2083min。

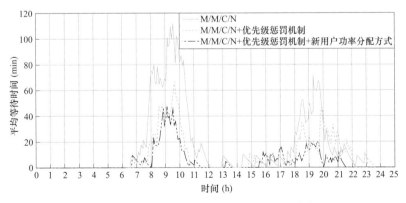

图 10-16-11　不同功率控制策略下的用户等待时长

该系统采用了 NTAC 轮控策略作为中央空调控制策略，下面给出了 1 万台定频空调负荷参与需求响应的仿真结果，空调负荷参数见表 10-16-3，仿真时长为 480min。传统的分组轮流控制策略简称为分组轮控。所谓分组轮控是指将空调负荷群中的空调依次分成若干组进行控制，每次调节一组，在一定时间内完成所有组的温升控制。假设一空调负荷群内含有的空调设备，随机分为 10 组，每组内含有随机的 1000 台单体空调。空调负荷群的起始设置温度为 26℃，假设室内初始环境温度为 25～27℃之间的任意随机数。从 12:00 开始，每 3min 调节控制一组空调升温 1℃，直到 10 组全部调节完成，所有指令发送时间为 0.5h，这一时段成为预调时段，即接收到调度命令至响应开始的一段时间。

表 10-16-3　　　　　　　空 调 负 荷 参 数

参数	数值
室内等效热阻	N（2，0.2）
室内等效热容	N（2，0.2）
空调能效比	N（2.5，0.25）
设定温度（℃）	random（24，25，26）
额定功率（kW）	2
设备数目	10000
仿真步长（min）	1
仿真时间（min）	480

图 10-16-12 展示了传统轮控和 NTAC 轮控策略的性能对比。可以看出，传统轮控下的聚合功率跌幅 18.5%、最大峰谷差 2518kW、最大振荡比 21.4% 和振荡时长 89min 远低于集中调控下的聚合功率跌幅 83.3%、最大峰谷差 15226kW、最大振荡比 128.8% 和振荡时长 171min。这说明传统轮控策略在一定程度上缓解了直接负荷控制所带来的功率振荡现象。但是，在响应开始时段内，传统轮控下的聚合功率高于响应阶段限制最大瞬时波动范围上限，没有达到调度中心指令要求。基于 NTAC 的聚合空调负荷调控与传统的分组轮流调控一样，两种调控下的空调负荷聚合功率始终低于无控场景下的负荷群聚合功率。但是，NTAC 轮控的空调负荷聚合功率在响应阶段率先趋于稳定，并且每一个振荡峰值均低于传统轮控，可见 NTAC 轮控可以更好地解决直接负荷控制所带来的功率振荡现象。

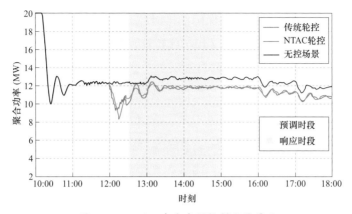

图 10-16-12　中央空调控制效果展示

10.17　面向区域用户侧资源聚合实践案例——海颐虚拟电厂

10.17.1　项目背景

"十四五"以来，国家发布多项政策，强调要大力发展用户侧光伏建设及提高可再生能源替代率等工作任务，传统需求侧管理从单纯的能效和负荷管理拓展到促进可再生能源消纳与智能调控方面。目前部分用户主体仍存在能源利用率偏低、能源浪费等问题，且随着建筑规模的不断增长，建筑用电量仍处于逐年增长状态。因此用户侧具有可观的资源调控潜力，通过虚拟电厂建设，在不影响运行的基础上对柔性负荷进行调控，减少高峰期间用电需求。通过可再生能源和储能技术的联合应用也能够实现建筑负荷的"削峰填谷"，解决用户侧能源问题、提高能源利用效率的有效途径，也是实现可持续发展的重要手段。

虚拟电厂通过先进信息通信技术和软件系统，实现分布式电源、储能系统、可控负荷、电动汽车等分布式能源的聚合和协调优化，参与到电力市场和电网运行的电源协调管理中。虚拟电厂技术的应用使得需求侧复杂繁多的发、用电设备聚合后向电网呈现稳定的功率输出，是密集型超大城市平衡电力供需、维护电网稳定的重要技术手段。

在此背景下，虚拟电厂作为先进信息通信技术和软件系统，实现分布式电源、储能系统、可控负荷、电动汽车等分布式能源的聚合和协调优化的新型能源管理模式,在为电网安全提供保障的同时也可为用户提供可持续、高效的能源解决方案,具有重要的研究意义和实践价值。

结合用户侧资源特点,海颐软件充分融合能源互联网和虚拟电厂技术优势,开展用户侧灵活资源"源荷互动"协同运营模式,助力调度对虚拟电厂调控的流程与策略优化完善,大力提升电力系统综合调节能力。加快灵活调节电源建设,构建"区域级虚拟电厂运营管理平台",建设坚强智能电网,积极发展源网荷储一体化、多能互补,鼓励用户侧资源参与市场化交易,引导可调节资源参与电力系统调节。

10.17.2 系统概述

贯彻落实国家在"双碳"目标、新型电力系统构建、电力市场深化改革方面相关政策,亟须推进建设多元融合高弹性电网,积极建设虚拟电厂、源网荷储等示范项目。面对地区经济增长、电力供需形势以及民生保供矛盾,促进源网荷储协同互动发展,强化电网公司内外部资源统筹能力,打造"市、县、镇逐级调节能力汇聚、全域资源统筹决策、控制策略分层分解"的用户侧灵活资源优化协同模式。聚合市、县、镇三级全域的社会闲置"沉睡"资源,吸纳大量用户侧灵活可调资源,提升清洁能源消纳能力,并实现资源的优化配置,充分发挥合力价值,利用资源特性互补与策略调控,提升电力系统的灵活性,有效减少或延缓电网建设投资,增强电网运行安全稳定。

为应对上述挑战,提出了融合灵活资源协同调控与市、县、镇分层逐级汇聚的虚拟电厂架构,面向市、县、镇三级全域用户侧多元资源整合与调度分配,基于云大物移智技术,形成用户侧灵活资源协同调控虚拟电厂平台,支持分级管理、协同控制、策略动态配置应用,实现源网荷储互动,满足源网荷储分类聚合、分级管控模式下的多层级调度管理、资源统筹调控需求。从资源全景展示、调节潜力分析、需求管理、过程监控、效果评估等多维度开发数据样本的系统应用场景类型,通过大数据应用+智能算法,构建数据驱动的电力市场创新商业模式,为后续开展常态化调控业务提供重要的指导意义。

1. 系统架构

综合开发和利用用户侧存量资源,将"光储充用"各元素汇聚新型微网开展策略调控应用,建设"区域级虚拟电厂运营管理平台架构",参与区域电网调控和电力市场交易,提高系统平衡能力,支持分布式电源拓展开发与就近接入消纳,充分发挥区域内资源自治与源网荷储协同互动,支撑虚拟电厂创新发展。海颐虚拟电厂运营管理平台架构示意图如图 10-17-1 所示。

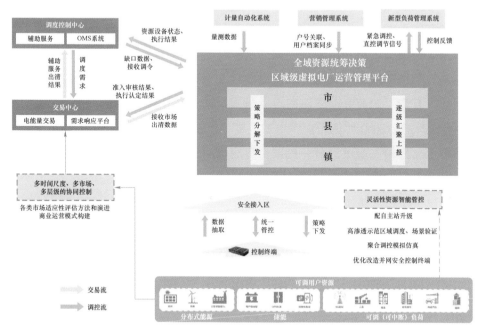

图 10-17-1　海颐虚拟电厂运营管理平台架构示意图

该架构下,虚拟电厂各层级的基本功能和信息交互如下:

(1) 采集层:采用先进的物联网技术、大数据技术等,对用户侧可调节负荷设备、电源监控终端、充电站终端等进行实时监测、数据分析和智能调度指令调节,优化能源利用效率,提高能源利用经济性。

(2) 接入层:结合光伏系统、储能控制(储能变流器、蓄电池管理系统)系统、充电桩运营系统、配电系统等多个系统集成起来,形成一个完整、高效的能源管理体系。

(3) 数据层:对各区域内资源聚合形成虚拟电厂单元,基于综合数据网,将资源接入云端并对同类可调资源打包整合,提升用户侧参与电网侧调度的活力和性能,建立虚拟电厂调节资源池,基于泛在感知和多能协同能源管理,实现建筑的能源系统协同优化、调度和管理。

(4) 业务交互层:通过云管控平台模式,与聚合商运营管理平台、电力系统资源管控系统等互相连接、互相协作，实现资源协调调度，共同优化能源利用效率，形成能源的共享和互惠。

（5）应用层：业务链路层面，汇聚各区域源网荷储一体化运行系统业务数据，融合到区域级虚拟电厂运营管理平台，做好用户侧全景资源感知、资源调配、调节能力评估、需求响应调节申报和辅助参与市场交易服务等相关应用；调节指令传输链路层面，结合终端控制快速响应能力，响应县配调自动化系统供需缺口与调节需求，快速分解指令并精准执行，实现源网荷储一体化协同控制闭环，打造"源荷互动"协同运营模式，助力调度对虚拟电厂调控的流程与策略优化完善，为高比例新能源下的调度运行新形态积累经验。

基于此架构，通过聚合和挖掘用户侧灵活资源参与电网运行，实现电网经济运行和安全运行。关键应用场景包括资源聚合、削峰填谷、调频、负荷响应备用，以及平台一体化协同控制应用。

2. 虚拟电厂资源分级分阶段聚合

利用各区域丰富的用户侧资源，试点区域内已有分布式光伏、充电桩、小水电、储能等资源，以及周边有意向的企业已建设的可调节资源，分阶段加入虚拟电厂参与辅助服务市场。

第一阶段：利用用户侧可调资源进行聚合。主要是基于现有的空调负荷、工业可调节负荷构建虚拟电厂资源。同时进一步接入路灯、电动汽车充电桩平台等资源。

第二阶段：实现分布式电源和储能可调。一是将全域小水电及分布式燃气电厂，建议将其全部纳入虚拟电厂范围。二是在分布式光伏电站侧加装 AGC，实现"5G+AGC"的分布式光伏可调可控技术。

第三阶段：重点从"荷侧"逐步过渡到聚合储能资源上，包括用户侧储能和电源侧储能。用户侧储能：随着分时电价峰谷差进一步加大，在当前市场下，储能运营模式建议可只参与削峰填谷进行套利，主要原因是综合削峰填谷和 AGC 调频收益，同等容量下储能参与削峰填谷收益更高，且参与削峰填谷电池使用寿命周期更长。电源侧储能：集中式光伏配储的可参与调节的能力较弱，但随着纯光伏发电经济性被进一步削弱，有望带动分布式光伏主动配储或租赁共享储能，并纳入虚拟电厂调节。

对可调资源进行分层、分级。按影响程度对负荷进行分级，初步设想分为无感、微感、重感三级。同时依据可控负荷的调节时长、响应能力、爬坡率等具体参数对可调资源进一步精确画像，否则会较大程度影响虚拟电厂平台生成调控计划的准确率。此外，建议可按变电站供电区域进行分级，实现削峰填谷的精准调控。

3. 资源协同优化以辅助电网削峰填谷

随着分布式发电和负荷功率的峰谷变化，单一用户主体资源并网点的交换功率（即净负荷）在一天中会按时段形成高峰和低谷。系统可以根据发电和负荷预测结果，对储能电池进行充放电管理，改变原有的负荷曲线，实现一些优化目标（比如负荷分布方差最小，考虑阶梯电价的收益最大等）。

负荷的方差反映负荷曲线的平坦程度。可以选取负荷曲线的方差最小化作为目标函数，并考虑两个约束条件：① 所有时刻的电池剩余容量都不能超过电池总容量的上下限约束。② 功率约束。由于储能的本体元件的限制，电池在各时刻的输出功率不能超过上下限，否则会损坏电力电子设备。

（1）储能系统充放电策略。

1）若净负荷大于 0 的部分（电网供电部分）峰谷差大于原负荷峰谷差，则储能系统优先减少净负荷大于 0 这部分的峰谷差：若净负荷全天都大于 0，则储能在净负荷低谷时充电（此时充电电力来源于电网）、在净负荷高峰时放电，净负荷峰谷差等于原负荷峰谷差时储能停止动作；若净负荷全天有正有负，则储能优先在净负荷小于 0 的时段充电，在净负荷高峰时放电。若大于 0 的净负荷峰谷差大于原负荷峰谷差或小于 0 的净负荷有剩余，则需把储能充满电。

2）若净负荷大于 0 的部分峰谷差小于原负荷峰谷差，且净负荷存在小于 0 部分：净负荷小于 0 的部分用于储能充电，直至净负荷全部大于 0 或储能充满电，在净负荷高峰时放电。

3）在下列情形中，储能可不进行充放电：① 净负荷全天为负。② 净负荷全天为正，且净负荷峰谷差小于原负荷峰谷差。

（2）可调负荷调控策略。

1）若净负荷大于 0 的部分峰谷差大于原负荷峰谷差，则可调负荷优先减少净负荷大于 0 这部分的峰谷差：① 若净负荷全天都大于 0，则可调负荷在净负荷低谷时向上响应、在净负荷高峰时向下响应，净负荷峰谷差等于原负荷峰谷差时可调负荷停止动作。② 若净负荷全天有正有负，则可调负荷优先在净负荷小于 0 的时段向上响应,在净负荷高峰时向下响应。

2)若净负荷大于 0 的部分峰谷差小于原负荷峰谷差,且净负荷存在小于 0 部分:净负荷小于 0 时可调负荷向上响应。

3)若净负荷全天小于 0,则可调负荷全天均向上响应,直至达到最大响应能力或调整后净负荷大于 0。

4)在下列情形中,可调负荷可不进行响应:净负荷全天为正,且净负荷峰谷差小于原负荷峰谷差。

基于以上虚拟电厂资源协同优化策略,将协同优化调度流程分为日前计划—日内滚动—实时校正等多个时间尺度,协调不同调节速率的灵活性资源,逐级消除预测误差影响,实现虚拟电厂的自律优化控制。

4. 充分利用资源特性参与电网调频服务

利用用户侧可调节资源中的储能电池、分布式燃机等快速调频资源,提供调频服务,采用"日前申报,日内调用"的方式参与。

在执行日前,虚拟电厂向电力系统调度机构申报调频容量、最大运行时间、最小停机时间等基本参数,调度机构根据负荷预测、各机组出力、电网安全校核等情况,在日前进行出清,并将中标量(计划模式)或中标量价(现货辅助服务模式)等信息下达给虚拟电厂。

在运行当日,虚拟电厂接收调度调频指令(AGC 功率指令),通过协调控制用户侧储能、分布式燃机等快速调频资源出力,跟踪并响应调度系统的 AGC 指令,响应的结果满足一次调频、二次调频的性能要求。

5. 基于智能预测与协调控制技术,实现用户侧负荷资源响应备用

未来新能源机组增多,常规机组减少,将导致发电侧备用能力不足,此外新能源出力波动将进一步提高系统备用需求。

虚拟电厂可以聚合用户侧灵活资源作为负荷侧备用,待系统有需求时即可通过调度下令快速响应。比如接到调度指令后,10min 内响应;可在全天任意时刻被调用,需确保任意时段都具备响应能力。

虚拟电厂削峰社会效益最大,也是电网最为需要的,可极大节约电网投资建设,优化负荷曲线,推进负荷侧稳定保供,实现电网和用户合作共赢及社会福利最大化。填谷需求较大,低谷负荷持续时间长。调频经济效益最优,但是对虚拟电厂技术要求高,对调频设备性能、响应速度要求高。虚拟电厂可作为

负荷备用和事故备用，以增大系统备用裕度，但是需要建立相配套的容量机制。

6. 面向用户侧资源的区域级虚拟电厂运营管理平台功能设计

（1）用户侧资源全景感知。获取各用户侧的分布式能源聚合体、负荷资源聚合体等虚拟聚合资源的运行数据，以负荷侧可调控资源建模为基础，实时采集储能、中央空调、充电桩等用户侧可调控资源的运行数据，展示各类用户侧可调控资源及其整体当前运行状态，为优化各类虚拟聚合体用能行为提供依据。

（2）分布式资源聚合管理。

1）资源管理：对独立参与用户及聚合商的注册信息、参与信息和服务信息等各类信息进行管理，保证用户顺利参加电网各类辅助服务，为用户特性分析提供基础。

2）用户特性分析：以各类独立参与用户及聚合商的历史运行信息、辅助服务参与信息等信息为基础，对用户的行为特性进行分析，为用户侧弹性调控提供支撑。

3）调节能力评估：按照电网的不同运行控制需求，对用户侧资源的调节能力进行评估，为用户侧弹性调控提供支撑。包括：按服务品类评估、按资源类型评估、按调控需求评估。按服务品类评估，梳理电网调峰辅助服务、需求响应、调频服务、稳控切负荷等各类负荷侧调控类型的可用资源信息，并核算各服务品类下用户侧的可调能力。按资源类型评估，根据用户侧资源类型对其调节能力进行评估分析，既可为各类不同用户侧资源的参与行为分析提供基础，也可满足需某一类资源参与调控的应用需求。按调控需求评估，根据调控模块对于各类用户侧资源的调控的输入数据需求，进行整合核算，实现负荷侧可调能力与调度侧控制需求的对接。

（3）资源协调调度。虚拟电厂资源协调调度根据电网的日前调度需求，给出以虚拟电厂为整体的调度计划，同时将该计划处理分解到虚拟电厂内部的分布式发电单元。

1）聚合管理：以分布式储能站参与电网需求响应的聚合管理和智能调度流程为例，需根据各储能站的调节能力边界，基于适配机制优化、轮次控制等方法核算其整体可调能力。在响应需量获取后，以响应成本、响应速度、执行完成率等为考虑因素，选取完成此次需求响应的储能电站，制定其充放电调节计划并下发执行。

2）指令分解：面向电网对于用户侧资源的各类调控需求，筛选其具备的可用用户侧资源。以响应最快、执行度最高、成本最低等为目标，筛选参与此次辅助服务的中标用户侧资源，并制定各个资源的调节指令。

3）指令审批及发布：对生成的各用户侧资源调节指令进行校核。将各类用户侧资源的调节指令下发至对应的负荷智能控制终端。各类用户侧资源的调节指令同步在 Web 网站及手机 App 发布，便于用户及时查阅。

（4）需求响应管理：获取大规模商业负荷、大规模工业负荷、分布式资源聚合体等需求响应参与主体的运行数据和计划数据，对各类负荷及聚合体需求响应指令执行情况进行监管，为需求响应策略制定提供参考。

（5）市场服务：负荷聚合管理系统作为电网侧和用户侧的连接节点，是用户侧资源参与电网辅助服务的纽带，能够为各类用户提供政策信息发布、结算信息查询等服务。

1）政策发布：政策信息包括调峰辅助服务、需求响应、调频辅助服务等各类辅助服务的服务内容、激励政策和考核政策等各类信息，便于用户方便了解自己适合参与哪个类型的辅助服务，评估能够获得的预期收益。

2）结算信息查询：提供电网调峰辅助服务、需求响应、调频辅助服务等各类辅助服务的结算信息发布和查询功能，包括补偿明细、考核明细及总收益报表等。

10.17.3　应用案例

以浙江某地市区域的虚拟电厂运营管理建设应用为示范项目，该示范区域内现有负荷主要为照明与空调，已建成屋顶光伏、水面光伏、车棚光伏、地面光伏共计 105.3kW，20kW/40kWh 储能电池作为储能资源，2 台 7kW 交流充电桩，以及无人机充电的机巢，其区域级虚拟电厂运营管理平台如图 10-17-2 所示。通过资源集群的方式形成虚拟电厂，全面支撑对所有光储充设备及用能设备进行集中管理，集中监测、智能运维，包括能源运行数据采集、处理、存储、分析、统计、挖掘，以及运维监测、运营监测、运维管理、可视化展示等业务，实现"平台集中、业务融合、决策智能、安全实用"，支持对光伏、储能、充电桩设备全生命周期的信息化、系统化、智能化、自动化管理，帮助该用户主体提升生产效率，增强资源调节能力与利用率。

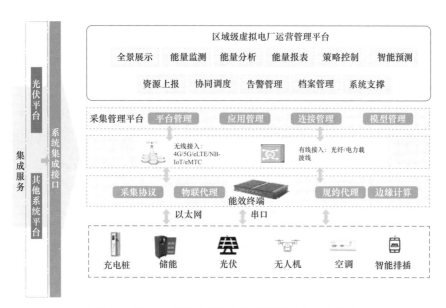

图 10-17-2 区域级虚拟电厂运营管理平台示意图

该项目通过对表计、传感器、智能设备等进行数据采集、传输、控制，同时根据采集到的数据实现对应的监测、分析、管理、预测、控制、调度功能，帮助梳理能源流向，实时掌握用能状况，通过能效分析、能效优化、优化调度的闭环管理，实现精细化管理。

打造以试点辖区范围内的虚拟电厂示范应用，聚合用户主体存量及周边灵活可调节资源，从总体架构、应用场景、技术实现、平台运行等方面充分考虑了平台的建设，涵盖了全景展示、能量监测、能量分析、能量报表、策略控制、智能预测、资源上报、协同调度、告警管理、档案管理、系统支撑等应用功能，实现了集新能源、用电数据采集、智能调度、智能决策于一体化的多资源聚合和集约化管理的虚拟电厂智慧管控平台，基于试点可调资源接入，探索资源协同控制与策略调节运营模式；逐步打造"市、县、镇逐级调节能力汇聚、全域资源统筹决策、控制策略分层分解"的用户侧灵活资源优化协同机制，考虑当地资源情况，分析评估未来资源接入规模与可调能力，以宏观视角规划区域级资源协同控制平台应用，率先构建适应源网荷储分类聚合、分级管控模式下的多层级调度管理、资源统筹调控的虚拟电厂实践应用。

1. 智能预测与可调负荷协同控制场景

以示范区域内单一建筑负荷资源响应调节为例，用电负荷为 0.5MW，工作时间为全天 24h，经测试，负荷预测精度可达到 90%，电价预测精度可达到 89%。根据预测的负荷和电价，在高电价时段向上调整用能曲线，非补贴时段向下调整用能曲线，在保证全天用电需求的情况下，预估可提升收益 24.5 元/天，每年可提升 3303 元，促进新能源消纳 1.21 万 kWh，减少二氧化碳排放约 12.1t。以区域可调负荷资源每 100MW 资源预计每年可提升收入 66.1 万元，提升收入 20%，增加新能源消纳约 243 万 kWh，减少二氧化碳排放约 2430t。负荷预测及可调负荷协调策略预测示意图如图 10-17-3 所示。

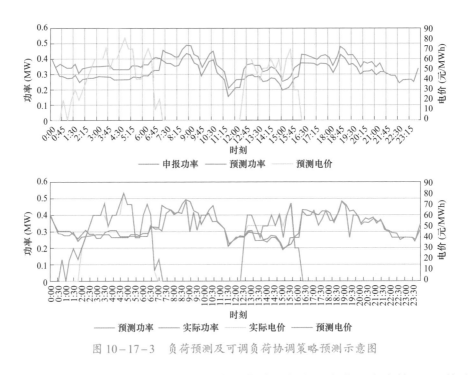

图 10-17-3 负荷预测及可调负荷协调策略预测示意图

发挥社会上大量分散碎片化闲置资源价值，如空调负荷、充电桩、5G 基站等可调负荷，整合优化资源配置，充分利用资源特性互补与策略调控，提升系统灵活性，增强电网运行安全稳定。

2. 分级资源聚合调控场景

平台引导和培育市场主体参与市场交易，组织开展用户侧资源聚合管理工作，对平台应用需求和业务流程进行设计，如图 10-17-4 所示。

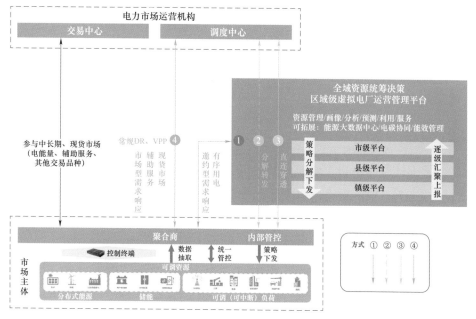

图 10-17-4 平台应用需求和业务流程示意图

基于图中四种方式开展资源管理及配合市场运营机构完成电网运行调控。调控方式如下：

（1）服务于邀约型需求响应或有序用电，对资源进行统筹决策，调度中心直接下发调控策略，满足电网部分业务调控需求。

（2）基于已建立的资源调控通道，对调度中心发布的电网调控任务进行分解转发，作为任务分解中转站服务于电网运行调控。

（3）提供通道接口，让调度中心直连穿透式发布调控指令给到主体边端侧，实现电网调控，平台作为资源调用的审核者，做好资源管理充分利用可调资源，配合完成电网运行调节。

（4）市场成熟后，大量市场主体可调节资源参与市场运营调节，市场主体的资源调控权限应直接与调度中心对接，减少中间链路带来的数据延滞与错误指令风险。如图 10-17-4 第 4 种调控方式，资源直接参与市场型需求响应、现货交易、辅助服务等，平台作为策略提供者、能力评估者、源网荷储资源管理者、调控复盘与收益分配者等角色，推进用户侧资源的高效利用，减少或延缓电网投资，以较低的运营成本保障电网安全稳定运行。

实现分类聚合、分级管控的业务数据上下贯通，提升内外部资源统筹调配能力。根据资源的调度关系，分层控制，基于资源全景展示分析，实现可调资源与调度需求统筹决策，集中调控策略的分解下发；与中长期、现货、辅助服务等不同层次市场协调运行推动市场主体参与能力全面提升，实现灵活调配。

10.17.4 应用展望

（1）激活沉睡资源，实现能源利用最大化。以实现海量资源"余缺互济，集群调控"为目标，聚合用户主体存量及周边范围可调节资源，通过平台接入大量的光伏、储能、充电设施等分布式资源，唤醒"沉睡"的需求侧响应资源，打造基于光伏、储能、充电设施、水电等国内大型绿色能源虚拟电厂，在激活社会成熟资源的同时，对绿色能源实现最大化利用，缓解电网保供电压力。

（2）促进新能源消纳，实现能源结构绿色低碳化。聚合大量的源网荷储等多种分布式可调节资源。据测算，每增加 1kW 可调节负荷，平均每天 4 个小时计算，每年可增加新能源消纳 120kWh。节能减排方面，以 50 万 kW 负荷侧资源计算，可平均提高燃煤机组负荷率 2 个百分点，降低煤耗 1 个百分点，每年节约燃煤 25 万～37 万 t，减少二氧化碳排放量 65 万～100 万 t、二氧化硫 0.2 万～0.3 万 t，促进清洁能源电量消纳，实现节能降碳，优化能源结构，实现能源低碳绿色发展，助力国家"双碳"目标实现。

（3）区域级虚拟电厂平台建设发展方向。采用总体规划、先行试点、逐步推广的建设策略。首先，基于单一试点存量资源开展虚拟电厂建设，做好整体规划，避免无序建设；然后，根据资源现状在部分区域先行开展试点示范，在试点效果良好的基础上逐步扩大虚拟电厂范围；最后，实现市、县、镇三级全域资源的虚拟电厂建设。根据不同时期内外部条件选择适宜的运营模式，开展实际应用，加快推进区域级虚拟电厂实用化探索，及时总结运营经验、跟进发展态势和需求变化，不断改进完善。旨在构建一个高效、智能的市、县、镇三级全域虚拟电厂运营体系，将各县各镇的用户侧资源以聚合商、微电网、分布式接入等多种方式统筹，建成开放性的、支持敏捷开发的区域级虚拟电厂运营管理平台；基于策略调控和资源调节模式研究，以虚拟电厂试点创新示范应用为基础不断扩展，为后期虚拟电厂业务扩展建立"可复制"模式，实现业务运营模式和调控技术创新研究的基础建设。区域级虚拟电厂业务运营模式示意图如图 10－17－5 所示。

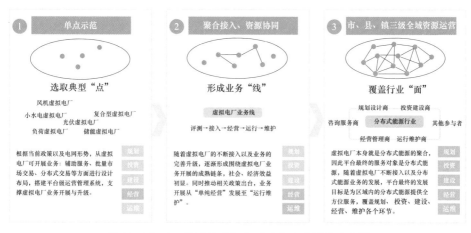

图 10-17-5   区域级虚拟电厂业务运营模式示意图

10.18   分级分类精细化智能管控实践案例——朗新虚拟电厂

10.18.1   项目背景

海量需求侧资源参与电力系统调节及市场交易能为各方带来收益，但这类资源同时具有区域分散性、多源异构性等特征，因此对其管理带来新的挑战。一方面，对于电力调度机构而言，传统的资源管理边界一般而言仅到中高电压等级，要实现深入到配电网，甚至是负荷、设备层级的可观可测及可调可控，其难度不言而喻。另一方面，海量异构资源缺乏标准化的信息模型，其调节特性、可调潜力、调控方式等都不尽相同，聚合后统一管理难度巨大。因此，利用新一代数字化技术，建设管理对象分级、可调资源分类的虚拟电厂管控平台十分必要。

朗新科技集团股份有限公司深耕电力能源行业，拥有丰富的电力公司营销系统、采集系统、省市级智慧能源平台、充电桩精益化运营平台等建设运维工作相关经验。运用 IoT 服务、负荷预测和仿真聚合等技术，综合考虑可调资源的可调时段、可调能力、调节特性及调控成本等特性，进行资源动态优化聚合，建设面向电网管理、聚合商运营、用户服务三位一体的虚拟电厂分级分类智能管控平台。

10.18.2 系统概述

1. 系统架构

由于虚拟电厂聚合的需求侧资源位置散、分布广，因此需要通过动态组合、互通互济、互利互惠实现优化聚合，并按照分层分区方式实现虚拟电厂内部资源的全局与分布式优化。朗新科技集团股份有限公司基于云—边协同架构，深度融合边缘计算、人工智能技术及优化调控理论，建立起"云—管—边—端"系统架构，构建适应电网调度管理特点的"云端全局优化、云边协同互动、边端快速响应"的虚拟电厂分布式协同互动调度与运行控制技术体系，同时依托多时间尺度、多类型维度的海量数据在云端进行改革创新，在虚拟电厂数字底座的基础上，对内实现运行管理、对外进行运营服务，实现海量分散资源的灵活快速响应支撑。朗新分级分类智能管控虚拟电厂"云—管—边—端"系统架构如图 10-18-1 所示。

图 10-18-1　朗新分级分类智能管控虚拟电厂"云—管—边—端"系统架构

在端侧，借助用户侧能管系统、负荷开关、仪表等智能终端进行可调节资源建模、计量、通信和控制，采集电、热和环境参数，并执行相应的调节和控制操作。在边侧，边缘智能网关实现可调资源数据存储、分析和计算，用于汇聚和分析信息，具备本地自治能力或根据上级平台生成调节控制策略。在管侧，采用 4G、5G、光纤等电力网络、无线通信网络，实现控制指令、运行状态、运营信息的闭环安全传输利用通信网络，确保信息交互的安全性、准确性和时效性。

2. 系统特色

（1）在云侧，打造"1 个底座+2 大平台"应用建设。

1）"1 个底座"即一个集成了虚拟电厂运营管理所需基础可复用能力的数字底座。它是虚拟电厂聚合各类资源、参与不同市场的组件库，是驱动虚拟电厂上层应用的核心引擎，也是连接边缘侧基础设施和云侧应用之间的桥梁。依托云网基础设施资源，将数字孪生、大数据分析及 AI 智能、区块链、云计算等数字技术应用到虚拟电厂，打造数字化能源底座，构建面向日前、日内、实时等多时间尺度的分布式电源、充电桩、数据中心、基站、楼宇空调等调控策略库，同时结合虚拟电厂典型应用场景，提供差异化的能源监测、用能分析、能效管理、清分结算等功能。

2）"2 大平台"，一个是指面向内部管理的虚拟电厂运行管理平台，另一个是指面向外部用户的虚拟电厂运营服务平台。

面向内部，聚合客户资源、调度信息、业务指令等维度资源建设运行管理平台。在数字底座的基础上，运用资源建模聚合、智能分析预测、拆解相关调度指令，同时依托电力交易平台和运营管控平台对内进行运行管理。

面向外部，可以按需配置虚拟电厂运营商运营、虚拟电厂资源用户服务模块，建设信息统计、实时响应调控、统计分析等对外运营服务平台。提供企业信息查询，个人信息查询及维护等功能，以及实时响应调控，提供分布式资源的调节模式控制，包括自动、人工定时响应策略设置、资源设备运行模式控制、协同响应通知，反馈执行结果等；同时提供用户的发用电的能源统计分析、收益统计分析、响应统计分析；提供日负荷趋势分析等功能。朗新虚拟电厂运营管理平台结构示意图如图 10-18-2 所示。

（2）以分层分区分类为框架的资源精细化管理。精准的资源描述是实现精细化管理的基础。传统的可调节资源描述方法有物理建模和数据建模两大类，前者从资源本身的运行特性出发进行描述，后者则是针对某一特定类型的资源，通过历史数据集拟合简化模型来描述其泛在特性。然而，随着终端电气化和电力电子设施泛在化的推进，可调节资源越来越呈现出海量异构特性，只有综合考虑其基本物理属性、用户主观意愿、舒适度需求等多方因素，研究精细化的描述方式，建立分层分区分类可调节资源池，挖掘多维时空可调潜力，才能实现虚拟电厂运行效率的提升和效益的实现。

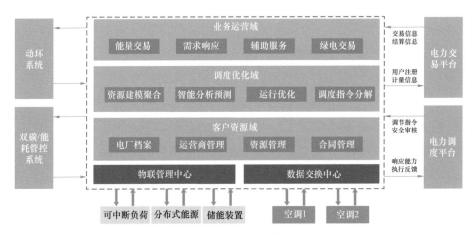

图 10-18-2　朗新虚拟电厂运营管理平台结构示意图

在资源排查阶段，以标签化方式开展资源入库。设计用户基础属性、用户负荷特征、技术评价属性、经济评价属性等多维标签，从地理区域、资源类型、行业类别、时间尺度等方面进行分项设计，实现对区域内负荷资源的标签化分类管理，具体分类维度包括：管理单位、电网分区、重点输电断面等区域维度；重点行业、上下游关系等行业产业维度；刚性控制、柔性调节、用户自主调节、第三方负荷聚合商自主调节等负荷调节性质维度。

在资源监测阶段，以实时数据流实现资源池动态运营。基于资源排查数据以及负荷预测模型，从行业潜力、负荷重要性等级、时间尺度等维度建立多时段、多品类的精准实时动态可调资源池。根据所在地区特点，确定重点关注的资源类型（比如暖通空调系统、电热水器、电动汽车充放电负荷等），对于重点资源开展基于本体物理模型和表达用户主观使用意愿的控制模型，提出重点资源的精细化建模方法；对于一般通用型负荷，根据运行特性、并网方式、接入条件、客户管理等特征，基于数据挖掘技术拟合分类资源属性特征。通过实时动态分回路的监测，实现对资源池的动态化调控运营，提高对可调节资源的分层分区分类精益管理能力。朗新虚拟电厂分类资源参数及外特性如图 10-18-3 所示。

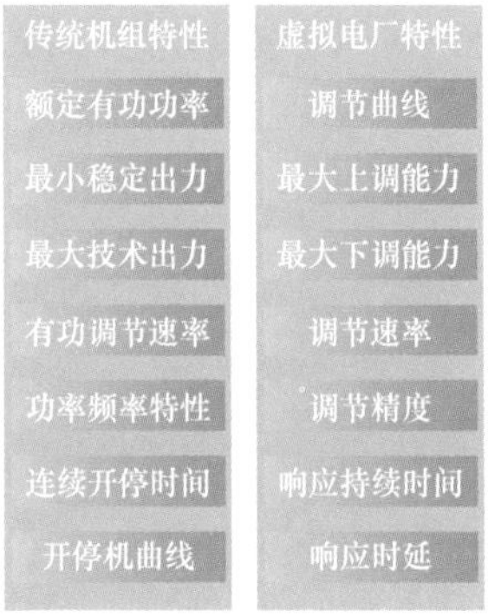

资源类型	资源名称	资源特性	核心参数
源	分布式光伏	间歇性	额定出力、预测出力曲线、历史出力曲线
	分布式风电		额定出力、预测出力曲线、历史出力曲线
	分布式水电	连续性	额定出力、水库库容、出力爬坡上下限
	冷热电三联供		额定出力、出力上下限、出力爬坡上下限、最小开机/停机时间
储	分布式储能	可平移	充放电状态、额定功率、额定容量、荷电状态上下限、充放电响应时间及效率
	电动汽车		充放电状态、充放电功率、可调用容量、充放电响应时间及效率
	铁塔基站		充放电状态、额定功率、额定容量、历史运行曲线、最小备用容量、充放电响应时间及效率
荷	数据中心	可平移	可平移容量、可平移时间、不间断储能荷电状态上下限及最小备用容量
	工业园区		可平移容量、可平移时间
	商业楼宇 居民负荷	可平移/可中断	可中断/平移容量、可中断/平移时间

图 10-18-3　朗新虚拟电厂分类资源参数及外特性

在资源应用阶段，以等值聚合助力电网运行支撑。实现模型交互与数据结构的通用化后，将各类可调节资源聚合为满足电网实际控制需求的虚拟电厂等值模型，虚拟电厂对外等值为类似传统火电机组的调节特性，提取可调功率上下限、响应时间、爬坡速率等技术参数，对内设置相应的控制策略，涵盖中长期、日前、日内、实时多时间尺度。同时，考虑电功率平衡约束、热功率平衡约束、可调节资源运行约束等约束条件，实现可调节资源的优化控制。最后，虚拟电厂上报包含等值模型、基准功率、成本函数等部分在内的聚合模型，纳入电网日前、日内优化调度和 AGC 闭环控制，为电网提供调峰、调频、调压等运行支撑。

3. 基于微服务架构的灵活配置互动交易机制

在不同发展阶段，虚拟电厂所参与的市场、所交易的品种各不相同。我国虚拟电厂建设正处于由邀约型向市场型阶段过渡阶段，并将逐步发展至自主调度型阶段。虽然近日发布的《电力现货市场基本规则（试行）》为各省或区域电力市场提供了统一指导设计和运行的规则，但从实操层面来看，全国统一的电力市场尚未形成，各地区电力市场化改革进程差异较大，邀约型需求响应、辅助服务市场、电力现货市场等在各地区对虚拟电厂的开放程度和可盈利度各不相同，导致跨区的虚拟电厂运营实践难度较大。

朗新分级分类智能管控虚拟电厂，采用微服务架构规划互动交易场景，囊括若干可组合、可适配、可扩展的微应用。所有微应用都支持独立部署，面对不同地区市场机制以及不同市场的交易规则，运营人员可根据需要灵活选择应用组件，以积木式搭建方式形成适应特定场景的应用产品。每个微应用运行在自己的进程中，可以独立规划和改造，可以独立扩展，可以根据需求灵活拓展基础资源。

基于国内各地区当前的市场机制，将虚拟电厂互动交易场景划分为三大类，即单一市场场景、多市场独立运行场景、多市场联合出清场景。其中，单一市场场景包括邀约型需求响应、调峰辅助服务、现货市场三类，支持根据实际规则便捷调整并承载业务流转，包括准入测试、交易申报、智能调控、指令分解、效果评估、基线计算、结算分摊等。多市场独立运行场景下，支持通过仿真推演模拟不同市场参与策略下的收益和成本分摊情况，辅助运营人员在特定约束条件下实现跨市场寻优。多市场联合出清场景下，支持选择备用、调频与现货之间的衔接及出清规则，通过对不同交易品种供需双方资源的预测技术提供交易策略建议，为运营人员提供决策支撑。基于微服务架构规划互动交易场景，能够助力虚拟电厂运营商在不同区域以更低的理解成本和技术门槛实现布局，更能够助力电网企业根据当地情况进行机制设计、更迭和传播。

4. 朗新分级分类智能管控虚拟电厂系统平台功能

从实际应用的角度出发，朗新分级分类智能管控虚拟电厂平台功能主要包括资源聚合仿真、协同互动响应管理、市场注册准入、市场交易申报、性能评估与结算等模块，且已在浙江、广西、吉林、湖北等地得以实践，具体功能设计如图 10-18-4 所示。

（1）资源聚合仿真管理。主要是指面向虚拟电厂管理机构提供资源分级分类聚合管理，包括虚拟电厂档案管理、资源聚合分类、特征分析、运行监测、预测评估、潜力分析、交易模拟仿真等多个环节，辅助管理机构掌握虚拟电厂实际资源接入总量、调控指标分布、实时运行工况以及资源预测评估能力，为后期参与市场化交易建模和收益结算提供数据保障。

在海量储能、光伏、充电桩、换电站等资源数据接入后，管理机构系统通过设备资源类型、控制方式、所属营销用户及设备可调节指标等属性进行资源聚合分组，确定发电单元和发电机组，同时对资源参与调节的及时性、稳定性、积极性等指标特性进行聚合分析，定期形成分析报告，为后续对虚拟电厂资源调度潜力的精细化评估奠定基础。

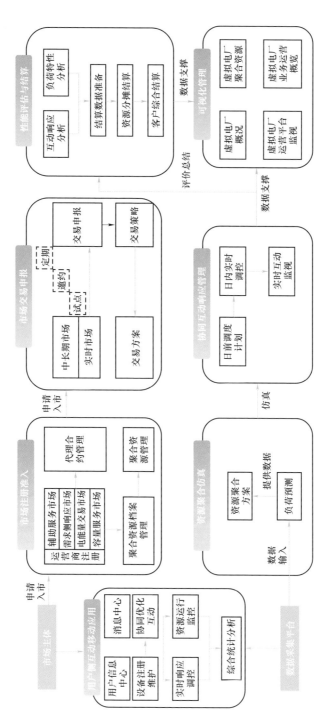

图 10-18-4 朗新分级分类智能管控虚拟电厂系统平台功能示意

（2）协同互动响应。以虚拟电厂总调控成本最小为目标函数，充分考虑源、网、荷、储设备互动与调度决策算法的目标、损耗、约束与控制，构建日前优化—日内滚动—实时平衡的多时间尺度源网荷储调度模型，实现虚拟电厂资源动态聚合，通过平台自动生成调控执行方案，在合理分配资源的同时实现自身经济效益最大化。

根据市场交易出清结果，自动生成日前调控执行方案，提供日前调度计划的生成、分解、统计等管理应用，实现日前指令分解下发至控制层；根据资源动态监测情况，提供日内调控指令分解监视、重发、历史调令的日志展示，分布式资源范围调整等应用，实现日内指令分解下发至控制层；提供调控过程总有功率、实时功率、调控偏差等指标监视；分析空闲资源波动情况和可调节潜力，实现调控容量动态分解，不断优化下一阶段的调控计划，最大程度消除响应偏差。

（3）性能评估与结算。单次交易执行结束后，对响应资源数据进行冻结，包括基线曲线、调控曲线、实际发电/功率曲线，计算并展示实际调控量、响应偏差率、最大响应偏差率；同时获取交易平台推送的执行结果数据，进行响应偏差对比分析，基于偏差分析结果，支持前端录入执行异常申诉信息，并提交至交易平台，支持异常处置全流程跟踪。

构建效果评价模型，从偏差率、达标情况、响应速度、响应时长、用电恢复情况等指标对发电机组响应结果进行评价和打分，辅助优劣资源标记和排名，为后期申报响应策略和资源考核提供数据支撑。

10.18.3 应用案例

朗新分级分类智能管控虚拟电厂基于不同地区的资源禀赋和电网需求，靶向管理细分种类资源，同时兼顾多利益主体需求，实现资源盘活和多方共赢，既把盘子做大，又把盘子分好。该应用案例以充电站、换电站两类细分可调资源为例，重点阐述朗新虚拟电厂平台如何上承电网调节需求、下接充换电车主补能需求、服务运营商综合收益提升。

1. 某地充电站集群虚拟电厂应用案例

本节以充电站集群虚拟电厂参与电网削峰调峰辅助服务为例，阐述虚拟电厂通过优化调度策略,实现在最优方式下,发挥可调能力并响应调节需求的应用案例。

某充电站运营商拥有 50 多座充电站，其接入虚拟电厂的充电站规模超过10MW，削峰最大可调节能力超过 5MW。

　　某地电网预测次日 10:00～10:30 用电高峰时段供电紧张，向虚拟电厂发布协助削峰调峰需求，市场出清后，该充电站集群虚拟电厂需要在 10:00～10:30 至少降低功率 1173.60kW。

　　该充电站集群虚拟电厂调用调度需求解析与资源聚合模块对此次电网调峰需求进行响应，总体响应情况如图 10-18-5 所示。

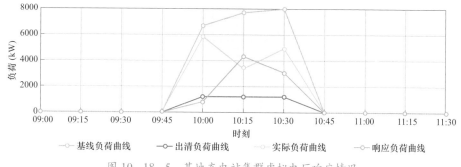

图 10-18-5　某地充电站集群虚拟电厂响应情况

　　为满足此次电网削峰需求，虚拟电厂调用负荷预测功能模块对场站负荷进行预测，同时调用可调节能力评估模块筛选出了 9 座具备优质调节能力的充电场站，并评估出其调节能力数值。如图 10-18-6 所示，站点 A 为公交专用站，站点 B 为公共快充站，其预测负荷曲线差异较大，站点 A 在 10:00～10:30 的负荷绝对值较低，削峰潜力相对较小；站点 B 在 10:00～10:30 的负荷绝对值较高，削峰潜力相对较高。

　　为准确响应 10:00～10:30 压降功率需求，充电站运营商通过各类营销手段与激励措施，引导用户调整车辆补电时间，避免在 10:00～10:30 发生充电站高负载运行的现象，并通过提供调峰辅助服务能够获得补贴收益。

　　但是，因响应调峰需求，充电站运营商通常都需要通过营销激励措施调整用户充电行为，这会产生额外的运营成本，且成本随着削峰响应量的增加而增长，为了保障充电站参与电网调节能够实现盈利，更为重要的是要在前期响应申报时就做好可调能力的评估与投入产出的测算。

　　2. 某地换电站集群虚拟电厂应用案例

　　本节以换电站集群虚拟电厂参与削峰调峰辅助服务为例，阐述换电站集群虚拟电厂通过电池充电优化调度策略，实现在最优方式下，发挥可调能力并响应调节需求的应用案例。

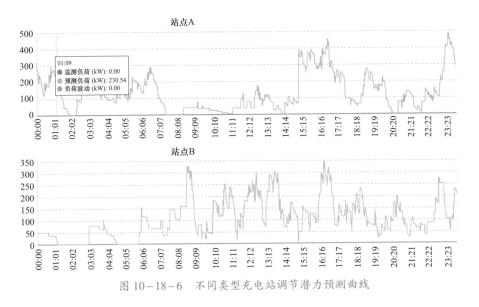

图 10-18-6　不同类型充电站调节潜力预测曲线

某换电站运营商拥有 40 多换电站，换电站内备用电池为 60 块，电池标称容量为 60kWh，充电电机数量为 60 台，单机功率为 40kW。

某地电网预测次日 9:15～12:00 用电紧张，向电力交易中心发布削峰调峰的需求，交易中心发布需求时段的价差曲线，引导换电站虚拟电厂运营商自主调节用电计划。

该换电站集群虚拟电厂调用调度需求解析与资源聚合模块对此次电网调峰需求进行响应，响应情况如图 10-18-7 所示。

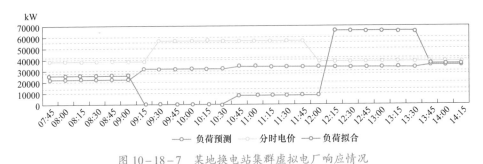

图 10-18-7　某地换电站集群虚拟电厂响应情况

蓝色曲线是分时电价曲线（9:15～12:00 价格高于其他时段），灰色曲线为该换电站虚拟电厂的电池充电预测负荷曲线，褐色曲线为该换电站虚拟电厂根据分时电价（价差）优化电池充电计划并重新拟合的负荷曲线。

为满足此次电网削峰需求，虚拟电厂首先调用负荷预测对各个换电站的电池充电负荷进行预测，并转化形成站内充电机的 96 点开启数量曲线。其次，虚拟电厂调用电池充电计划优化调度模块，根据调度需求（价格曲线），重新拟合生成经济性最佳的电池充电计划。

该优化调度策略在满足换电车辆基本换电需求的前提下，结合站点联动协同能力，充分将待充电池转移到调节时段，不影响换电站日常运营，又能获得参与调节的电价收益。最终，该换电站集群虚拟电厂在响应日成功调用 1300 余块电池参与调节，其调节时段的购电价格较国网代理购电价格下降约 0.11 元/kWh。

10.18.4   应用展望

虚拟电厂能够有效整合位于能源价值链末端的海量小容量分布式灵活性资源，并作为一个主体参与不同类型电力市场，发挥海量灵活性资源的调节潜能。然而，目前传统虚拟电厂的相关研究与工程实践仍无法完全适应新型电力系统建设的要求，仍存在缺乏虚拟电厂统一的市场机制和优化决策方法、缺乏含海量分布式资源安全运行优化的调控技术、缺乏协调多主体之间利益分配机制等问题。为提升虚拟电厂稳定性和可控性，朗新科技集团股份有限公司将以问题为导向持续深入研究。

（1）考虑实时碳流的虚拟电厂经济运行关键技术研究与应用。目前虚拟电厂内部高比例的分布式能源令单个虚拟电厂参与电网调度时灵活性不高，面临着较大的收益损失风险。如何实现能源的优化调度和经济运行，提高能源利用效率和经济效益成为目前的研究热点。虚拟电厂的碳流动情况与能源流动利用效率密切相关，因此可通过分析虚拟电厂碳排放强度与累计排放信息，计算碳流流动情况，实现虚拟电厂系统内部的碳流追踪。同时基于碳排放情况建立考虑实时动态碳流的虚拟电厂低碳经济运行策略及模型，实现考虑资源差异化因素的虚拟电厂多时间尺度灵活响应成本及效益分析，提高虚拟电厂的经济效益和运行稳定性。

（2）多虚拟电厂参与现货市场交易框架及最优策略规划研究。随着电力现货市场试运行的开展和在全国范围内的逐步普及，以虚拟电厂为媒介的分布式能源资源对电力现货市场运行的影响也越来越被重视。目前，关于虚拟电厂竞价的研究多为单一虚拟电厂的内部优化，对于多个虚拟电厂环境下，虚拟电厂投标策略同时受自身及他人策略影响的问题还较少。有必要对多虚拟电厂参与电力现货市场的最优策略规划进行研究，提出多虚拟电厂竞标模型，为多虚拟电厂参与现货交易场景下的管理组织方以及运营参与方提供交易策略思路。

（3）基于能源区块链网络的虚拟电厂运行与调度技术研究。区块链作为一种全新的去中心化基础构架和分布式计算范式，融合并创新了多种计算机技术。虚拟电厂是能源互联网中的一个重要分支，在聚合分布式发电资源和建立虚拟电力资源交易等方面发挥着重要的作用。目前虚拟电厂中的利益分配机制不对外界公开，并且分布式能源和虚拟电厂之间无法形成信息对称的双向选择，使得在电力交易过程中信用成本增加，交易成本较高，缺乏一套针对虚拟电厂信息安全的保障体系，存在关键数据的非授权获取和恶意篡改风险。

（4）混合型虚拟电厂多主体利益分配机制研究。虚拟电厂内部多主体之间利益协调难度大，现有虚拟电厂示范项目运营过程中普遍存在利益分配机制不健全、参与市场单一、集中式调控扩展性有限等问题，无法有效激励各类灵活性资源参与虚拟电厂合作的积极性，支撑虚拟电厂分散式运行决策。有必要开展内部主体利益分配方法研究，并对能源互联网发展背景下涵盖电、热、气等多种能源类型的虚拟电厂内部多主体协同自治机制进行设计，从而为分布式电源、可控负荷、储能等灵活性资源参与虚拟电厂合作提供强大动力，有效提高电力系统与虚拟电厂运行效率，推动虚拟电厂的建设落地。

10.19 分布储能及微网多能协同实践案例——林洋虚拟电厂

10.19.1 项目背景

中共中央、国务院在2021年10月24日发布《关于完整准确全面贯彻新发展理念做好碳达峰碳中和工作的意见》，明确指出要积极发展非化石能源，大力发展风能、太阳能、生物质能、海洋能、地热能等非化石能源，加快构建清洁、低碳、安全、高效的能源体系，严格控制能耗和二氧化碳排放强度，并明确提出了非化石能源消费比重目标，到2025年，非化石能源消费比重达到20%左右，到2030年，非化石能源消费比重达到25%左右，到2060年，非化石能源消费比重达到80%以上。

为实现"双碳"目标，加大发展以风、光为主的新能源势在必行。风能、太阳能等新能源出力具有较强的时段性、随机性和波动性，能源利用效率相对较低，将给电力系统稳定性造成较大的风险和压力。同时由于电气化的大力推进，负荷的波动也随之加大，并且与新能源发电存在时间上的不匹配。为了有效利用新能源发电，采用微电网和储能提高新能源的可控性和友好性，成为提高新能源利用的有效技术手段。

我国自 2016 年 2 月 24 日颁布《关于推进"互联网＋"智慧能源发展的指导意见》以来，颁布各项如《关于推进多能互补集成优化示范工程建设的实施意见》《首批"互联网＋"智慧能源（能源互联网）示范项目的通知》《能源工作指导意见的通知》等政策都明确提出：建设多能协同的综合能源网络设施，搭建以智能电网为基础、接纳高比例可再生能源、促进灵活互动用能行为和支持分布式能源交易的综合能源网络，以及与热力管网、天然气管网等多种能源类型网络互联互通，多种能源形态协同转换的综合能源网络，助力实现能源的多能协同，提高能源的利用效率。

2021 年 2 月 25 日，国家发展改革委进一步发布《关于推进电力源网荷储一体化和多能互补发展的指导意见》，要求发挥源网荷储一体化和多能互补在提升可再生能源消纳水平和非化石能源消费比重中的积极作用。

当前我国新能源微电网建设仍处于示范和试点阶段，面向不同用能场景、不同用户群体的新能源微电网基本系统构成、运行模式有待进一步完善和明晰；相对于稳定的大电网而言，新能源微电网具有系统耦合复杂性、机组出力间歇性、用能负荷多样性等特征，对运行优化提出了更高的要求，因此如何考虑供需特征，针对不同典型用能场景开展多能协同系统结构设计，经济高效运行优化新能源微电网系统，提高新能源微电网能源利用率，增强新能源微电网可持续发展能力，成了当前新能源微电网领域研究的热点。

为了探索以新能源为主体的微电网和储能参与虚拟电厂应用，林洋能源股份有限公司依托自身扎实的新型储能集成能力，布局高比例新能源接入的微电网以及分布式储能为基础的虚拟电厂应用，特别针对用户侧储能和微电网，构建了虚拟电厂的运行平台。为用户提供更佳的用能体验，同时为电网提供灵活可靠的支撑。

10.19.2 方案概述

微电网为主体的多能协同系统作为大电网的进一步延伸，运行相对独立，具备接入高比例新能源的能力，其以能源优化利用为导向，配备多种灵活性分布式能源设备，可以通过分布式能源机组和能源存储机组实现不同能源品类的多能协同、互补互济和梯级利用，是实现提升可再生能源消纳水平、降低化石能源消费比重的必然选择，是构建新型电力系统的重要补充，是实现我国能源转型和经济社会的可持续稳定发展的重要抓手。

微能源网可以实现多级能量体系，多能分层互补及协同优化，可以接入不同分布式能源、不同微能源网及其与上级能源网络间存在能量多层互补路径，实现多能互补模式。微电网内存在多种分布式能源，可进行灵活的能量转换，实现能源的就近消纳。并且由于不同分布式能源的发电特性差异较大，例如分布式光伏只能在光照比较好的时段发电。

微电网内部也存在"源网荷储"等多个不同能源体系、不同层级的体系存在较大的差异性，针对不同层级可形成多能互补模式，建立多能分层协同互补测度方法，确立最优多能互补模式，是微电网能源管理系统的重要功能之一。

储能系统作为重要设备，在大型电网和微电网内部都有大量的应用。当前用户侧储能设备已经被大量地部署投入使用，这些用户侧储能设备都具有基本的峰谷电价的套利能力，很多时候单个用户侧储能设备限于自身容量，面对电网的较大容量的调频调峰需求，无法响应电网调度和参与电力市场。当多个储能设备通过能源聚合方式运行时，具有更好的调控特性，能够实现更大的调峰调频能力，因此具有更好的响应能力，也就同时具有更大的获利能力。

该案例的虚拟电厂实现方案，将分布式多个用户侧储能设备，作为主要的能量聚合单元，配合微电网协同运行，构建具有灵活运行模式的虚拟电厂。

10.19.3　系统架构

虚拟电厂整合多种可控资源，分布式电源、储能等。虚拟电厂通过协调多资源优化运行，能够进一步提升能效，是实现能源系统低碳经济运行的重要物理单元。虚拟电厂相当于一个"资源管家"，有效地聚合、优化控制和管理内部资源，林洋虚拟电厂框架图如图 10-19-1 所示。

虚拟电厂的运行需要先进的 ICT 软件平台聚合虚拟电厂里大量的能源资源。该软件平台依靠先进的预测算法，制定优化的调度计划，可以实现的功能包括采集数据（如电厂运行情况、气象数据、市场价格信号、电网情况）；安全快速地在虚拟电厂、单个资源、输电系统运营商和电力市场间进行通信；自动调节分布式能源资源参与电力市场和为电网阻塞提供服务。此外，还需要智能电能表、远程控制和自动化系统等对应的硬件设备。

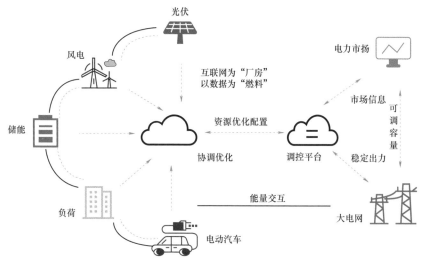

图 10-19-1 林洋虚拟电厂框架图

虚拟电厂具有"能量—信息"等不同维度耦合的网络架构。能量网络是虚拟电厂的基础，虚拟电厂存在的本质意义是通过改变灵活性资源的控制方式，达到促进新能源消纳、优化电网运行。系统通过聚合灵活性资源，优化能量输入和输出，可以促进新能源发电直接供应本地负荷就地消纳，同时可以控制灵活性资源参与电网的调峰调频、实现削峰填谷。信息网络具备状态监测、信息交互、优化调度、互动控制等多种功能。信息网络是虚拟电厂运行的关键，是系统实现能量聚合与协同控制的关键技术，可靠高效的通信网络才能使得分散且性质各异的灵活性资源对外展现出整体可控特性和灵活性。虚拟电厂作为"源、荷、储"聚合，同时在电力市场中常常扮演产-销者角色，具有丰富的电力市场的交易方式，虚拟电厂参与电网互动调节以获取利润。

（1）系统基本架构。虚拟电厂中主要包括分布式储能系统和微电网两个主要组成部分。其中微电网和分布式储能单系统，可能都处于不同的区域，通过高速通信网络实现信息联通。基于储能和微电网的虚拟电厂图如图 10-19-2 所示。

（2）系统功能描述。系统中的分布式储能系统，微电网中的不同主体，通过智能子系统进行逻辑功能划分，进行功能划分后的分布式架构如图 10-19-3 所示。

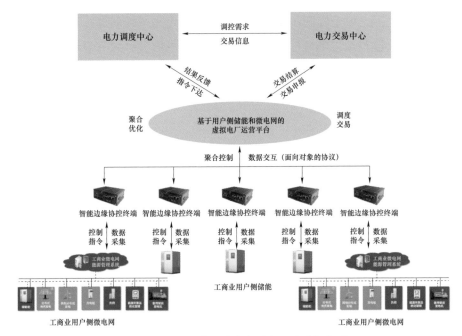

图 10-19-2 基于储能和微电网的虚拟电厂

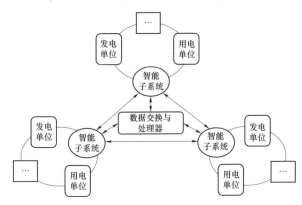

图 10-19-3 基于储能和微电网的虚拟电厂分布式架构

分布式架构中，主要内容就是对系统内部单元进行子系统划分。这些子系统通过各自的智能代理彼此通信并相互协作，实现控制协调中心的功能，同时需要避免数据冗余。分布式控制架构的虚拟电厂系统通过分布式储能系统的优化运行，同时协同微电网内部的源—荷的不同单元，构建多主体协同运行模式。

虚拟电厂依赖高效通信网络进行数据交换与处理，同时采用高效算法进行高并发的数据协同计算。项目研发了集群功能模块，具有建模、聚合、上报、评估等多个功能。支持响应各种调度指令、参与虚拟电厂的模式。

（3）虚拟电厂与电网互动。虚拟电厂与电网的互动机制执行主体主要包括电网、虚拟电厂运营商、虚拟电厂内部的分布式单元。各类主体在互动框架中扮演着不同的角色，根据自身的发电或用电特性，基于上层发布的信息进行响应和互动，调整自身计划。虚拟电厂作为市场主体，通过设置既定的目标进行寻优，从而引导虚拟电厂内部分布式单元的发电或用电行为。互动机制涉及上层电网或电力交易中心、中间协调层的虚拟电厂和底层分布式电源和负荷用户，虚拟电厂与电网互动机制如图 10-19-4 所示，互动流程如图 10-19-5 所示。

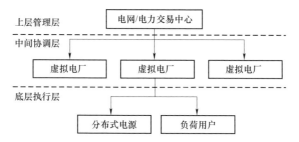

图 10-19-4　虚拟电厂与电网互动机制

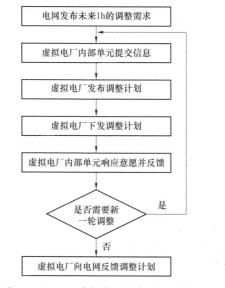

图 10-19-5　虚拟电厂与电网互动流程

1）电网提前向虚拟电厂发布未来调整需求，一般采用固定的间隔进行发布。

2）虚拟电厂内部的分布式单元向虚拟电厂提交可调整时段、可调整容量、调整成本等信息。

3）基于电网发布的需求，虚拟电厂根据下层单元提交的信息，按照设定的目标函数，向内部的单元发布调整计划。

4）虚拟电厂内部的分布式单元根据虚拟电厂下发的计划，按照设定的目标函数，给出自身响应意愿，并向虚拟电厂进行反馈。

5）虚拟电厂根据内部单元反馈，确定是否需要进行新一轮调整。若需要，转 2）；若不需要，则向电网反馈总体调整计划。

6）若虚拟电厂最终反馈的总体调整计划满足电网原先的调整需求，则电网向虚拟电厂支付费用；若虚拟电厂由于内部单元无法按日前计划执行，则按现货市场的交易价格对电力缺额进行结算。

至此虚拟电厂与电网的一次完整的互动过程结束。

10.19.4　应用案例

项目依托现有工厂园区，园区内部包含多种负荷和分布式光伏等多种电源，园区已建成微电网运行。其中包括屋顶光伏接入、柴油发电机、电化学储能装置等。电能可通过园区联络线从电网购入，也可以在限定量内一定比例返送电网。

1. 虚拟电厂管理平台核心模块

虚拟电厂管理平台中包括微电网能源管理系统、用户侧分布式储能柜、数字化量测体系、广域测量系统、监测软件和辅助决策系统和仿真模拟子系统等几个重要组成部分。

（1）微电网能源管理系统。系统基于已有微电网，通过聚合分布式的工商业储能设备，使用资源集群方式组建分布式架构的虚拟电厂。基于储能和微电网的虚拟电厂聚合系统展示界面如图 10-19-6 所示。

图 10-19-6　基于储能和微电网的虚拟电厂聚合系统展示界面

（2）用户侧分布式储能柜。项目新建分布式储能系统，采用林洋能源股份有限公司自制一体机 LY-PowerKey-200 智慧液冷储能柜，容量为 100kW/232kWh，每个储能柜由 5 个电池模组组成，每个模组 1P52S 共计 52 个容量 280Ah 磷酸铁锂电芯。分布式储能系统储能柜如图 10-19-7 所示。

图 10-19-7　分布式储能系统储能柜

林洋能源股份有限公司智慧液冷储能柜将三电平储能变流器、磷酸铁锂电池、蓄电池管理系统、能量管理系统、热管理系统、配电箱和消防模块等进行优化集成，采用单组串设计，实现并联零容损。智慧液冷储能柜具备削峰填谷、需量管理、防逆流等功能。多组机柜可直接并联，实现储能系统扩容、即插即用。

智慧液冷柜额定功率 100kW，最大峰值输出功率 110kW，额定电网电压 380V，额定频率 50/60Hz，三相四线制接入；运行效率 85%，循环寿命 6600 次，放电深度 90%；运行温度 -20~50℃，户外柜体，防护等级 IP55；采用两级（舱级+模组级）全氟己酮消防体系。

（3）数字化量测体系。在分布式储能单系统和微电网内部单元部署林洋能源股份有限公司的数字化仪表，将虚拟电厂系统和用户、电网和用户、虚拟电厂和电网等各个重要元素联系起来，使得硬件系统可以支撑虚拟电厂的运行。

选用的林洋能源股份有限公司自制高级量测智能终端 ECU4X13 - TLY2205 型能源控制器，如图 10 - 19 - 8 所示。

图 10 - 19 - 8　高级量测智能终端 ECU4X13 - TLY2205 型能源控制器

ECU4X13 - TLY2205 型能源控制器基于计算机应用技术、现代通信技术、电力自动控制技术以及模组化的理念设计，具有优良的可靠性、稳定性、安全性和扩展性。采用高性能 1GHz、4 核 Cortex - A7 CPU，嵌入式操作系统，1GB/16GB 大容量存储器，具备 1 颗安全芯片，可以利用无线移动通信（5G/4G/3G/2G）等和主站进行通信，并配备独立的 GPS/北斗定位功能，是集配电台区供用电信息采集、各采集终端或电能表数据收集、设备状态监测及通信组网、就地化分析决策、协同计算等功能于一体的智能终端设备。

智能终端设备通过智能边缘控制器将系统内部各个单元连接起来，通过远程连接功能，实现广域的系统测量和通信功能。

（4）广域测量系统。广域测量系统通过林洋能源股份有限公司自研的 LYB - 1000S 智能边缘控制器实现虚拟电厂内部单元的信号采集和指令下达等功能的通信。广域测量系统具有实现对系统动态过程的监测功能，在时间/空间/幅值三维坐标下，同时监视虚拟电厂全局的动态过程。林洋虚拟电厂智能边缘控制器如图 10-19-9 所示。

图 10-19-9 林洋虚拟电厂智能边缘控制器

智能边缘控制器集海量高速数据采集、存储、通信、管理、控制、智能分析与处理于一体，采用无风扇散热结构设计，稳定可靠；内置可插拔 5G 或各类通信模块以及算力模块，接口丰富。

控制器 DC 9~36V 供电，支持过电压、过电流、防浪涌、防反接等保护功能；采用国产高性能工业级四核 64 位 Cortex-A55 CPU，主频最高 2.0GHz，内置 1.0TOPS 算力 NPU；具有 2 路 USB3.0 接口，2 路 USB2.0 接口；支持 VGA、HDMI1.4、HDMI2.0 等多显示通道多屏异显；支持千兆以太网、BT5.0，双频 WIFI6，支持 802.11 a/b/g/n/ac/ax 协议，可选配 4G 模块或 5G 模块；内置 M.2 固态硬盘接口，可内置 TB 级固态硬盘；具有 2 路高速 UART、4 路 RS232、1 路 RS485、2 路 CANBUS 数据通信接口；系统支持 Linux、Android、Buildroot、Debian 及 Ubuntu 多种操作系统；具备灵活的扩展能力，开放系统源码，可基于此款产品二次开发和定制，易于实现虚拟电厂内部单元的信号采集和指令下达等功能的通信。

（5）监控软件和辅助决策系统。虚拟电厂监控系统采用专用系统，避免了能量管理系统和数据采集与监视控制系统存在的处理问题速度慢、储存的信息有限以及在线分析能力差等缺点。系统在运行时，能够实时监控虚拟电厂内部所有单元的数据。虚拟电厂的监控软件，通过将分布式的储能系统和微电网系统进行聚合，采用优化调度方式进行处理，然后向相应的虚拟电厂的内部单元发布处理指令。

虚拟电厂依靠先进的计算机优化算法来实现采集、组织、分类和处理智能电网中的海量信息，并基于数据和分析为运行人员提供辅助决策。林洋虚拟电厂辅助服务决策界面如图 10-19-10 所示。

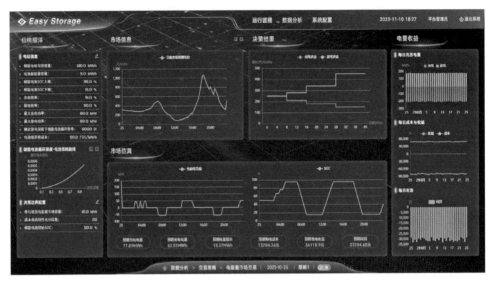

图 10-19-10　林洋虚拟电厂辅助服务决策界面

在辅助决策层面，虚拟电站引入高级的可视化界面和运行决策支持。通过数据过滤和分析，高级的可视化界面能够将大量数据分层次，具体而清晰地呈现出来，从整体到局部地向运行人员展示精确、实时的电网运行状态，并且提供相应的辅助决策支持。同时，系统也可通过内部储存的数据，对虚拟电厂内部可能出现的问题进行预测，方便虚拟电厂对潜在危险采取一定的预防措施。

（6）快速仿真和模拟。系统同时具备快速仿真和模拟功能。包括风险评估、自愈控制与优化等子模块。可实时监测和分析系统状态，帮助虚拟电厂做出快速响应和预测。

虚拟电厂能量管理系统通过使用机器学习 AI 算法处理虚拟电厂的海量数据，优化被聚合的所有储能和微电网运行模式，借助模拟仿真功能实现优化参与电力市场的交易模式和报价，显著提升虚拟电厂的收益。

2. 面向对象的虚拟电厂通信协议

林洋能源股份有限公司自主研发了基于面向对象方法的虚拟电厂通信协

议，支持开放性、互操作性、互换性，具有易维护、易安装、易扩展特点，功能需求兼容向下兼容；具有灵活的感知系统属性。

协议基于 DL/T 645—2007《多功能电能表通信协议》、IEC 62056《配电线报文规范》等标准，提取业务层模型和协议层模型进行构建。主要包括对象标志 OI、接口类 IC、应用层协议和链路层协议。自定义的链路层帧结构，简洁明了；参考 IEC 62056 应用层协议，并进行效率优化，增加更高效的访问服务和服务模型；借鉴 IEC 62056 的接口类概念，根据国内业务需求和应用特点，进行创新。

链路层采用变长服务器地址，可兼容各种表计，帧头 HCS 与帧校验 FCS 采用 CRC−16 循环校验算法，高效可靠；应用层使用高效的读取服务，可以完成读记录的部分内容，具有操作后读、代理后读等功能，对于不支持主动上报的通道，支持尾随上报；接口类对象可拥有特定的属性和方法，通过{对象标识＋属性}即可调用接口类对象属性，相比 IEC 62056 更为简捷；对象标识系统与属性特征分离，提高了对象标识的通用性，显著减少 OI 字节占用空间。

协议的优点包括设备地址不受限制、采集点数量仅与存储容量有关、差异性表计协议的兼容能力强、兼容性好的一致性安全认证方法和传输安全机制以及可靠的时间同步机制。

3. 虚拟电厂能量管理系统运行

（1）日常工作模式。当不参与调峰时，通过不同时间段电价的不一致性，选择在电价低谷时对储能系统进行充电，在电价高峰时把储存起来的电能向电网销售，以赚取其中差价。

以 2023 年 5 月代理购电工商业用户电价为依据进行测算。其中峰值电价＝1.1131 元/kWh；尖峰电价＝1.1788 元/kWh；总的加权峰值电价＝（1.1788×5＋1.1131×7）/12＝1.1405 元/kWh；平时电价＝0.6605 元/kWh；谷时电价＝0.2856 元/kWh。

设定储能系统的充放电策略。每天二充二放。储能系统 23:00～08:00 谷电价期采用低功率充电，至 08:00 前电池储能系统处于满荷状态，09:00～12:00 将储能系统电量放空；12:00～17:00 进行第二次充电，17:00～22:00 在峰时进行放电。

虚拟电厂中分布式储能单元运行策略如图 10−19−11 所示。

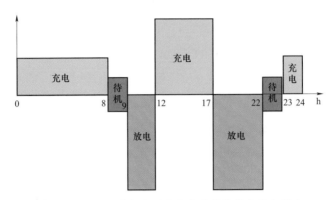

图 10-19-11 虚拟电厂中分布式储能单元运行策略

（2）虚拟电厂参与调峰的工作逻辑。以园区的虚拟电厂为例，VPP 聚合了微电网与分布式储能两个单元，其中微电网部分有 2 个光伏电站、1 个储能设备、3 个充电桩、2 个可中断负荷。分布式储能部分有 4 个储能设备、4 个可中断负荷。聚合资源参数见表 10-19-1。

表 10-19-1　　　　　　　聚合资源参数

类型	资源	签约价格（元/MWh）	实时功率（kVA/kW）	额定功率（kW）	无功功率（kvar）
微电网	光伏 1	230	1100	1500	120
	光伏 2	235	1600	3500	100
	柴发		400	0	0
	储能 1	750	3500	5000	
	充电桩 1	1200	80	120	0
	充电桩 2	1200	60	120	0
	充电桩 3	1200	60	120	0
	负荷 01	4900	800	900	120.6
	负荷 02	5100	800	1200	130.5
分布式储能	分布式储能 1	850	100	500	0
	负荷 1	5000	500	800	110
分布式储能	分布式储能 2	950	600	1000	0
	负荷 2	4900	300	600	120.8
分布式储能	分布式储能 3	850	200	800	0
	负荷 3	4900	150	400	120
分布式储能	分布式储能 4	950	300	1200	0
	负荷 4	5000	200	600	105

日前调峰中标时段为12:00～13:00，中标容量为1.2MWh，中标类型为削峰。12:00，虚拟电厂聚合资源的实时功率见表10-19-1，该时刻虚拟电厂基线功率为9.35MW。以15min为控制步长，将中标时间段划分为T_1、T_2、T_3、T_4四个控制周期，可得T_1时段虚拟电厂目标功率为$P=9.35-1.2=8.15MW$。12:00时刻虚拟电厂并网点的实时功率为10.75MW，则需要向下调整2.6MW。

根据各聚合资源调峰签约价格从低到高进行排序；若签约价格相同，则按照可调功率从大到小进行排序。因为光伏发电已经采用最大功率点跟踪算法，功率已经达到最大值故只能从储能、充电桩、可中断负荷进行调整。调节后各项数据见表10-19-2。

表10-19-2　　　　　　　　调 节 后 各 项 数 据

状态	资源	签约价格 （元/MWh）	实时功率 （kVA/kW）	额定功率 （kW）	无功功率 （kvar）
微电网	光伏1	230	1100	1500	120
	光伏2	235	1600	3500	100
	柴发		400	0	0
	储能1	750	5000	5000	0
	充电桩1	1200	80	120	0
	充电桩2	1200	60	120	0
	充电桩3	1200	60	120	0
	负荷01	4900	800	900	120.6
	负荷02	5100	800	1200	130.5
分布式储能	分布式储能1	850	500	500	0
	负荷1	5000	500	800	110
分布式储能	分布式储能2	950	600	1000	0
	负荷2	4900	300	600	120.8
分布式储能	分布式储能3	850	800	800	0
	负荷3	4900	150	400	120
分布式储能	分布式储能4	950	400	1200	0
	负荷4	5000	200	600	105

根据算法计算，该时间段只有储能1，分布式储能1、3、4进行调节，虚拟电厂储能调整调节前后对比如图10-19-12所示。

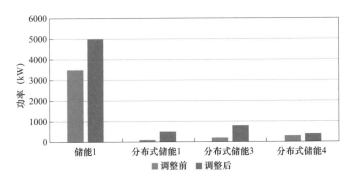

图 10-19-12　虚拟电厂储能调整前后对比

当处在 $T_2 \sim T_4$ 时段时，将根据届时的实时功率重新调节算法进行功率分配。

10.19.5　应用展望

（1）多种储能型式的接入。当多种不同类型的储能，如机械类储能、电气类储能、电化学类储能、热储能和化学类储能，通过分析不同类型的储能响应速率，充放电响应特性，在针对不同的目的时，运用不同的调度方式去协调储能出力工作。

（2）复杂微电网控制模式引入。复杂微电网的控制策略主要分为两种型式，主从型和对等型。主从控制模式中采用 V/F 控制的分布式电源控制器称为主控制器，而其他的分布式电源控制器称为从控制器；对等控制模式的微电网所有的分布式电源在控制上都具有同等的地位，分布式电源都根据接入系统点电压和频率的就地信息进行控制。

未来随着分布式储能类型的增多，复杂微电网更加复杂模式的引入，将会对基于储能和微电网的虚拟电厂的控制策略提出更高的要求。

10.20　面向多能流园区虚拟电厂实践案例——国电南自虚拟电厂

10.20.1　项目概述

以某多能产业园（基于增量配电网和地理位置自然形成的集群）的场景分析为例，园区中同时包含冷、热、电等多种能流形式的负荷，由物业公司作为综合能源服务商负责能源供给，园区内包含 1 台由内燃机和溴化锂构成的冷热电三联供机组、2 台燃气锅炉、2 台电制冷机、2 台蓄电池、若干分布式屋顶光伏和 1 台备用直燃机。其中，冷、热在园区内平衡，电能可通过园区联络线从电网购入，但不能反送；天然气通过管道输入园区，用于内燃机、燃气锅炉、直燃机等耗气设备。该园区通过资源集群的方式形成虚拟电厂。

以供冷季某日实际运行情况为例阐述国电南网多能产业园区的虚拟电厂通过多能优化调度策略，实现在最优方式下，发挥多能协同的可调潜力并响应多种调度需求的应用案例。由于供冷季不存在热负荷，故溴化锂运行于供冷模式，与电制冷机组一同供给冷水，燃气锅炉关闭，直燃机作为备用，一般情况下不启动。园区用电负荷峰值为 3.6MW，购电价格按当地分时电价，园区用冷负荷峰值为 2MW。电能通过联络线从上级电网流入虚拟电厂为功率正方向。

10.20.2 应用场景

1. 主动式场景

在主动式场景下，虚拟电厂系统平台日前鲁棒聚合模块提供虚拟电厂的可调能力及成本参数的计算。园区通过日前鲁棒聚合模块求得每个时刻的联络线功率上、下限，能量上、下限和功率变化量上、下限，如图 10-20-1 所示。

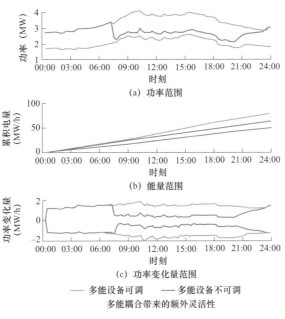

图 10-20-1 虚拟电厂聚合计算结果示意图

在 00:00～07:00 时，电价较低，为谷电，虚拟电厂从电网购电使成本最小，且没有可用的新能源发电，此时虚拟电厂运行基线位于功率上界；除了在 16:00～18:00 时蓄电池充电外，虚拟电厂运行于功率下界。虚拟电厂在不同时刻提供 1.0～1.6MW 的可调范围，大致为总负荷量的 1/3，整体园区虚拟电厂可提供较为可观的灵活性。

由图 10-20-1 所示可以看出多能流耦合与协同为虚拟电厂带来的额外调节能力。其中，蓝色曲线为供冷设备均固定在供冷成本最小的运行方式时虚拟电厂提供的可调范围，即电价低时仅由电制冷机供冷，电价高时启动内燃机-溴化锂三联供，多出的冷负荷由电制冷机、直燃机根据价格信息分担。红色曲线为考虑多能耦合设备可调时虚拟电厂的灵活性范围。虚拟电厂可通过调度内燃机-溴化锂三联供、电制冷机及直燃机等设备，在保证冷负荷平衡的同时，为电力系统提供灵活性。如在 00:00～08:00 时，可通过减少电制冷机供冷量，同时增加三联供、直燃机供冷量来降低虚拟电厂的联络线功率。

图 10-20-2 展示了 3 条典型的成本曲线，分别对应 07:00、09:30 和 17:45 这 3 个时刻。3 条曲线均过原点。

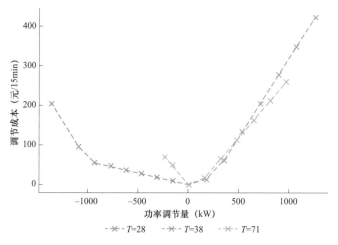

图 10-20-2　虚拟电厂典型成本曲线

由图 10-20-2 可以看到：

（1）在 07:00 时，蓄电池处于充电状态，虚拟电厂提供的可调范围为向下 1339kW 至向上 26kW。向下成本在 1MW 处有明显转折，这是因为园区内的三联供机组可发出的最大有功功率即为 1MW。而在向下调节量超过 1MW 时，虚拟电厂只能通过开启直燃机或调节蓄电池充放电状态提供调节能力，从而使蓄电池无法在低电价时段充满电量，为后续运行带来较高成本。故在向下 [0，1] MW 区间调节成本缓慢上升，但在 [1000，1339] kW 出现明显转折。

（2）在 09:30 时，功率基线位于上界，虚拟电厂提供的调节能力为向上 0～1429kW，其中，在 178kW 处有明显转折。这是因为当前园区设置的弃光成本参数为 0，故此时虚拟电厂提升联络线功率最经济的方法即为降低光伏出力。此时由于电价处于平段，故蓄电池未充电也未放电。当光伏发电功率降至 0 后，虚拟电厂需通过调节其他机组的方式提高联络线功率，故成本有所提高。

（3）在 17:45 时，蓄电池处于充电状态，虚拟电厂提供的最大调节能力为向下 225kW、向上 1236kW。通过成本曲线分析得出，虚拟电厂只能通过减少储能充电量提供向下调节能力，而向上调节能力可通过启动电制冷机组并降低三联供机组的出力得到，故此时向下单位调节成本大于向上单位调节成本。

图 10-20-3 展示了虚拟电厂参与调度的效果。某日电力系统调度需求为该园区虚拟电厂尽可能平抑负荷波动、降低峰谷差，图 10-20-3（a）蓝色曲线所示的调度指令，虚拟电厂通过调节内部资源跟随调度指令。图 10-20-3（b）和图 10-20-3（c）展示了园区虚拟电厂消耗的总天然气量及储能充放电功率与时间的关系，在跟随调度指令时，虚拟电厂通过调节冷热电联供（combined cooling, heating and power，CCHP）、储能等可快速调节的资源，以抵消负荷的波动，对外显示出平滑的功率曲线。成本方面，虚拟电厂的运行成本由原来的 48239 元上升至 50493 元，根据报价曲线计算的补贴为 5010 元，故虚拟电厂可赚取收益 2756 元，在赚取收益的同时减小了约 2MW 的峰谷差，与电网实现双赢。

虚拟电厂通过日前鲁棒聚合模块计算形成虚拟电厂聚合模型，并拟参与电网调度运行，系统通过调用预评估模块评估该策略模型的可行性与经济性。根据虚拟电厂日前上报的聚合模型，生成了均匀分布的 5000 组电网模拟调度曲线，并进行解聚合。结果显示，在可行性方面，5000 组模拟调度曲线中，一日内最大总偏差功率为 62.355kWh（为联络线总交换能量的 0.098%）；而经济性方面，所有根据成本函数计算的成本均大于实际增加的成本，其中多出的平均为 449.09 元，平均高出虚拟电厂运行成本（48286.26 元）的 0.9%，可以较好地估计虚拟电厂在响应电网调度计划时的运行成本。

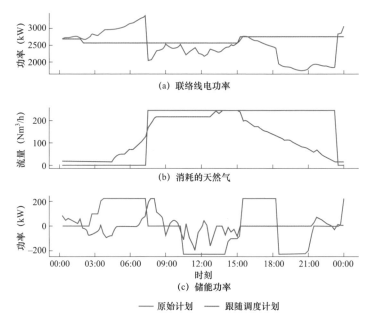

(a) 联络线电功率

(b) 消耗的天然气

(c) 储能功率

—— 原始计划　—— 跟随调度计划

图 10-20-3　虚拟电厂跟随调度计划前后对比曲线

2. 响应式场景

电力系统对调峰的需求可以概括为以下两种：① 在某段时间希望负荷侧减小用能功率（例如负荷中心）；② 在某段时间希望负荷侧增加用能功率来消纳多余的新能源（例如风电场、光伏集群）。园区型虚拟电厂可以很好的响应上述两种典型的调峰需求。对于其他类型的需求，只需将期望的调峰需求转化为功率变化量，即可适用。

以该园区多能虚拟电厂响应电网消纳新能源辅助服务需求为例。由于电网预测次日中午负荷低谷时光伏出力较高，向虚拟电厂发布协助消纳新能源的调峰需求，要求虚拟电厂在 11:45～13:15 将功率提升 1MW。在 09:15～10:00，功率可在基线基础上、下变动不超过 400kW，其余时刻功率与基线相同。虚拟电厂以 10%为步长进行计算，虚拟电厂对调峰需求的响应情况如图 10-20-4 所示。

10.20.3　应用成效

多能虚拟电厂系统平台调用解聚合模块对电网的调峰需求进行响应，结果如图 10-20-5 所示。在图中可以看出，在 11:45～13:15，为了响应新能源消纳需求，园区采取的调度措施如下：① 蓄电池由放电转为充电；② 减少内燃机发电功率；③ 增加电制冷机用电功率。通过多种措施联合作用，增加了园区的用电需求，进而提高了新能源消纳能力。

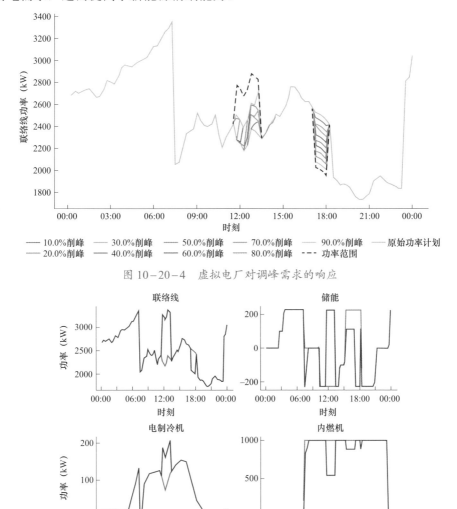

图 10-20-4　虚拟电厂对调峰需求的响应

图 10-20-5　响应前后虚拟电厂各设备用电功率计划

图 10-20-6 展示了响应前后热力系统的调度计划。在图中可以看出，在新能源消纳时段，溴化锂机组供冷量减少，但电制冷机组供冷量增加，园区依然保持冷功率平衡，相当于利用新能源弃电来制冷，利用热力系统的调节能力来提高电网的灵活性。

此外，园区中的用户侧资源也可协助完成对调峰需求的响应。本案例中基于产业园中可平移负荷，可合理安排可平移负荷的生产计划，协助实现对电网调峰需求的响应。响应上述调峰需求时，某可平移负荷的功率优化结果如图 10-20-6 所示。

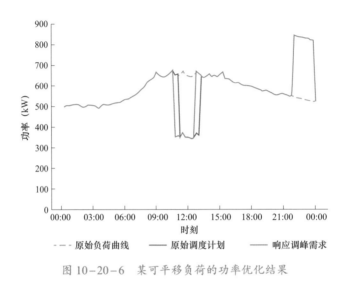

图 10-20-6　某可平移负荷的功率优化结果

该可平移负荷可将 10:30～13:30 时段内，任意 120min 内的 300kW 负荷平移至 22:00～24:00。图中灰色曲线代表原始负荷曲线，蓝色曲线代表不响应调峰需求时可平移负荷的原始调度计划，红色曲线代表响应调峰需求后可平移负荷的响应调峰需求。平移的时段前移了 30min，以适应在 11:45～13:15 升高功率的调峰需求。

图 10-20-7 为虚拟电厂模块的调峰成本—调峰响应量曲线。由于响应调峰需求时，电制冷机制冷量会增加，而单位成本较低的内燃机发电量及供冷量减少，造成了运行成本的增加。虽然响应电力系统调峰会增加虚拟电厂的运行成

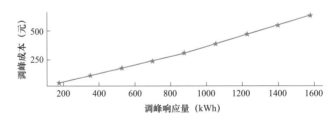

图 10-20-7　虚拟电厂模块的调峰成本—调峰响应量曲线

本，且额外成本随着响应量的增加而增加，但可通过提供调峰辅助服务获得收益以弥补增加的成本，与电力系统实现"双赢"。

10.21　现货模式下负荷虚拟电厂实践案例——风行测控虚拟电厂

10.21.1　项目背景

当前，电力系统不断深化变革。在电源侧，电源清洁比例上升、调节能力下降、不稳定性增加；在电网侧，逐步从集中式配电向分布式方向发展，电网与微电网、分布式电源互动增多，运行和控制方式发生重大变化；在负荷侧，分布式发电、储能、电动汽车等发展迅速，用户从"无源"变为"有源"，配电网潮流优化需求增加；同时市场化交易日益灵活，现货迫在眉睫，用户参与度极大提升。

在这样的变革趋势下，虚拟电厂系统应运而生，虚拟电厂是一种新型电源管理系统，它虽然不是一个真实的物理电厂，但通过聚合海量分布式资源，它对外可以表现为一个可控电源，起到提供电能、调峰调频等电厂所具备的作用。风行测控虚拟电厂解决方案采用云计算、大数据、物联网、人工智能等新一代信息与通信技术，集成智能的传感与执行、控制和管理等技术，通过发电侧及负荷侧的资源整合，优化调控，提升资源利用率和系统灵活性，从而降低用供能成本、满足双碳要求。

虚拟电厂的出现打破了传统电力系统中物理概念上的发电厂之间、发电侧和用户侧之间的界限。首先，在技术层面上，虚拟电厂并非对系统中分布式能源并网的方式进行实质性改变，而是通过先进的控制、计量、通信手段对分布式能源、可控负荷、储能系统、电动汽车等不同类型的分布式电源进行聚合。其次，在电力市场环境中，第二代虚拟电厂与第一代相比，第二代虚拟电厂可以通过参与各类电厂市场交易，以更加灵活开放的方式来调控配置其内部的分布式能源，在挖掘更大收益潜力的同时也能为系统提供更优质的管理及辅助服务。因此，为实现第二代虚拟电厂，需重点加强对虚拟电厂调度运行中的各类预测、分布式资源调度交易的优化、虚拟电厂调度控制技术的应用。

风行测控虚拟电厂是现货模式下，基于电能量市场分时价格信号开展的交易，电力现货市场是风行测控虚拟电厂的前提，虚拟电厂是现货市场的延伸，电力现货市场使虚拟电厂削峰或填谷的价值得以显化，使其价格机制、商业模式更加清晰。

风行测控虚拟电厂特色：① 负荷响应精度更高，负荷要按照调控中心出清的功率曲线进行调整，相对需求侧响应来讲，调节的精度及速率要求更高，更趋向于电厂性质。②"源荷互动"能力更强，虚拟电厂交易规则更能深度挖掘需求侧资源调节响应能力，用电负荷与电网实际发电的匹配能力更强。③ 市场特性更显著，虚拟电厂的收益全部从市场交易中获得，而不是由政府补贴资金予以激励。

这是一种良性的、健康的虚拟电厂发展模式，常态化调节供给侧和需求侧的供需矛盾，真正实现源荷互动。

10.21.2 系统概述

1. 系统架构

基于对能源发展及能源交易业务的深刻理解，山西风行测控股份有限公司依托能耗数据实时采集、智慧能源、可控负荷聚合等领域的业务经验，充分调动优势资源，积极探索与实践虚拟电厂建设。

以市场化机制为依托，风行测控虚拟电厂探索打造包括用户库、资源库、策略库"全资源池"运营模式的"源—网—荷—储"融合调控虚拟电厂。产品以市场化电力交易为主导，通过虚拟电厂技术支持系统，聚合可控用户侧负荷（建材、铸造、钢铁、冷库、蓄热锅炉、电解铝、写字楼等）、分布式电源、电动汽车和储能装置等资源，动态配置各资源潜力，实现能源供应效益的最大化。能够聚合分布式能源场站，统一参与电力交易市场和电力辅助服务市场，基于用户需求、负荷预测、发电预测和安全调度模型，制定合适的发电计划，大幅节约场站管理成本，提高场站收益，保障场站安全稳定运行。还可通过多能互补的方式提高能源输出稳定性，参与需求响应、辅助服务、电能量市场，作为整体参与市场化交易，为用户提高议价能力。风行测控虚拟电厂系统架构图如图 10-21-1 所示。

2. 平台架构

平台通过先进的传感技术、物联网技术实时智能感知客户用能数据，利用大数据预测、优化、诊断，获取有效知识，实现能源经济运行决策，利用云大物移、智能控制等技术，实现生产经营管理全局优化，从而提高用户供能可靠性，促进分布式电源的高效利用，提供市场交易的平台资格及资质，增加电力交易市场及辅助服务市场收益，真正做到用供能互动，为客户降低总体用能成本。风行测控虚拟电厂平台架构图如图 10-21-2 所示。

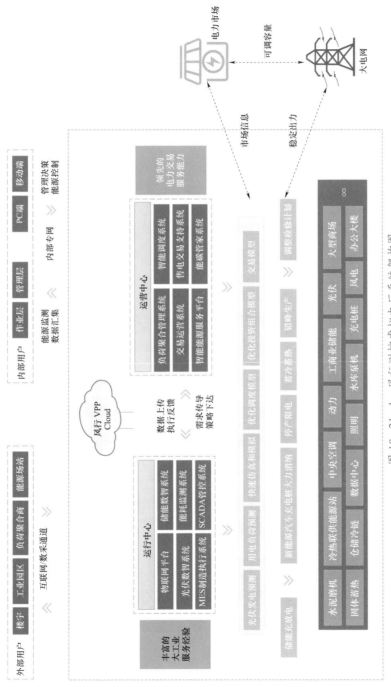

图 10-21-1 风行测控虚拟电厂系统架构图

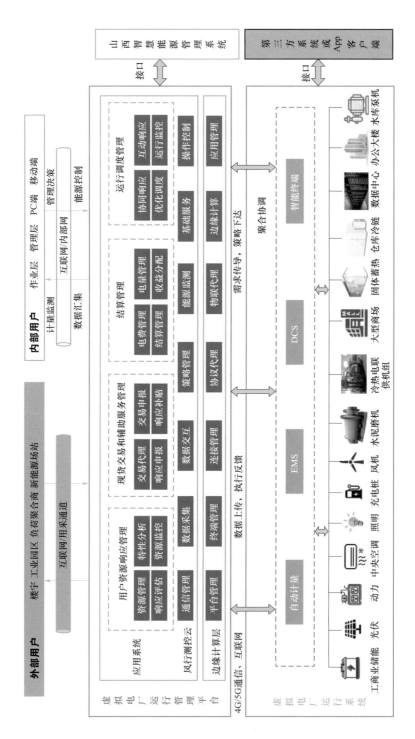

图 10-21-2　风行测控虚拟电厂平台架构图

顶层设计方面：结合虚拟电厂管理中心规划策略，技术实现路径和调度中心及电力交易中心的区域化角度对虚拟电厂技术架构做全面规划，并做好具体实现路径规划。

负荷聚合方面：虚拟电厂平台需要考虑空调、光储充、设备终端负荷等不同的设备直采、云平台与云平台对接等技术方案。

安全问题方面：虚拟电厂技术在新型电力系统的应用中，对系统安全要求非常高，需要从系统的云计算安全、集群安全、容器安全，应用程序安全等方面做好安全规划，保障系统安全稳定。

产品系统功能应用方面：虚拟电厂需要面向不同的应用场景、不同的运营管理者（各地区电网公司、负荷聚合商、直接用户），虚拟电厂需要具备匹配客户的部分特定功能和客户现有系统软硬件兼容。对虚拟电厂的通用性、兼容性有较大的挑战。

虚拟电厂业务运营管理方面：虚拟电厂可以为电力源网荷储提供一个高效的互动渠道（虚拟电厂需要具备支持海量设备接入数据处理及多租户支持能力），但在当前实施过程中需要协调电网、聚合商、用户等角色在虚拟电厂互动的方式、内容、权责，获益分配等方面达成共识，实现业务闭环（打破技术壁垒、利益再分配公平性等），有较大的挑战。

3. 核心技术

风行测控虚拟电厂平台核心技术特征体现为：

（1）拥有大规模实时数据处理能力。

（2）拥有分布式能源、可调负荷的协同控制能力。

（3）拥有实时预测算法能力。

（4）拥有智能调度能力。

（5）安全且合规（电网、数据、网络等）。

（6）对各地虚拟电厂平台、政策兼容。

（7）客户能源快速接入技术。

4. 前置接口交换服务

（1）接口鉴权。内网设计接口交换服务用于风行虚拟电厂技术支持系统与新型电力负荷管理系统进行数据交互，采用 RESTful 风格的 HTTP 形式提供统一的调用接口，向新型电力负荷管理系统申 token，验证权限通过后生成 token，同时通过国密算法 SM2 生成一对公私钥，新型电力负荷管理系统把生成的 token 和公钥返回给风行虚拟电厂技术支持系统。鉴权流程示意图如图 10-21-3 所示。

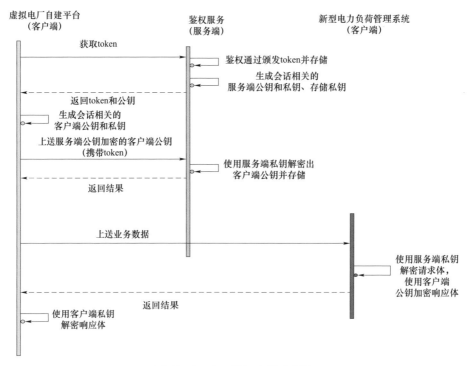

图 10-21-3　鉴权流程示意图

（2）交互流程。风行测控虚拟电厂交互流程如图 10-21-4 所示。

（3）隔离装置。前置交换服务系统部署于山西风行测控股份有限公司私有云内网，与风行虚拟电厂技术支持系统公网进行物理隔离，采用实时隔离网关装置，实时隔离网关是在信息过滤的基础上，通过采用特殊的硬件设备来实现主机与主机之间、主机与网络之间、网络与网络之间的隔离。装置采取了单向连接、单向数据传输、数据分阶段非网络方式传送等技术，因此有效地实现了网络的安全隔离。

5. 业务架构

风行测控虚拟电厂业务架构示意图如图 10-21-5 所示。

（1）虚拟电厂用户资源响应管理实现用户模型建立、用户特性分析、聚合仿真等。

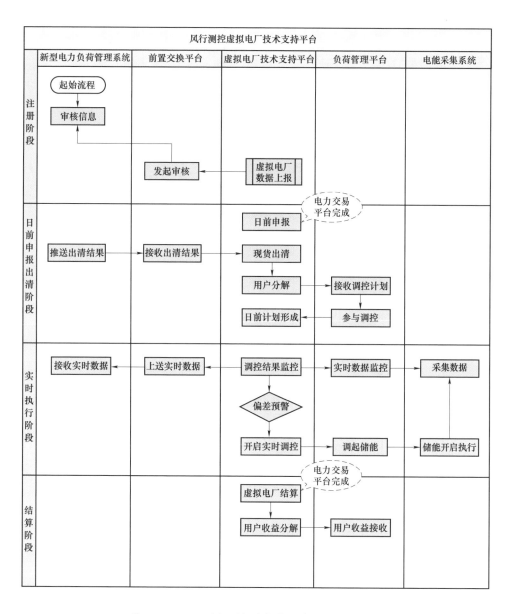

图 10-21-4 风行测控虚拟电厂交互流程示意图

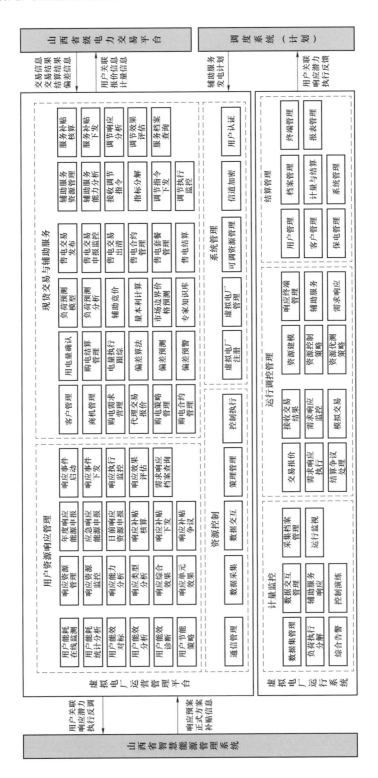

图 10-21-5 风行测控虚拟电厂业务架构示意图

（2）现货交易与辅助服务建立交易规则库、交易算法库和市场成员管理功能。上报市场数据、报价曲线，接受成交结果，分解发电曲线，校核交易数据。市场预测、优化报价策略。

（3）结算管理管理用户接入合同、交易结果、执行结果，与电网签订的并网合同等；交易评价功能实现对交易结果进行大数据分析，为优化交易策略提供数据支撑。

（4）运行调控管理实现虚拟机组模型识别算法、多目标优化调度算法。

6. 通信网络与网络安全

（1）在系统通信网络建设方面。

1）通信需求分析。虚拟电厂业务具有短期业务数量大、业务并发率高、业务跨区域广和负载波动大的特点。表10-21-1总结了虚拟电厂各业务对通信时延、带宽、可靠性及安全的需求。

表 10-21-1　　　　　　　　虚拟电厂业务对通信网络需求

业务应用	时延（s）	带宽（Mbit·s⁻¹）	可靠性（%）	安全
DER 调控	<1	≥2	99.999	高
用电负荷需求响应控制	≤0.2	0.01~2	99.999	中
高级计量（低压集抄）	≤3	1~2	99.900	中
调峰响应	<10	<2	99.999	高
调频响应	<0.05	>2	99.999	高
电力市场	<10	<2	99.900	高

2）通信网络架构。虚拟电厂通信网络架构是以现有的互联网/4G/5G资源为基础，融合原有的需求响应、负荷管理等业务系统，分布式电源、储能、电动汽车充电站监控等多来源、多种类的数据。虚拟电厂通信网络形态多样，属于多主体异构融合的通信网络，为保证安全、实时传输，虚拟电厂通信网络需要合理分层、分区，与现有通信网络既共享又区分，实现质量更高的供电服务。如图10-21-6所示，虚拟电厂通信网络架构分为两级架构，即本地通信层和远程通信层。

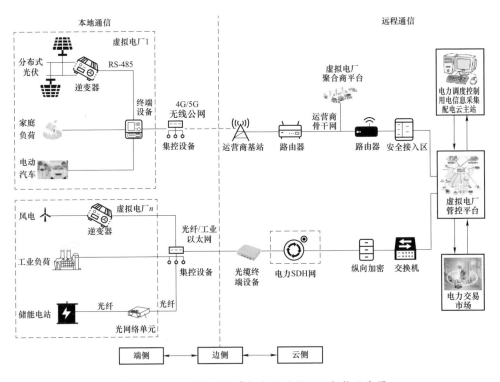

图 10-21-6　风行测控虚拟电厂通信网络架构示意图

3）通信关键技术。本地多通信技术互补。虚拟电厂本地侧接入负荷种类繁多，同时与大电网互动时实时的信息交互带来了海量终端接入和通信盲区等一系列问题。图10-21-7描述了风行测控虚拟电厂本地通信技术互补的应用模式，负荷、分布式能源、储能等多种业务终端通过多通信技术互为备份的即插即用通信单元进行本地数据传输。

远程5G虚拟专网。虚拟电厂在参与电网的互动运行中，使得分布式电源控制、需求响应等控制类业务逐渐向中低压配电网延伸。5G网络的低时延、高可靠特性使得5G与虚拟电厂业务的结合越来越紧密。图10-21-8描述了基于电信运营商现有5G公共网络，采用PRB静态预留、灵活以太网（flexible ethernet，FlexE）技术和关键核心网元自建或租用等方式，构建涵盖终端、接入网、承载网、核心网、安全接入区等各环节的电力5G虚拟专网。

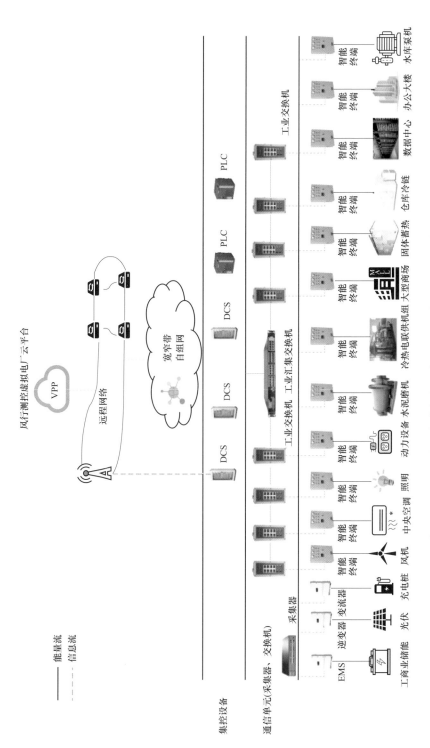

图 10-21-7 风行测控虚拟电厂本地通信技术互补应用示意图

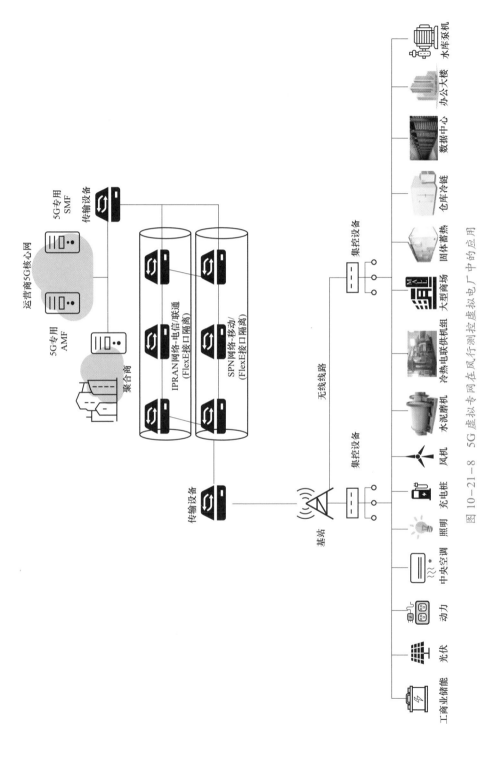

图 10-21-8 5G 虚拟专网在风行测控虚拟电厂中的应用

（2）在安全性方面。虚拟电厂面临着网络边界外延，数据融合共享等问题。需要利用态势感知、动态防御等一系列防御技术，分级分域保障虚拟电厂网络安全。虚拟电厂终端接入设备多、服务对象广、信息量大、业务周期峰值明显，需占用大量通信资源，云网基础设施面临着为多种业务提供精准服务与保障的挑战，应统筹通信网络性能与网络利用率。需要基于工业无源光网络、物理资源预留的无线硬切片、灵活以太网等技术手段实现虚拟电厂端到端专用异构网络。风行测控虚拟电厂的技术网络安全架构如图10-21-9所示。

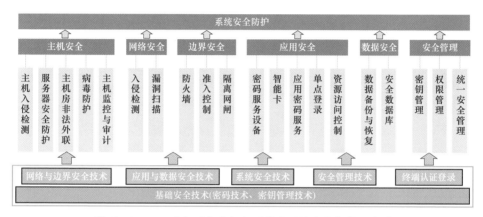

图10-21-9　风行测控虚拟电厂技术网络安全架构示意图

10.21.3　应用案例

风行测控虚拟电厂秉承了山西虚拟电厂整体建设思路，即基于电能量市场分时价格信号交易的虚拟电厂，属国内首创。其运行模式主要是基于山西省完善的市场机制，通过充分响应中长期、现货分时价格信号，有效调节聚合资源用电负荷，在深挖需求侧负荷资源灵活调节能力的同时获得市场收益。

2023年8月1日，风行测控虚拟电厂作为山西省第一家"负荷类"虚拟电厂，经过方案报送、方案评估、项目公示、系统建设、负荷测试、协议签订、市场注册等流程后，作为独立的市场主体正式进入山西省电力现货市场，参与批发市场交易，执行省电力市场相关交易规则。目前已聚合容量130MW（聚合资源包括建材、铸造、钢铁、商业楼宇、分布式光伏、储能等，实地安装情况如图10-21-10所示），可调节容量30MW，调节速率均满足负荷侧"虚拟电厂"调节速率不低于（调节容量×3%）/min，且不低于0.6MW/min的要求。调节出力与指令调节方向一致，且跨出调节死区时间不超 120s，在调节精度上要求不超过±15%。

图 10－21－10　风行测控虚拟电厂实地安装图

与传统虚拟电厂参与虚拟电厂或辅助服务市场不同，山西省虚拟电厂依托山西电力现货市场不间断试运行基础条件，同步参与中长期（年度、多月、月、旬、日滚动），并以报量报价的形式每天参与现货市场交易，充分发挥现货市场分时价格信号作用，引导发、用、储侧资源通过虚拟电厂方式下积极参与电力电量平衡，大幅提升电力系统的灵活性和可靠性。

风行测控虚拟电厂目前申报及运行调节时段为每天的 12:00～16:00、18:00～21:00 两个时段共 7h。从 2023 年 8 月 1 日正式入市起，截至 12 月 1 日，连续运行 4 个月，参与山西电力交易市场中长期、现货、辅助服务市场相关交易。

（1）系统参与用户。系统用户包括虚拟电厂运营商、可控负荷用户两种类型。

1）虚拟电厂运营商。注册和管理聚合的可调负荷、储能设备。参与市场化交易业务，交易策略制定、交易申报、交易结果复盘。出清结果分解至调控用户、执行计划评估确认、调控执行过程上送、收益统计与分析。

2）可控负荷用户。向代理聚合商提供用户信息与主要用能设备信息。调控执行、历史响应结果查询、查看收益情况。

（2）风行测控虚拟电厂聚合资源基本情况。风行测控虚拟电厂聚合了多种类型资源，其中首批参与负荷类虚拟电厂的可调负荷有 5 户，其中 3 户为大业用户，2 户为增设储能装置的一般工商业用户，分布于太原市、临汾市、晋中市。负荷类虚拟电厂的可调负荷信息表见表 10-21-2。

表 10-21-2　　　　　　　负荷类虚拟电厂的可调负荷信息表

资源名称	行业	类型
晋中同力达水泥有限责任公司	建材	负荷类
太原狮头水泥有限公司	建材	负荷类
山西华德冶铸有限公司	铸造	负荷类
平遥四贡医院有限公司	商业	储能类
山西怡人居物业管理有限公司	商业	储能类

（3）市场运营环境及交易流程。现货市场下虚拟电厂市场交易过程主要分为交易准备、市场交易、交易执行、交易结算 4 个阶段，如图 10-21-11 所示，在交易准备阶段，虚拟电厂根据代理协议对所代理用户的资源进行准备，对用户资源进行数据采集与资源聚合，传输至电网调度源网荷储系统；在市场交易阶段，虚拟电厂通过电力交易平台查询现货交易公告，对现货分段量价曲线进行申报，通过调度源网荷储系统进行安全校核，形成有约束的交易结果，并通过电力交易平台推送回虚拟电厂；在交易执行阶段，虚拟电厂生成用电总计划曲线及调控策略，将指令下发至用户设备，用户设备响应后，虚拟电厂进行运行情况分析评估；在交易结算阶段，电力交易平台发布交易结算结果，虚拟电厂为所代理用户中的响应用户开展结算，并进行运行状况统计。

（4）调控机制。虚拟电厂建设初期，大工业负荷主要采用事前沟通、生产计划安排、计划分解相配合的模式进行负荷调控。为各种生产企业配套虚拟电厂技术支持系，该系统根据历史典型用电负荷、生产计划、日前分解计划等，实时调控企业的用电负荷，系统实时监测调控精度与调节速率。虚拟电厂聚合商通过虚拟电厂技术支持系统的实时监测，在大工业无法调控的时段，合理调控一般工商业的负荷侧储能装置，以此来达到调节指标。

虚拟电厂开展初期，风行测控虚拟电厂可根据相对成熟的现货价格预测模型，在负荷可调的范围内合理进行电量电价申报，规避实时无法达到调节精度的风险。同时开展对电力用户关于负荷调控方面的技术宣贯与激励，后期可根

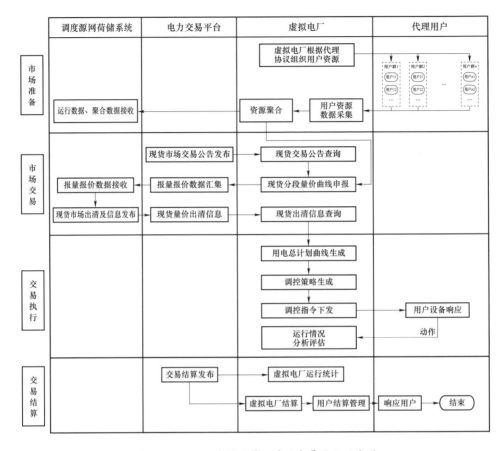

图 10-21-11　市场运营环境及交易流程示意图

据用户的调节能力，适当放宽电量电价申报范围，将现货市场的价格红利传导给终端用户，进一步培养用户的负荷调节能力，实现虚拟电厂消纳新能源、为电网提供辅助服务的功能。

在日前申报前，需要做好次日可调资源的评估，通过沟通企业次日生产计划，评估生产企业各时段的可调容量，明确可调的工艺段或可调的用电设备，以备实时调用。

根据现货市场边界条件，做好次日日前价格预测，结合次日各时段的可调容量进行申报，确保日前中标负荷曲线不超过虚拟电厂次日各时段的可调能力。

建设良好的信息交互平台。为虚拟电厂运营商和可控负荷用户部署实时监测系统。用户侧可以通过实时监测系统，查看实际运行负荷与日前计划曲线的偏差情况，并根据实际情况进行负荷调控。虚拟电厂运营商配备 24h 值班人员，实时监测整个虚拟电厂的运行情况，当发现调节精度不满足实际需求时，通过线上或线下的模式通知企业进行调控，若企业的可调资源用尽或无法调用时，可启用储设备进行调节精度的补偿，确保调节精度在±15%范围内。

（5）收益测算。负荷类虚拟电厂的商业模式是参与中长期、现货以及辅助服务市场，提供需求侧响应或容量服务赚取削峰填谷收入，或通过调整中长期持仓、优化管辖内用户用电计划，获得溢价分成，在获取一定收益的同时为电网安全稳定运行贡献力量。

在参与的三个市场中，较大收益空间处于中长期与现货市场。从《虚拟电厂建设与运营管理实施方案》以及相关现货市场交易实施细则来看，目前按虚拟电厂的调节能力，适当放宽其中长期交易成交量约束和金融套利约束，负荷类虚拟电厂会比相应售电公司有更大的中长期电量持仓浮动比例；取消虚拟电厂的用户侧超额获利回收费用约束，使得负荷类虚拟电厂在进入现货前，中长期持仓限制进一步缩小。

以 2022 年 2 月相关电力交易数据为例，对比虚拟电厂与对应售电公司电能量电费，模拟分析虚拟电厂参与电力市场交易后的经济效益。

依据市场态势及用户用电特性，二月现货市场日前出清价格中午时段出清零价、晚高峰出现 1500 元/MWh 的频次多，凌晨时段出清电价高于中长期分时段交易上限价的概率较高。在中长期交易缺额回收费用、中长期交易超额申报回收费用以及用户侧中长期曲线偏差回收费用相关成交量约束下，整体中长期交易持仓策略为凌晨时段高持仓率，中午时段低持仓率，高峰段高持仓率进行交易。风行测控虚拟电厂各时段中长期电量成交量见表 10-21-3，相应售电公司各时段中长期电量成交量见表 10-21-4。以 2 月集中竞价交易成交价格各时段对应均值作为模拟交易的中长期电价。持仓率表示中长期电量占比实际用户用电量比值。日前价格取自 2 月日前统一出清价格月度均值。

表 10-21-3　　风行测控虚拟电厂各时段中长期电量成交量

时段	中长期电量（MWh）	中长期电价（元/MWh）	持仓率（%）	日前价格（元/MWh）	日前电量（MWh）	电能量电费（元）
00:00~01:00	131.835	235.835	149.18	310.588	88.371	17589.585
01:00~02:00	131.835	235.835	146.33	298.128	90.092	18648.911
02:00~03:00	131.835	213.32	150.39	288.501	87.663	15380.436

时段	中长期电量 （MWh）	中长期电价 （元/MWh）	持仓率 （%）	日前价格 （元/MWh）	日前电量 （MWh）	电能量电费 （元）
03:00～04:00	131.835	213.32	151.26	279.330	87.159	15643.096
04:00～05:00	131.835	228.985	154.78	280.181	85.173	17116.076
05:00～06:00	131.835	228.985	165.59	306.717	79.615	14175.183
06:00～07:00	84.040	346.962	108.00	341.487	77.815	27022.418
07:00～08:00	94.168	368.7	127.47	441.559	73.875	25774.243
08:00～09:00	113.001	350.097	166.28	468.357	67.959	18461.296
09:00～10:00	57.470	319.662	90.00	327.664	63.856	20438.134
10:00～11:00	58.081	213.38	90.00	225.683	64.534	13857.162
11:00～12:00	44.712	185.34	65.00	138.540	68.788	11512.006
12:00～13:00	44.980	96.04	65.00	77.548	69.2	6192.481
13:00～14:00	44.783	96.04	63.00	87.302	71.084	6602.860
14:00～15:00	44.470	185.22	63.00	124.007	70.587	11499.907
15:00～16:00	45.088	222.72	64.00	184.630	70.45	14760.643
16:00～17:00	44.902	505.997	63.00	303.078	71.273	30608.409
17:00～18:00	60.800	578.39	90.00	575.285	67.556	39166.563
18:00～19:00	141.251	701.4	225.20	992.669	62.723	21268.611
19:00～20:00	141.251	699.225	233.81	833.999	60.413	31400.383
20:00～21:00	141.251	581.895	213.17	713.620	66.262	28477.070
21:00～22:00	141.251	526.235	194.44	684.318	72.644	27336.511
22:00～23:00	141.251	296.8375	183.04	436.261	77.168	13969.281
23:00～24:00	76.127	280.8625	90.00	322.550	84.585	24106.689
合计	2309.885				1778.845	471007.954

表 10-21-4　　　相应售电公司各时段中长期电量成交量

时段	中长期电量 （MWh）	中长期电价 （元/MWh）	持仓率 （%）	日前价格 （元/MWh）	日前电量 （MWh）	电能量电费 （元）
00:00～01:00	98.976	235.835	112.00	310.588	88.371	20045.980
01:00～02:00	100.903	235.835	112.00	298.128	90.092	20575.761
02:00～03:00	98.183	213.32	112.00	288.501	87.663	17910.412
03:00～04:00	97.618	213.32	112.00	279.330	87.159	17901.691
04:00～05:00	95.394	228.985	112.00	280.181	85.173	18981.856
05:00～06:00	89.169	228.985	112.00	306.717	79.615	17491.832

时段	中长期电量（MWh）	中长期电价（元/MWh）	持仓率（%）	日前价格（元/MWh）	日前电量（MWh）	电能量电费（元）
06:00～07:00	84.040	346.962	108.00	341.487	77.815	27022.418
07:00～08:00	66.488	368.7	90.00	441.559	73.875	27790.985
08:00～09:00	73.396	350.097	108.00	468.357	67.959	23144.846
09:00～10:00	57.470	319.662	90.00	327.664	63.856	20438.134
10:00～11:00	58.081	213.38	90.00	225.683	64.534	13857.162
11:00～12:00	61.909	185.34	90.00	138.540	68.788	12316.773
12:00～13:00	62.280	96.04	90.00	77.548	69.2	6512.390
13:00～14:00	63.976	96.04	90.00	87.302	71.084	6770.560
14:00～15:00	63.528	185.22	90.00	124.007	70.587	12666.631
15:00～16:00	63.405	222.72	90.00	184.630	70.45	15458.292
16:00～17:00	64.146	505.997	90.00	303.078	71.273	34513.399
17:00～18:00	60.800	578.39	90.00	575.285	67.556	39166.563
18:00～19:00	75.268	701.4	120.00	992.669	62.723	40487.702
19:00～20:00	72.496	699.225	120.00	833.999	60.413	40666.905
20:00～21:00	79.514	581.895	120.00	713.620	66.262	36609.258
21:00～22:00	87.173	526.235	120.00	684.318	72.644	35885.621
22:00～23:00	92.602	296.8375	120.00	436.261	77.168	20752.504
23:00～24:00	76.127	280.8625	90.00	322.550	84.585	24106.689
合计	1842.939				1778.845	551074.363

假设虚拟电厂日前申报中标用电量等于预测实际用电量，申报中标价格为日前价格；对应售电公司日前申报电量与实际用电量相同，日前价格与虚拟电厂使用日前价格一致。通过计算中长期电能量电费、日期电能量电费、实时电能量电费之和，得到电能量电费可知，负荷类虚拟电厂平均度电成本为264.783元/MWh，相应售电公司平均度电成本为309.793元/MWh，可节省平均度电成本45.01元/MWh。

10.21.4 应用成效

以2023年10月13～14日为例，实际用电量496.946MWh，红利均价71.55元/MWh，共获得红利35560.37元，如图10-21-12所示。

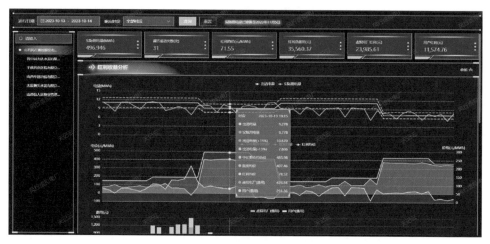

图 10-21-12　10 月 13 日、10 月 14 日虚拟电厂红利

其中，晋中同力达水泥有限责任公司可获得红利=（虚拟电厂运营商中长期合约结算均价-虚拟电厂运营商批发市场电能量结算均价）×零售用户红利分享系数（0≤红利分享系数≤1，价差为负时不计算红利），晋中同力达水泥有限责任公司红利分项系数为 0.5，故 10 月 13 日、10 月 14 日在同力达的调节上，晋中同力达水泥有限责任公司获得红利 8740.36 元，风行测控获得收益 8740.36 元。晋中同力达水泥有限责任公司 10 月 13 日、10 月 14 日虚拟电厂红利如图 10-21-13 所示。

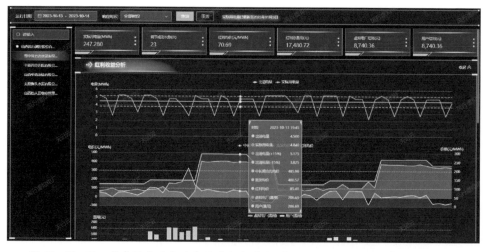

图 10-21-13　晋中同力达水泥有限责任公司 10 月 13 日、10 月 14 日虚拟电厂红利

10.21.5 应用展望

虚拟电厂的发展将更加广泛和深入。通过充分发挥虚拟电厂技术和业务工作专班的作用，及时研究和解决建设运营中存在的问题，可以更好地提高虚拟电厂的运营效率和可靠性。同时，通过分类编制可调用户生产工艺及调控作业指导书，可以更好地应用负荷管理中心资源，并分期筛选出能够支撑虚拟电厂建设的用户。

此外，将积极推动大数据、云计算、物联网、区块链、人工智能等新技术的发展，将数字孪生、大数据分析及机器学习、区块链等数字技术应用到虚拟电厂中。这些技术的应用将大大提升虚拟电厂的自动化和智能化水平，实现交易决策智能化、调控执行方式自动化，加速用户侧可调资源的利用，推动虚拟电厂产业的快速发展。

在未来的虚拟电厂发展中，"化虚为实"将成为重要的方向。我们将通过创新商业模式和跨行业领域先进技术的引领，将虚拟电厂变为一个市场环境下广大电力用户充分参与、跨行业协同推动的新兴产业。在这个过程中，不同角色需要敢于确定生态的发展理念，以生态的力量实现高度分散、碎片化的可调资源的汇聚和各种虚拟电厂相关技术的凝聚。同时，我们将依托平台所汇聚的用户、生态合作伙伴和平台所积累的软硬件设备资源、模型算法工具、金融等资源，通过开放共享服务，连接用能用户、各类软硬件开发商、各细分领域能源服务商、售电公司、投融资机构等产业链上各环节生态伙伴，在无限可能的互联网平台经济中，打造虚拟电厂新业态、新模式，共同推进虚拟电厂产业的发展。

10.22 可调负荷自主化需求响应实践案例——万帮能源虚拟电厂

10.22.1 项目背景

低碳发展不仅是应对全球气候变化，更是可持续发展、能源安全的重要考量。从城市到行业，从顶层设计到落地执行，全国各地各行各业都在探索绿色低碳发展路径，将可持续发展作为重大战略选择。在"双碳"目标的大背景下，

317

发展光伏、风电等清洁能源已成为我国可持续发展的重要途径。数据统计，可再生能源装机规模不断实现新突破，2023 年前三季度，全国可再生能源新增装机 1.72 亿 kW，同比增长 93%，占新增装机的 76%。可再生能源发电量稳步提升，2023 年前三季度，全国可再生能源发电量达 2.07 万亿 kWh，约占全部发电量的 31.3%。

近年来，光伏、风电等新能源装机快速增长，非化石能源的发展和应用正逐渐加强。预计到 2030 年、2060 年风、光等波动性电源占总装机的比重将分别达到 38%、62%。因此，推动电网与负荷的智能友好、开放互动的灵活连接，真正实现源荷互动，是维护电网平衡稳定、促进新能源消纳，构建新型电力系统的必然要求。

虚拟电厂作为通过构建模型、集成算法、预测、优化、控制，以数据来驱动更新模型，不断迭代进化的智能化平台，其可将分布式电源、可控负荷和储能系统等有机结合，通过虚拟电厂控制中心，将各部分联系在一起作为一个电厂参与电网运行，并在运行的过程中按照大电网的需求随时提供其内部的可调节能力，在新型电力系统的建设中必将发挥重要作用。

近年来，国内各类虚拟电厂迅速崛起。目前国内虚拟电厂可分为邀约型、市场型、自主型。万帮数字能源股份有限公司在深圳充电场站已经实现自主型虚拟电厂试点，即通过现货价格传导以及调度需求，自主发起需求响应，实现价值共赢。

10.22.2　系统概述

万帮能源虚拟电厂以深圳某充电场站为试点，通过现货价格预测系统将现货价格传导到充电场站，发起自主需求响应，进行电能量价格寻优。

1. 负荷预测系统

万帮能源虚拟电厂设计的负荷预测系统，是一种用于预测系统负荷需求的算法的运用。它通过分析历史电力负荷数据、天气条件、节假日、工作日等多种因素，来预测未来一段时间内的负荷需求。

负荷预测系统，可以帮助电力系统用户更好地规划发电和配电，避免能源浪费和供给不足的问题。同时，也能够帮助用户更有效地管理能源消耗，提高能源利用效率。因此，负荷预测系统在能源管理领域具有重要意义，对于促进可持续能源发展和节能减排具有重要作用。

负荷预测系统利用统计学和机器学习技术对历史数据进行分析，建立模型来预测未来负荷需求。该项目应用的算法包括：时间序列分析、回归分析、神经网络和支持向量机等。这些算法可以根据特定的电力系统特点和需求，进行调整和优化，以提高预测准确性和可靠性。

负荷预测系统的具体内容包括以下 6 个步骤。

（1）数据采集：通过使用边缘侧能源路由器结合电费结算单，收集历史的电力负荷数据，通常是以小时或者 15min 为单位的数据。此外，系统通过外部 API 收集与电力负荷相关的其他数据，例如天气情况、节假日等信息。

（2）数据预处理：系统对采集到的数据进行清洗和预处理，包括处理缺失值、异常值、平滑处理等，确保数据的质量和完整性。

（3）特征工程：在这个阶段，系统会对数据进行特征提取和选择，找出对电力负荷预测有影响的特征，比如时间、温度、季节等。

（4）模型建立：系统会选择合适的预测模型，常见的包括自回归移动平均模型（ARMA）、自回归积分移动平均模型、神经网络模型、支持向量机模型等。根据历史数据进行训练，建立预测模型。

（5）模型评估与优化：系统使用测试数据对建立的模型进行评估，比较预测结果与实际值的差异，选择合适的评估指标（如均方根误差、平均绝对误差等），并对模型进行调参和优化，提高预测准确度。

（6）预测与应用：使用优化后的模型进行未来电力负荷的预测，并将预测结果应用于虚拟电厂系统规划和运营中。

该项目提供了对于各类负荷天级、周级和月级等不同时间尺度的预测，通过时序建模、长短时记忆网络等深度学习技术的引入和用电负荷数据的长期跟踪，负荷预测准确率保持在 88%以上。

2. 价格预测系统

价格预测系统使用的预测算法，是一种通过对市场供需关系、发电成本、天气因素等多种影响价格的因素进行分析，以预测未来一段时间内电力价格的趋势和波动的算法。

价格预测系统可以帮助电力市场参与者制定合理的电力采购和销售策略，降低成本，提高效益。

在价格预测方面，最为复杂的是现货交易部分。价格预测系统通过决策树、时序分析等机器学习技术，分别对电力交易市场日前和日内的 24h 价格进行预测，价格预测的准确率达到 80%以上；并且创造性引入分类建模思路，提升决策的置信度，结合用电负荷预测，显著提升电力交易的收益。

价格预测详细步骤分为以下 5 个方面。

（1）数据采集和清洗：收集历史的电力市场价格数据，包括电力消费量、发电量、发电成本、环境因素等相关数据。然后对这些数据进行清洗和处理，去除异常值和缺失值，以及进行合适的数据变换和归一化处理。

（2）特征选择和提取：在准备好的数据集上，系统会进行特征选择和提取，即确定用于预测的相关特征，并提取这些特征的有效信息。这可以通过统计分析、相关性分析、主成分分析等方法来进行。

（3）模型选择和建立：系统根据特征提取的结果，选择合适的预测模型，包括传统的时间序列模型［例如 ARIMA、广义自回归条件异方差模型（GARCH）］、机器学习模型（例如回归模型、神经网络模型、支持向量机模型）等。然后使用历史数据对这些模型进行训练和参数优化。

（4）模型评估和验证：在建立好的模型上，系统会使用一部分数据进行验证和评估，以确定模型的准确性。采用交叉验证、预测误差分析等方法来评估模型的性能。

（5）预测和应用：最后利用建立好的模型对未来一段时间内的电力中长期及现货价格进行预测。并使用实时的市场数据，结合模型的预测结果，来指导交易人员在电力市场的决策和交易。

3. 分布式能源控制调度系统

该项目设计了分布式能源数据上报模块，采集各类资源的运行数据，并按 1min/15min/30min/1h/1 天等不同颗粒度进行数据整合，建立分布式能源的数据模型，分析各种不同的使用场景对分布式能源负荷容量的影响。

系统开发了基于分布式能源的响应能力预估方法与聚合调度策略，对分布式能源的响应能力与可响应时间段进行标定，在分布式能源响应能力预估方法的基础上，加以气候因素、企业生产因素、区域用电因素、电网价格等外部因素数据，设计了设备响应能力校正方法，并结合实时响应调控策略的执行结果，提升了分布式能源的响应能力预估的准确性，优化调控策略。

系统以分布式能源单次响应执行模型为基础，并结合响应需求、负荷预测、价格预测数据，分析分布式能源的响应执行偏差率；并以响应执行偏差率为基础，实时调整分布式能源的响应需求，或调度互备的其他分布式能源的响应能力，以减少分布式能源的响应执行偏差率，获得最高效能与收益，并有效提升了电网电力输送/消纳的稳定性。系统实现了响应需求自动下发执行并进行反馈与追踪，无需人工干预。

4. 虚拟电厂运营系统

在微网项目完成验收后，接入虚拟电厂运营平台。运营平台可以根据不同的场景，从园区微网、工厂微网等角度，实时监控微网的运行数据，展示微网的能源生产、储存、消耗、节能节费减排情况。

运营平台共有 3 大特点：

（1）算法能力，受益于负荷预测及光伏发电预测算法，平台推出了两种控制设备如何运行的算法。即以降低客户电费成本为目标的效益优先算法和以降碳减排为目标的绿电优先算法。

（2）自动排程，系统每天会根据用户所选的算法策略，自动生成并下发各设备的运行排程，无需人工每日调整，微网内可控的光储设备按照算法指令工作。

（3）自动结算，每月系统会根据客户的设备运行数据及合同数据，自动生成结算单，并支持使用网银做线上支付。

10.22.3 项目特色

（1）行业创新。目前我国虚拟电厂正处于邀约型到市场型的转型升级阶段，更多的还是以邀约型需求响应形式呈现，自主型虚拟电厂实践比较少。

（2）可推广性。该项目由万帮数字能源股份有限公司自主发起削峰填谷，助力电网平衡的同时，更大程度实现用户、售电公司等多方受益，具备可推广复制性。

（3）可行性。该项目结合电力市场现货价格的高低波动，在现货价格高的时候发布少用电的需求，在现货价格低的时候发布多用电的需求。通过少用或者多用，降低售电公司购电成本，以及转换为收益补贴给用户。

10.22.4　应用展望

近年来，我国新能源汽车发展迅速。数据统计，截至 2023 年 9 月底，全国新能源汽车保有量达到 1821 万辆；预计 2028 年全国新能源汽车保有量将达到 7978 万辆。

充电桩作为充电设施的重要组成部分，是新能源汽车的能源补给装置，属于新能源汽车产业链的关键环节。近年来，在政策和市场的双重推动下，国内充电基础设施建设快速增长，产业链加快完善。

截至 2023 年 9 月底，国内公共桩保有量达到 246.16 万台，同比增加 51%。新能源汽车及充电桩的保有量快速上升必然带来充电量也在逐级提高。2023 年前三季度全国公共充电设施充电总量 254.2 亿 kWh，同比增加 68%。

另外，随着多地发文要求提高新能源基础设施覆盖率和使用率，包括高速公路服务区、新建小区充电桩覆盖率达到 100% 等，可以预见我国充电桩保有量和充电量将不断提高，并对电网的平衡产生冲击。

基于可调负荷场景下自主型虚拟电厂实践案例，是通过探索充电场站这一场景应用，实现用户侧、批发侧互动，自主发起削峰填谷。除了充电场站以外，售电公司、虚拟电厂运营商、储能资产方等场景也非常具备推广应用价值。

万帮数字能源 VPP3.0 可以为用户提供咨询服务、交易业务、系统平台开发以及运营、智能微网业务。在咨询服务方面，提供交易策略、虚拟电厂建设运营、项目课题申报、碳资产开发管理；在交易业务方面，提供交易操盘、托管、绿电、分布式交易，碳资产交易，源荷互动代理；在系统平台开发，提供现货 SaaS 服务、VPP－SaaS 服务碳、交易－SaaS 服务、能量管理系统－SaaS 服务，此外，也可以提供可调负荷委托运营，充电场站运营，能源资产管理运营，以及光伏、充电桩、储能的投建与销售、工程总承包。

10.23　多元化资源托管能源服务实践案例——原力能源虚拟电厂

10.23.1　项目背景

在高比例的新能源电力进入电网和高比例电气化设备的高频使用的背景

下，新型电力系统将呈现"大电源、大电网"与分布式兼容互补的基本格局。但是新能源具有不可控性和随机性，易受天气变化、季节变换以及地理位置等因素影响。新能源大规模并网严重阻碍电网的稳定、经济运行，电力系统将面临灵活性不足的风险。同时，高比例新能源接入电力系统还需应对新能源出力与负荷需求不匹配的难题。

以动力电池为代表的移动负荷方面，随着新能源汽车的数量与日俱增，对电网中的影响逐渐显露。截至 2023 年 9 月底，全国机动车保有量达 4.3 亿辆，其中新能源汽车 1821 万辆。以机动车完全电动化，按单辆汽车 50kWh 电计算，年充电量已经达到全社会用电量的 6 万亿 kWh 电以上的量级。

在用户侧工商业场景为代表的固定负荷方面，随着电气设备的占比逐年增加，多元化、非标化、异构化的大规模电气设备成为电力用户的典型用能场景特征，海量异构资源优化调控面临巨大的挑战。

虚拟电厂作为一个特殊电厂，将不同空间的可调节负荷、储能侧和电源侧等一种或多种资源聚合起来，实现自主协调优化控制，参与电力系统运行和电力市场交易，提供灵活的调节能力，帮助平抑新能源的波动性和随性，助力电网稳定运行，打通电网调度管理的最后一公里。

"能源即资产"——合肥原力众合能源科技有限公司秉承这一核心理念，基于对以动力电池为代表的移动负荷和以能源站、工商业、园区等用户侧场景为主要固定负荷的深度聚合管理，提供适配于新型能源市场的系统化新型能源服务，为用户提供区域级虚拟电厂解决方案。致力于能源的最优化管理与能源服务全面 AI 化，基于地域特色提供本地化服务，通过使用合肥原力众合能源科技有限公司的平台体系，运用强大的能源管理和负荷侧能力，以及多类型调度和运筹算法，用户可实现对城市综合能源系统的全面管理和优化。

10.23.2 商业模式

项目结合虚拟电厂的价格预测、负荷预测系统，预估现货低价时段，通过智能微网（充电网、储能网）技术+电力交易，实现电量时序转移，直线提升零售侧市场化交易收益。

例如，自主需求响应期间场站电量数据如图 10-23-1 所示，在活动前期，通过现货价格预测得知：$T+7$ 日 A 时段的现货价格高于 B 时段的价格。通过与各个场站沟通协调，以场站活动、引流活动等线下活动，配合交易策略，主动引导用户多充电或者少充电，以经济手段引导用户将充电时间从 A 时段转移到 B 时段。

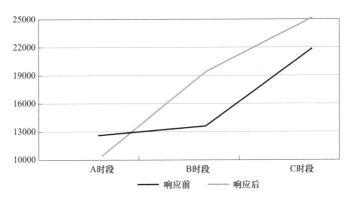

图 10-23-1　自主需求响应期间场站电量数据

在执行上，原力能源虚拟电厂通过云端调控技术，无需人工值守，降低 A 时段充电功率，在 B 时段恢复或者提升功率，保证车主正常充电需求，同时保证一部分 VIP 客户不受调控影响，满功率充电，提升高净值用户黏性。

目前虚拟电厂已在广东省、山东省、山西省内广泛展开，实现小时级的现货传导，结合不同的调节主体及供应需求，实时自主发起需求响应，实现交易与虚拟电厂双盈利。

充电网+储能网+能源交易结合的综合策略。通过价格信号，调整用电策略，利用专有的调控技术以及聚合平台，做到真正的可调可控参与到市场交易当中，实现在现货高价时少用电、现货低价时多用电，达到用电成本更低的目的，同时可以缩短储能等设备投资的回报周期等。

通过该项目进一步发现电能量的商品属性，发挥电能量的价值；真正地实现市场供需的影响带来价格的波动能传导至用电侧。

10.23.3　系统架构

合肥原力众合能源科技有限公司依托 DaoOS Karm 平台进行移动负荷管理、依托 DaoOS Hub 平台进行广东负荷管理、依托 DaoOS Taiji 平台进行网荷互动，参与电力市场交易。DaoOS Karm 平台总体结构示意图如图 10-23-2 所示。

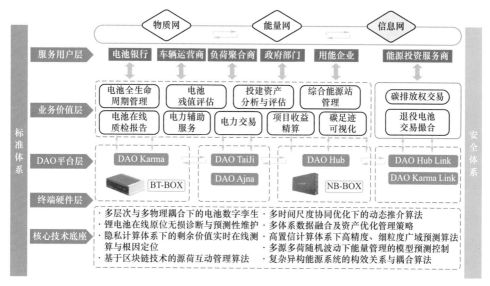

图 10-23-2　DaoOS Karm 平台总体结构示意图

（1）移动负荷管理系统——DaoOS Karm。DaoOS Karm 平台为虚拟电厂平台的移动负荷管理系统，DaoOS Karm 结构示意图如图 10-23-3 所示，在虚拟电厂的应用中，以车辆规模、充电习惯和出行规律的大数据分析结果为模型输入，建立线性优化模型，测算不同电动汽车与电网最优协同策略，以减少电动汽车对电网的冲击所发挥的作用。在充电场景中，通过动力电池、充电站、网荷互动的车能网一体化方式进行移动能源区域级虚拟电厂运营及电力资源的利用优化和再开发。

（2）固定负荷管理系统——DaoOS Hub。DaoOS Hub 平台为虚拟电厂平台的固定负荷管理系统，DaoOS Hub 结构示意图如图 10-23-4 所示，在虚拟电厂的应用中，基于混合整数线性规划的基本原理，将分时电价、容需电费、增容成本、需求响应收益、储能系统全寿命周期内的度电成本统一成价格信号，形成对实时动态寻优算法的基本驱动力，在执行电力现货交易的场合，采用实时预测的现货交易的价格以替代峰谷平电价机制，可以实现优化策略的无缝切换。

（3）微电网控制器。微电网是一种新型电网，作为对标传统大电网的微型版，当前的模型预测控制算法的解决方案，通常针对初次控制与二次控制，缺乏经济性优化模型，因此没有办法到达全局的经济最佳点，这些缺陷，主要体现在目标方程中的成本项。电价模型不完备，仅考虑电能量电价，对需量电价

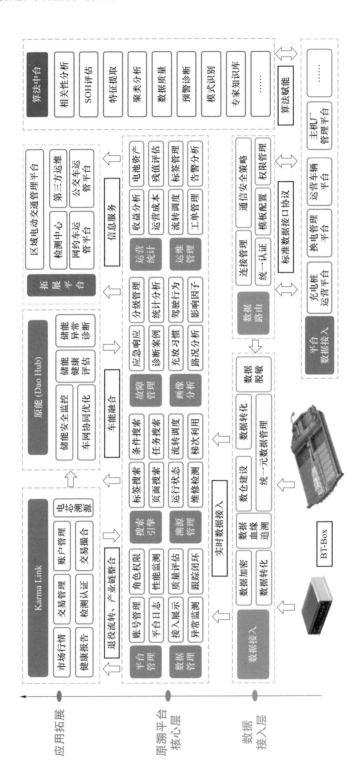

图 10-23-3　DaoOS Karm 结构示意图

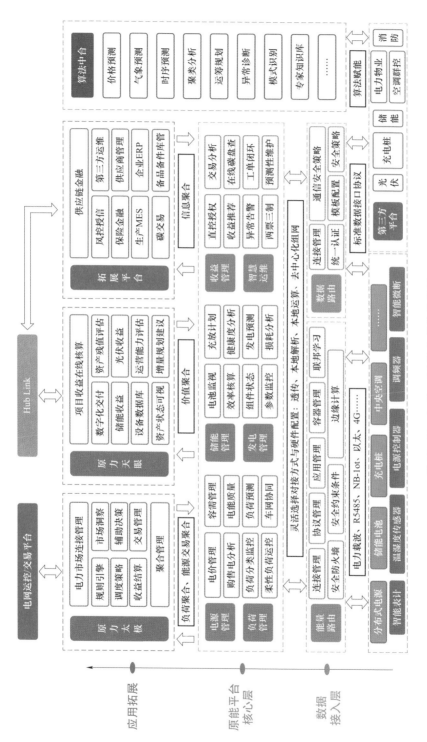

图 10-23-4 DaoOS Hub 结构示意图

无法处理，也无法针对现货交易市场的价格波动，随机发生的需求响应价格进行联动。因此即便达成经济最优，也是在输入条件缺陷的情况下所达成的最优，无法实现全局的效益最优。

合肥原力众合能源科技有限公司针对用户侧多元异构资源场景进行综合能源系统多目标协同优化。自研了一种整合经济性模型预测控制的微电网控制器，其功能原理如图 10-23-5 所示，所述控制功能结构包括算法层模块、控制层模块和设备层模块。

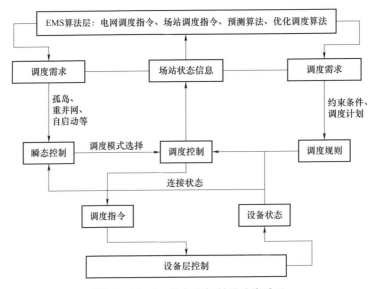

图 10-23-5 微电网控制器功能原理

算法层模块将负荷曲线、电价波动、电网调度指令以及光伏发电功率预测信息进行集中处理，通过运筹学优化算法求解器，得出最优的微电网内部调度策略。

算法层模块内设有目标函数以及在数据处理过程中的限制条件，目标函数用于优化目标在于每一个优化周期中，保持未来 96 个控制周期的总电费支出最低，限制条件包括电量限制条件、电价限制条件、功率限制条件、SOC 限制条件。

控制层模块完成对设备层指标的上通下达，通过高通量数据采集与处理，将设备数据进行实时处理，并上传至算法层模块。

在控制功能结构的工作过程中需要根据不同时间尺度下的信息的采集与处理，做出对应的划分。

当前硬件基于不同时间尺度下，对数据采集及预测控制算法处理进行拆分，在慢速响应的情境下，对粗颗粒度数据进行分析与决策，包含获取外界信息；控制算法在基于类稳态的情况下，将外接信息进行处理，经过预测算法与稳态控制参数的优化计算，获得对实时控制算法的目标设定值，驱动实时响应的执行。

实时响应参数的计算，基于对数据采集与监视控制系统的实时数据采集，在秒级维度，进行快速计算，获得对各类型子系统的控制指令，完成控制。

硬件结构包括控制主机、数据采集模块、拓展接口和辅助设备，控制主机还包括数据采集与下位机协议解析模块、运算处理器以及上位通信模块；运算处理器划分为瞬态控制模块与稳态控制模块，用以满足不同时序下的运算处理。

结合日内峰、谷、平电价机制不储能系统全寿命周期内的度电成本，确定最优化的峰谷平充放电策略，实现经济性最佳；按照需求侧响应平台指令进行充放电控制与柔性负荷管理，依据相关政策，实现参与需求侧响应获得经济补贴最优；考虑分布式发电、用户用电成本，结合光伏−储能联合收益因素的储能优化控制，并在合适的条件下接入柔性负荷响应。同时，优化调度结果完全由电价驱动，当前系统也适配于现货交易的场景。在执行电力现货交易的场合，采用预测的现货交易的价格以替代峰谷平电价机制，可以实现优化策略的无缝切换。核心优化算法如图 10−23−6 所示。

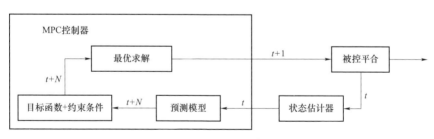

图 10−23−6 核心优化算法示意图

模型预测控制主要是以针对受控体模型的迭代式、有限时域滚动最佳化为基础，在时间 t 时针对受控体的状态取样，对未来时段 $[t+N]$（预测时域）的参数变化进行预测，并且针对未来一段很短的滚动时域 $[t, t+1]$（控制时域），计算使 $[t+N]$ 费用最小化的控制策略（数值最小化演算化）。微电网涉及三级控制的典型模型预测控制控制器中，每 15min（控制时域），针对未来的一段时间的预测时域（通常定为 24h，未来 96 个控制周期）进行优化决策，以达成效益最优的运行策略，并发送未来 15min 的调度策略；预测模型通常包括光伏发电功率预测与负荷预测；优化调度模型的目标方程为未来 24h 的收益最高；状态估计器在微电网的实际场景中，主要基于采集实时状态，对储能、光伏等设备的内部状态进行估计，并作用于下一预测周期中的约束条件当中。

（4）冷热电负荷预测。冷热电是用户侧，特别是工商业的最主要用能负荷，以江苏省举例，2022 年全年来看，江苏电网调度用电负荷最高达到 1.3 亿 kW。其中，最为显著的是空调负荷，全省夏季降温负荷（空调为主）最高可达 3820 万 kW，占全社会最高负荷近 40%。作为经济快速发展的用能大省，"破亿"负荷早已成为江苏电网的新常态，江苏电网已连续 6 年负荷破亿。

图 10-23-7 为典型商业建筑和办公建筑的负荷场景，商业建筑的冷负荷和电负荷需求量较大，而办公建筑的冷负荷和热负荷需求量较大。针对不同的负

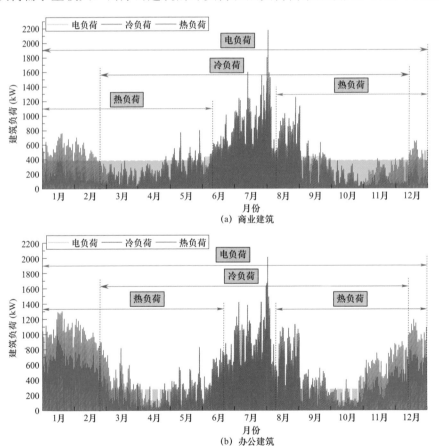

图 10-23-7　典型商业建筑加办公建筑的负荷场景

荷需求，来做不同场景的建模及负荷预测，通过特定算法对各分量进行预测，最后将预测结果叠加重构即可得到预测数据，参与电网负荷调控管理。

1）数据预处理。按不同类型自然日、不同时间颗粒度、室外温度等天气参数作为输入特征进行重要性分析。分析出冷、热、电负荷预测而言最重要的特征，确定输入特征。

图 10-23-8 为热负荷的重要性分析场景举例，（特征 3）对热负荷预测而言是最重要的特征，原因是所有的天气参数均随时刻变化而变化。（特征 4）也是影响热负荷的重要因素，而（特征 6 和 7）对热负荷预测影响较小，其重要性分析值处于 1 以下，相对于其他特征存在明显劣势，因此最终选择 7 个特征作为输入特征。

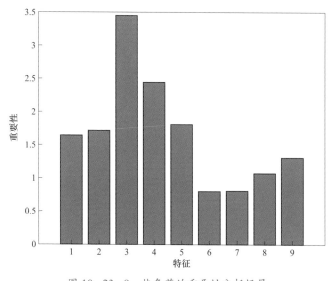

图 10-23-8 热负荷的重要性分析场景

2）模型选取策略。目前对于分解子序列的模型选取存在的标准不统一、依据不充足、解释性弱等问题，因此建立分解子序列的选取策略，可进一步提升预测精度。具体路径为：收集一定数量的建筑能耗数据集，经过分解得到足够的不同复杂程度子序列；制定衡量序列复杂程度的量化指标；序列用深度学习预测模型组合策略进行预测，通过函数转换成预测模型的一般拟合效果，形成模型选取策略的能耗预测方法。

3）算法预测。将负荷数据进行经验模态分解，通过特定算法对各分量进行预测，最后将预测结果叠加重构即可得到预测数据。

图10-23-9（a）为热负荷常规的机器学习算法神经网络回归预测的预测结果，图10-23-9（b）为优化后算法的预测结果，可以看到结果更精确。

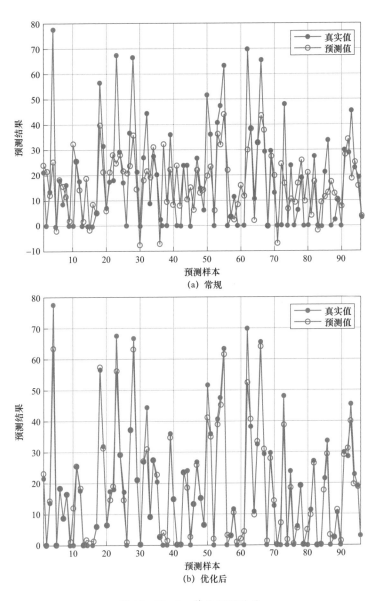

图10-23-9 算法预测结果

10.23.4 应用案例

1. 移动负荷台区调度

基于与某电网进行多元异构资源虚拟电厂的移动负荷的台区调度管理项目，依托 DaoOS Karma 电池管理平台对电动车辆进行 SOC 管理，对不同类型的车辆进行充电行为建模，如某区域内电动公交补电策略为 20%SOC，出租网约补电策略为 30%～35%SOC，根据电池实时数据分析车辆充电需求量，形成基于时空维度的充电量需求热力图，同时根据电池电量 SOC 形成充电半径预测分布图，通过"云云互联"方式与电网平台对接，如图 10-23-10 所示。

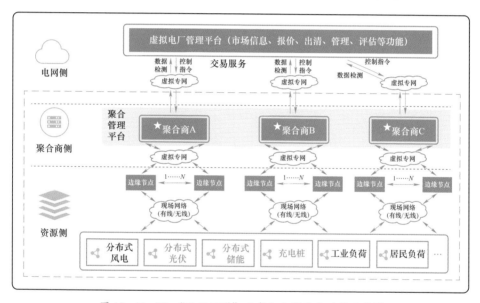

图 10-23-10 "云云互联"方式与电网平台对接示意图

"云云互联"支撑电网通过外部第三方虚拟电厂等聚合平台间接实现与用户侧微网灵活性调节资源的柔性互动。

在模拟调试中，对 200 辆电动汽车进行充电台区调度管理，充电台区调度管理模拟调试流程如图 10-23-11 所示。单体车辆电池容量为 50kWh，补电阈值设定为 30%，车辆运营区域为 3 个电网台区。通过 DaoOS Karma 电池管理平台对 200 辆车辆进行实时数据采集，同时根据电池状态算法计算电池续航里程及充电需求时间预测。

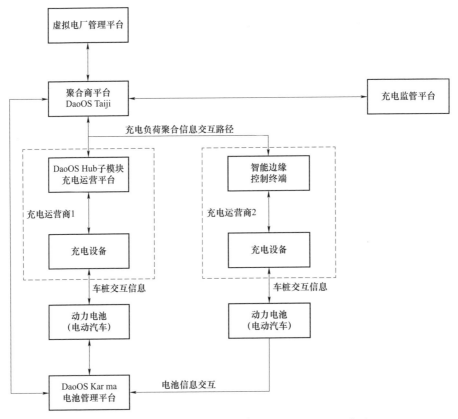

图 10-23-11 充电台区调度管理模拟调试流程示意图

电网调度平台向 DaoOS Taiji 平台推送调度需求，2 号台区为电力紧缺区域，需要下调 1000kW 的电力需求，持续时间为 1h。DaoOS Taiji 平台接收需求后对 2 号台区内的充电站进行标注，2 号台区内有充电需求且充电半径内有 2 号台区、3 号台区的充电站的车辆做充电导流，与 2 号台区、3 号台区的充电站进行动态匹配。

同时 2 号台区内的充电站启动有序充电策略，在不影响充电体验的情况下最大限度满足电网下调需求。最终通过跨区充电导流台区调度及需求台区内的有序充电结合的方式满足电网调度需求。

图 10-23-12 为有序充电的一个策略模型，对于参与有序充电的车辆按照充电行为模型为不同车辆分配不同的充电算法，算法 1 以保障充电时间最短为目标，算法 2 以参与电网响应的最优功率分配为目标，当 1/3 号车辆充电完成驶离后，10/11 号车开始充电，此时对所有车辆进行模型匹配，此时，4 号车按照

算法 1 进行有序充电，其余车辆按照算法 2 进行有序充电。

图 10-23-12 有序充电的策略模型

2. 区域冷热电负荷调度

场景由光伏阵列、电锅炉、多元储能系统和用户负载组成，其中，多元储能系统包括锂电池、超级电容以及蓄热罐等储能设备。场景通过微网控制方式参与电网的需求侧响应，微网通过控制系统接收内部各设备实时状态，进而对各设备发送调度运行指令；光伏阵列作为可再生能源发电设备向微网输送电能，并通过电锅炉实现电－热能流的转换，以满足用户负荷需求；多元储能系统针对光伏出力进行平滑与存储，保证微网中用户用能质量与能量动态平衡。

光伏输出功率与用户电、热负荷需求曲线如图 10－23－13 所示，在保证各储能设备安全运行的前提下，通过协同算法对多元储能系统进行功率分配。对于微网中用户电负荷来说，超级电容作为功率型储能设备，可支持瞬时高功率输入输出，负责平抑波动功率。锂电池作为能量型储能设备，具有能量密度大和高能量输出的特点，承担电能削峰填谷与平抑部分波动。对于用户热负荷来说，电锅炉作为电－热转换设备，依据热负荷需求进行电制热。此外，电锅炉还可将光伏盈余出力转换成热能存入蓄热罐中，缓解锂电池压力，实现热电调蓄。

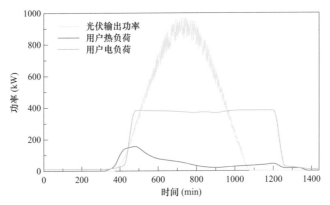

图 10－23－13　光伏输出功率与用户电、热负荷需求曲线示意图

在没有电网的需求发布时，在保证用户电、热负荷需求情况下，电－热协同运储策略通过对多元储能系统中各储能设备出力进行调度与修正，做到经济成本最优。

在有电网需求发布时，协同算法模型引入电网需求参数，以夏季某次削峰响应为例，此时场景中热负荷曲线由冷负荷曲线替代，电网需求在 13:00～14:00 进行响应，通过综合分析后，此时适合参与的储能及空调负荷，响应策略为：储能在响应需求时间段放电；空调用电功率降低。

由于储能常规的充放电策略为两充两放，响应时间不在储能的日常工作时间内，且响应时间前未有储能放电需求，因此只需要对储能放电时间进行调整。储能向下的变压器下由储能做放电响应，其余用电设备正常工作，最终储能响应负荷为 177kW。

空调负荷做功率降低，因为项目拥有分布式光伏，因此在不影响用户的用冷体验下，通过光伏发电在响应时间前 1h 内增加空调的功率，提升制冷能力，在响应时间段空调即可降低部分输出功率，最终空调响应负荷为 234kW。

10.23.5 应用展望

虚拟电厂与传统能源行业投资和建设不同，关注的是综合能源（包括冷、热、气、水、电等），技术条线极其广泛，投入巨大。随着用户侧新能源投资规模的逐年增加，设备电气化程度的快速提升，新型电力系统构建过程中，电源、电网和负荷结构将进一步发生显著变化，电网运行控制面临状态感知难、决策分析难、运行控制难和市场构建难等问题。

不同省份拥有不同的资源禀赋，南北主要的用能负荷又有着地域化的差异，随着大量分布式新能源和新型聚合负荷的接入，资源类型多样、数量众多，数据采集及处理对象呈现数百倍增长、感知范围不断下沉，运行控制感知难度显著增大。

与此同时分布式光伏、新型负荷、电动汽车等新型调节资源具有单体容量小、调节特性差异大、位置分布广泛、数量大幅增长等特点，现有集中式控制体系难以适应海量异质化、实时变化调节资源的特点，实时控制难度显著增大。

因此在多省份多元异构资源的背景下如何去建立统一的电力大市场，是一个重要的研究方向。

（1）能力建构。在复杂能源体系下用户侧微网多种发展模式的探索和实践、离网微网、场站级能源管理的技术能力。

（2）清晰定位。用户侧虚拟电厂最重要的是要和用户在一起。同时，需要联合资产投资、施工建设、产业、通信等资源，进行资源整合协同发展。

（3）成长方向。学习电网的系统化管理。强化用户教育，形成基于能源即服务（EaaS）、能源即资产等理念的市场意识和商业模式，运用能源互联网+的思维方式与用户进行高频互动，在用户的真实需求下快速成长。

（4）综合商业模式。依托我国成熟的现货市场电网系统性，做好交通能源综合能源管理、冷热气水电的综合能源管理、新型电力市场交易决策，促进整体投资减少并可服务于电网的最优能源管理策略。

10.24 面向多类型综合能源服务实践案例——国能日新虚拟电厂

10.24.1 项目背景

"双碳"目标的提出，将带来能源结构的转型升级，建设高比例清洁能源的电力系统将成为实现双碳目标的重要路径之一。

风电、光伏等清洁能源大量并网会给电网的安全稳定运营带来巨大挑战。风、光资源的间歇性和不确定性，造成发电出力不稳定，无法保障电力供应；风、光系统发电功率的随机性也会带来严重的消纳问题，导致弃风弃光现象的发生，造成能源浪费。

为了解决这两个问题，需要改变传统电网的运营模式，由"源随荷动"向"源荷互动"转变，而虚拟电厂正是在此背景得到了发展的机遇。

虚拟电厂可接入源、荷、储资源，参与电力市场，通过协调控制接入资源参与电网调峰，辅助稳定电力供应，助力新能源消纳，向市场提供电能量、电力、负荷等多重资源，获取收益同时稳定电网运行，解决新能源大量并网产生的问题。

2020 年 10 月 19 日，华北能监局下发《第三方独立主体参与华北电力调峰辅助服务市场试点规则》，组织聚合商、电力用户、虚拟电厂等第三方独立主体参与华北电力调峰辅助服务市场，辅助电网调峰。

国能日新科技股份有限公司，通过综合能源业务积累了大量的负荷侧用户，华北调峰辅助服务市场开启后，对于参与市场的需求十分迫切，但由于对于辅助服务业务与市场政策不了解，在用户筛选、关键数据获取、预计盈利分析、市场化交易策略等方面存在一定的问题，需要专业的支持，辅助其建立完善的虚拟电厂系统并给予交易策略支持。

10.24.2 系统概述

虚拟电厂平台建设采用两级部署的架构设计，云端进行数据存储和关键业务数据计算，站端进行底层数据采集和边缘计算。平台可聚合分布式光伏、储能、可控负荷等多种能源形式，与华北电网辅助服务平台进行数据交互，实现多种分布式能源的协调优化运行。

通过站端数据聚合、交易辅助、优化控制、运行管理等相关功能实现虚拟电厂的在线集中监控与管理，并通过计划申报、数据上传、指令下发等功能促进整个业务流、信息流的贯通，实现电网调峰需求触发，助力华北电网稳定运行。

国能日新虚拟电厂业务架构如图 10-24-1 所示。

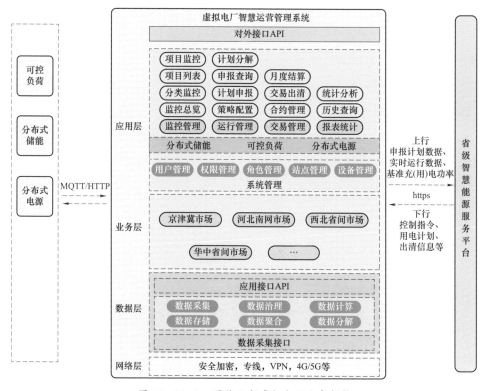

图 10-24-1　国能日新虚拟电厂业务架构

10.24.3　业务模式

（1）模式一：虚拟电厂软件平台建设，并提供业务代运营服务模式。华北综合能源公司需投入资金建设虚拟电厂平台。由华北综合能源公司作为虚拟电厂运营商，参与华北辅助服务市场，国能日新科技股份有限公司提供虚拟电厂软件平台建设支持与平台代运营服务，为用户提供参与调峰辅助服务的一体化解决方案。

（2）模式二：资源签约合作模式。无需做任何投入，在不增加生产成本、不影响生产、不增加用电量的前提下，配合运营人员，确定用电时段调整方案，参与辅助服务市场。

国能日新作为虚拟电厂运营商，参与华北市场，华北综合能源公司作为资源提供方与国能日新开展合作，将资源接入国能日新虚拟电厂平台，产生的收入双方按比例分成。

（3）盈利模式。华北区域的辅助服务主要为填谷市场，目前资源主要以蓄热式电锅炉、用户侧储能、充电桩为主，以京津唐市场为例，10MW 的蓄热式锅炉，每天可通低谷时段过错峰用电，产生约 15MWh 的调峰贡献，整个供暖季，总计可以为业主增收约 10 万元，可以增加新能源消纳约 200 万 kWh，减少二氧化碳排放约 1900t。

（4）预期收益。华北综合能源公司接入资源 120MW 电采暖项目，通过接入虚拟电厂平台参与调峰辅助服务市场后，每天错峰用电 2h，预计每天可创收 2.8 万元；每年 135 天可参与市场，预计可创造补贴收入 378 万元。电采暖项目现场如图 10-24-2 所示。

图 10-24-2 电采暖项目现场

10.25 小结

虚拟电厂在全国范围内展示了多样化的运行模式和应用场景，从冀北虚拟电厂的市场化运行示范到各地的城市型、园区型、区域级别的实践案例，展现了其在电力行业的广泛适用性。上海、深圳、广州等城市虚拟电厂在服务城市型负荷调控方面做出了显著贡献，而宁波虚拟电厂通过源网荷储友好互动直调型实践则在需求响应领域取得了成功。嘉兴虚拟电厂作为多能产业园区型的示范案例，为不同类型能源资源的整合提供了创新思路。

从更大范围来看，南网虚拟电厂作为首个跨省区域级的实践案例，展示了虚拟电厂在协同调度方面的潜力。同时，国网山西虚拟电厂在现货市场下的省域实践为其他地区提供了有益经验。华能浙江虚拟电厂和华电广东虚拟电厂则在实时调节和跨区域自主调度方面创造了国内先例。

这些案例中，不仅有面向用户侧资源聚合的虚拟电厂，还有面向区域用户的虚拟电厂，展示了虚拟电厂在服务不同层级、规模和需求的多样性。从分布储能到微网协同，从负荷型虚拟电厂到可源荷储资源一体型虚拟电厂，这些实践案例充分证明了虚拟电厂在电力行业中的灵活性和适应性，为未来电力体系的智能化和可持续发展提供了丰富的探索路径。

参 考 文 献

[1] 钟永洁，纪陵，李靖霞，等. 虚拟电厂基础特征内涵与发展现状概述 [J]. 综合智慧能源，2022，44（6）：12. DOI：10. 3969/j.issn.2097-0706.2022.06.003.

[2] YOU S. Develope virtual power plant for optimized DG operation and integration [J]. Lyngby，Denmark：Technical University of Denmark，2010.

[3] BLIEK F W，VAN DEN NOORT A，ROOSSIEN B，et al. The role of natural gas in smart grids [J]. Journal of Natural Gas Science and Engineering，2011，3（5）：608－616.

[4] NIKONOWICZ Ł，MILEWSKI J. Virtual Power Plants-general review: structure，application and optimization [J]. Journal of power technologies，2012，92（3）.

[5] MASHHOUR E，MOGHADDAS-TAFRESHI S M. Bidding strategy of virtual power plant for participating in energy and spinning reserve markets—Part I：Problem formulation [J]. IEEE Transactions on Power Systems，2010，26（2）：949－956.

[6] COLL－MAYOR D，PAGET M，LIGHTNER E. Future intelligent power grids：Analysis of the vision in the European Union and the United States [J]. Energy Policy，2007，35（4）：2453－2465.

[7] 钟永洁，纪陵，李靖霞，等. 虚拟电厂智慧运营管控平台系统框架与综合功能 [J]. 发电技术，2023，44（5）：656－666. DOI：10.12096/j.2096-4528.pgt.22105.

[8] 张高. 含多种分布式能源的虚拟电厂竞价策略与协调调度研究 [D]. 上海：上海交通大学，2019.

[9] 程韧俐，周保荣，史军，等. 面向区域统一电力市场的超大城市虚拟电厂关键技术研究综述 [J]. 南方电网技术，2023，17（4）：90－100.

[10] 焦丰顺，张杰，任畅翔，等. 多种绿色能源形态下的虚拟电厂定价机制研究 [J]. 南方能源建设，2020，7（1）：133－139.

[11] 刘沆. 气电耦合虚拟电厂运营优化及风险评价模型研究 [D]. 北京：华北电力大学，2021. DOI：10.27140/d.cnki.ghbbu.2021.000135.

[12] 方燕琼，艾芊，范松丽. 虚拟电厂研究综述 [J]. 供用电，2016，33（4）：8－13.

[13] 封红丽. 虚拟电厂市场发展前景及实践思考 [J]. 能源，2022（7）：5.

[14] 陈丹，赵敏. 发展虚拟电厂技术 促进新能源优化配置与消纳 [J]. 中国电力企业管理，2021（4）：5.

[15] 王宣元, 刘蓁. 虚拟电厂参与电网调控与市场运营的发展与实践 [J]. 电力系统自动化, 2022, 46 (18): 158 – 168.

[16] 杨晓巳, 陶新磊, 韩立. 虚拟电厂技术现状及展望 [J]. 华电技术, 2020, 42 (5): 6. DOI: CNKI: SUN: SLDL.0.2020 – 05 – 013.

[17] 吴静. 分布式资源聚合虚拟电厂多维交易优化模型研究 [D]. 北京: 华北电力大学, 2021.

[18] 钟永洁, 纪陵, 李靖霞. 虚拟电厂基础特征内涵与发展现状概述 [J]. 综合智慧能源, 2022, 6: 25 – 36.

[19] 王宣元, 刘蓁. 虚拟电厂参与电网调控与市场运营的发展与实践 [J]. 电力系统自动化, 2022, 46 (18): 158 – 168.

[20] 陈丹, 赵敏. 发展虚拟电厂技术 促进新能源优化配置与消纳 [J]. 中国电力企业管理, 2021 (4): 5.

[21] 洪瑜, 徐晶, 邱文菁, 等. 双碳背景下虚拟电厂发展趋势 [J]. 中国科技信息, 2023 (21): 145 – 149.

[22] 时下. 国家能源局: 大力提升电力系统综合调节能力 [N]. 机电商报, 2022 – 01 – 10 (A07). DOI: 10.28408/n.cnki.njdsb.2022.000012.

[23] 苏伟. 新业态呼唤电力需求侧管理与时俱进 [N]. 中国电力报, 2023 – 05 – 23 (1). DOI: 10.28061/n.cnki.ncdlb.2023.000600.

[24] 邱燕超. 虚拟电厂悄然走红后何去何从? [N]. 中国电力报, 2022 – 07 – 21 (2). DOI: 10.28061/n.cnki.ncdlb.2022.000992.

[25] 常方圆. 建设新型能源强省, 虚拟电厂蓄势待发 [N]. 河北日报, 2022 – 11 – 07 (5). DOI: 10.28326/n.cnki.nhbrb.2022.007143.

[26] 吴晓刚, 唐家俊, 吴新华, 等. "双碳"目标下虚拟电厂关键技术与建设现状 [J]. 浙江电力, 2022, 41 (10): 64 – 71. DOI: 10.19585/j.zjdl.202210009.

[27] 刘东, 樊强, 尤宏亮, 等. 泛在电力物联网下虚拟电厂的研究现状与展望 [J]. 工程科学与技术, 2020, 52 (4): 3 – 12. DOI: 10.15961/j.jsuese.201901218.

[28] 卫志农, 余爽, 孙国强, 等. 虚拟电厂的概念与发展 [J]. 电力系统自动化, 2013, 37 (13): 1 – 9.

[29] 翁爽. 转型驱动下的需求侧管理变革——专访中国电力企业联合会专职副理事长王志轩 [J]. 中国电力企业管理, 2020, (13): 12 – 14.

[30] 周杰. 日本电力需求侧管理实践启示 [J]. 能源研究与利用, 2018, (5): 25 – 26 + 30. DOI: 10.16404/j.cnki.issn1001 – 5523.2018.05.010.

[31] 李淑静，谭清坤，张煜，等. 虚拟电厂关键技术及参与电力市场模式设计研究 [J]. 电测与仪表，2022，59（12）：33－40. DOI：10.19753/j.issn1001－1390.2022.12.004.

[32] 张凯杰，丁国锋，闻铭，等. 虚拟电厂的优化调度技术与市场机制设计综述 [J]. 综合智慧能源，2022，44（2）：60－72.

[33] 毕竞悦. 虚拟电厂可解"燃眉之急"？ [J]. 法人，2022，（9）：11－14.

[34] 赵婷. 软交换技术在电力通信系统中的应用展望 [J]. 湖北电力，2009（5）：22－23.

[35] 池远帆. 浅谈电力通信设计 [J]. 数字技术与应用，2011（5）：56－56.

[36] 张怡，项中明，马超，等. 电网热稳定输送能力辅助决策系统 [J]. 电网技术，2020，44（5）：2000－2008. DOI：10.13335/j.1000－3673.pst.2019.2205.

[37] 林彦明，张树彬. 智能电网通信技术的研究 [J]. 应用能源技术，2011（6）：43－47.

[38] 黄华. 计及需求响应不确定性和条件风险的虚拟电厂经济调度 [D]. 武汉：武汉大学，2018.

[39] 王成山，武震，李鹏. 微电网关键技术研究 [J]. 电工技术学报，2014，29（2）：1－12.

[40] 郭琳. 基于智能电网的综合通信系统简述[J]. 电子设计工程，2011，19（12）：116－119.

[41] 卫志农，余爽，孙国强，等. 虚拟电厂欧洲研究项目述评 [J]. 电力系统自动化，2013，37（21）：196－202.

[42] 张朋，李瑞生，王晓雷. 微电网通信系统研究与设计 [J]. 计算机测量与控制，2013，21（8）：2209－2212.

[43] 王红然，王书旺. 智能电网系统中变电站通信方案的比较研究 [J]. 信息化研究，2011，37（3）：64－66＋78.

[44] 杨永标，丁孝华，朱金大，等. 物联网应用于电动汽车充电设施的设想 [J]. 电力系统自动化，2010，34（21）：95－98.

[45] 张怡，张锋，李有春，等. 基于智慧输电线路的动态增容辅助决策系统 [J]. 电力系统保护与控制，2021，49（4）：160－168. DOI：10.19783/j.cnki.pspc.200471.

[46] 蒲勇健. 基于物联网协调的电动汽车有序快速充电的一种市场设计模式与预约充电的优化算法 [C] //北京大学，北京市教育委员会，韩国高等教育财团. 北京论坛（2014）文明的和谐与共同繁荣——中国与世界：传统、现实与未来："大都市圈的和谐发展与共同繁荣"专场论文及摘要集. 重庆大学经济与工商管理学院，2014：25.

[47] 马晓云. 物联网业务网关接口子系统的设计与实现 [D]. 北京：北京邮电大学，2013.

[48] 马文瑶. 物联网信息感知与交互技术[J]. 信息记录材料，2021，22（11）：150－151. DOI：10.16009/j.cnki.cn13－1295/tq.2021.11.070.

[49] 李进军. 交互技术在基于物联网的信息感应中的使用探讨 [J]. 电子制作，2013，（23）：

135. DOI：10.16589/j.cnki.cn11-3571/tn.2013.23.143.

［50］胡永利，孙艳丰，尹宝才. 物联网信息感知与交互技术［D］. 北京：北京工业大学，2012.

［51］刘定龙. 试论物联网的信息感知与交互技术［J］. 通信世界，2017（10）：16-17.

［52］王任. 云计算在高校信息化建设中的意义［J］. 数字技术与应用，2012（1）：151-151.

［53］王昌辉. 云计算设备中的大数据特征高效分类挖掘方法研究［J］. 现代电子技术，2015，38（22）：55-58+61. DOI：10.16652/j.issn.1004-373x.2015.22.016.

［54］贾铁军. 基于云计算的智能 NIPS 的结构及特点［J］. 中国管理信息化，2010，13（3）：112-114.

［55］兰许昌，殷瑞祥. 手机云计算的分析与研究［J］. 微处理机，2010，31（3）：114-115.

［56］李冰. 云计算环境下动态资源管理关键技术研究［D］. 北京：北京邮电大学，2012.

［57］武凯，勾学荣，朱永刚. 云计算资源管理浅析［J］. 软件，2015，36（2）：97-101.

［58］王后明. 云计算平台中的任务管理机制研究［D］. 北京：北京邮电大学，2012.

［59］张妙. 大风起兮"云"飞扬——深入解读云计算［J］. 华南金融电脑，2009，17（6）：11-15.

［60］廖力，张涛. 云计算综述及其前景展望［J］. 科技资讯，2009，（29）：210. DOI：10.16661/j.cnki.1672-3791.2009.29.165.

［61］李德毅，陈桂生，张海粟. 云计算热点问题分析［J］. 中兴通信技术，2010，16（4）：1-5.

［62］张宁，王毅，康重庆，等. 能源互联网中的区块链技术：研究框架与典型应用初探［J］. 中国电机工程学报，2016，36（15）：4011-4023. DOI：10.13334/j.0258-8013.pcsee.161311.

［63］区块链应用蓝皮书：中国区块链应用发展研究报告（2019）［J］. 企业观察家，2019，（11）：122-123.

［64］周亮瑾. 基于区块链和分布式数据库的铁路旅客隐私保护技术研究［D］. 北京：铁道科学研究院，2018.

［65］蔡钊. 区块链技术及其在金融行业的应用初探［J］. 中国金融电脑，2016.

［66］袁勇，王飞跃. 区块链技术发展现状与展望［J］. 自动化学报，2016，42（4）：14. DOI：10.16383/j.aas.2016.c160158.

［67］史常凯，张波，盛万兴，等. 灵活互动智能用电的技术架构探讨［J］. 电网技术，2013，37（10）：2868-2874. DOI：10.13335/j.1000-3673.pst.2013.10.002.

［68］丛伟，路庆东，田崇稳，等. 智能配电终端及其标准化建模［J］. 电力系统自动化，2013，

37（10）：6－12.

[69] 路庆东. 智能配电网区域纵联保护原理及实现技术研究［D］. 济南：山东大学，2013.

[70] 王飞，李美颐，张旭东，等. 需求响应资源潜力评估方法、应用及展望［J］. 电力系统自动化，2023，47（21）：173－191.

[71] 王宣元，刘蓁. 虚拟电厂参与电网调控与市场运营的发展与实践［J］. 电力系统自动化，2022，46（18）：158－168.

[72] 贾雨龙. 电力市场环境下需求侧资源聚合响应决策模型研究［D］. 北京：华北电力大学，2020. DOI：10.27140/d.cnki.ghbbu.2020.000023.

[73] 贾雨龙，米增强，刘力卿，等. 分布式储能系统接入配电网的容量配置和有序布点综合优化方法［J］. 电力自动化设备，2019，39（4）：1－7＋16. DOI：10.16081/j.issn.1006－6047.2019.04.001.

[74] 吴巨爱，薛禹胜，谢东亮，等. 电动汽车参与运行备用的能力评估及其仿真分析［J］. 电力系统自动化，2018，42（13）：101－107＋168.

[75] 王明深，穆云飞，贾宏杰，等. 考虑电动汽车集群储能能力和风电接入的平抑控制策略［J］. 电力自动化设备，2018，38（5）：211－219. DOI：10.16081/j.issn.1006－6047.2018.05.030.

[76] 李亚平，姚建国，雍太有，等. 居民温控负荷聚合功率及响应潜力评估方法研究［J］. 中国电机工程学报，2017，37（19）：5519－5528＋5829. DOI：10.13334/j.0258－8013.pcsee.161493.

[77] 张雲钦. 基于深度学习的光伏功率预测模型研究［D］. 太原：太原理工大学，2020. DOI：10.27352/d.cnki.gylgu.2020.001011.

[78] 张怡，张锋，朱炳铨，等. 适用于新能源发电接入的日内滚动发电计划闭环控制系统［J］. 电力自动化设备，2018，38（3）：162－168. DOI：10.16081/j.issn.1006－6047.2018.03.022.

[79] 张亚朋. 含大规模电动汽车的虚拟电厂多时间尺度优化调控与响应成本评估方法研究［D］. 天津：天津大学，2018. DOI：10.27356/d.cnki.gtjdu.2018.002487.

[80] 张亚朋，穆云飞，贾宏杰，等. 电动汽车虚拟电厂的多时间尺度响应能力评估模型［J］. 电力系统自动化，2019，43（12）：94－103.

[81] 山西省能源局关于印发《虚拟电厂建设与运营管理实施方案》的通知［J］. 山西省人民政府公报，2023，（4）：37－43.

[82] 张凯杰，丁国锋，闻铭，等. 虚拟电厂的优化调度技术与市场机制设计综述［J］. 综合智慧能源，2022，44（2）：60－72.

[83] 张斌，司大军，李文云，等. 计及多类型可调度柔性负荷响应的电力系统经济调度策略

［J］. 电工电能新技术，2023，42（4）：39–47.

［84］ 屈富敏，赵健，蔡帜，等. 电动汽车与温控负荷虚拟电厂协同优化控制策略［J］. 电力系统及其自动化学报，2021，33（1）：48–56. DOI：10.19635/j.cnki.csu–epsa.000589.

［85］ 范雅倩，于松源，房方. 热电联产虚拟电厂两阶段分布鲁棒优化调度［J］. 系统仿真学报，2023，35（5）：1046–1058. DOI：10.16182/j.issn1004731x.joss.22–0059.

［86］ 李翔宇，赵冬梅. 基于模糊–概率策略实时反馈的虚拟电厂多时间尺度优化调度［J］. 电工技术学报，2021，36（7）：1446–1455. DOI：10.19595/j.cnki.1000–6753.tces.200929.

［87］ 王佳惠，牛玉广，陈玥，等. 电–碳联合市场下虚拟电厂主从博弈优化调度［J］. 电力自动化设备，2023，43（5）：235–242. DOI：10.16081/j.epae.202303042.

［88］ 程韧俐，周保荣，史军，等. 面向区域统一电力市场的超大城市虚拟电厂关键技术研究综述［J］. 南方电网技术，2023，17（4）：90–100+131. DOI：10.13648/j.cnki.issn1674–0629.2023.04.009.

［89］ 谈金晶，王蓓蓓，李扬. 系统动力学在需求响应综合效益评估中的应用［J］. 电力系统自动化，2014，38（13）：128–134.

［90］ 葛鑫鑫，付志扬，徐飞，等. 面向新型电力系统的虚拟电厂商业模式与关键技术［J］. 电力系统自动化，2022，46（18）：129–146.

［91］ 黄莉，周赣，张娅楠，等. 考虑贡献度的聚合商需求响应精准评估与动态激励决策［J］. 电力工程技术，2022，41（6）：21–29.

［92］ 曾博，白婧萌，郭万祝，等. 智能配电网需求响应效益综合评价［J］. 电网技术，2017，41（5）：1603–1612. DOI：10.13335/j.1000–3673.pst.2016.1982.

［93］ 程韧俐，周保荣，史军，等. 面向区域统一电力市场的超大城市虚拟电厂关键技术研究综述［J］. 南方电网技术，2023，17（4）：90–100+131. DOI：10.13648/j.cnki.issn1674–0629.2023.04.009.

［94］ 吴昊，甄敬怡. 电力现货市场基本规则出台［N］. 中国改革报，2023–09–20（5）. DOI：10.28074/n.cnki.ncggb.2023.001278.

［95］ 吴清普，翟亚婷，范文杰，等. 虚拟电厂参与现货市场运营研究［J］. 石家庄职业技术学院学报，2023，34（4）：47–51.

［96］ 冯家贤，郭强，刘佳婕. 国内虚拟电厂市场机制与应用综述［J］. 山西电力，2023，（2）：5–8.

［97］ 李嘉媚，艾芊，殷爽睿. 虚拟电厂参与调峰调频服务的市场机制与国外经验借鉴［J］. 中国电机工程学报，2022，42（1）：37–56. DOI：10.13334/j.0258–8013.pcsee.202152.

［98］ 赵建立，向佳霓，汤卓凡，等. 虚拟电厂在上海的实践探索与前景分析［J］. 中国电力，

2023, 56 (2): 1-13.

[99] 杨梓俊, 荆江平, 邓星, 等. 虚拟电厂参与江苏电网辅助服务市场的探讨 [J]. 电力需求侧管理, 2021, 23 (4): 90-95.

[100] 负佩宏. 售电公司电力中长期交易经营决策研究 [D]. 北京: 华北电力大学, 2019. DOI: 10.27140/d.cnki.ghbbu.2019.001135.

[101] 肖伟栋, 刘耀, 蒋纯冰, 等. 面向源荷互动的建筑-电网数据共享现状与展望 [J]. 暖通空调, 2023, 53 (12): 76-85. DOI: 10.19991/j.hvac1971.2023.12.11.

[102] 杨悦勇. 基于电价预测的电力现货市场自适应竞价策略研究 [D]. 广州: 华南理工大学, 2021. DOI: 10.27151/d.cnki.ghnlu.2021.002086.

[103] 赵力学. 基于混合 BP 神经网络的河流水位流量预测方法研究 [D]. 武汉: 武汉理工大学, 2019. DOI: 10.27381/d.cnki.gwlgu.2019.000622.

[104] 张高. 含多种分布式能源的虚拟电厂竞价策略与协调调度研究 [D]. 上海: 上海交通大学, 2019. DOI: 10.27307/d.cnki.gsjtu.2019.000274.

[105] 王力科, 杨胜春, 等. 需求响应国际标准体系架构研究 [J]. 中国电机工程学报, 2014, 34 (22).

[106] 陈宋宋, 闫华光, 等. 我国需求响应标准体系研究综述 [J]. 供用电, 2017, 3 (2).

[107] 张凯, 冯剑, 等. 面向泛在电力物联网的需求响应标准体系研究与设计 [J]. 中国标准化, 2019, P110-114.

[108] 屠盛春, 刘晓春, 张皓. 上海市黄浦区商业建筑虚拟电厂典型应用 [J]. 电力需求侧管理, 2020, 22 (1): 52-57.

[109] 王伟, 刘敦楠. 面向"双碳"目标的上海虚拟电厂运营实践 [J]. 中国电力企业管理, 2022, (13): 64-66.

[110] 曾鸿钧, 叶昕炯, 曾建梁, 等. 党建在新型电力系统建设中作用显著 [J]. 当代电力文化, 2023, (8): 58-59.

[111] 姜新凡, 胡江艳, 黄娟, 等. 面向源网荷储互动的虚拟电厂建设现状及对策探讨 [J]. 大众用电, 2023, 38 (2): 52-54.

[112] 游大宁, 刘航航, 鲍冠南, 等. 源网荷储多元协同调度体系研究与实践 [J]. 浙江电力, 2021, 40 (12): 20-26. DOI: 10.19585/j.zjdl.202112003.

[113] 杨昆. 虚拟电厂发展现状及相关建议 [J]. 旗帜, 2022, (12): 52-53.

[114] 夏冬, 吴俊勇, 贺电, 等. 一种新型的风电功率预测综合模型 [J]. 电工技术学报, 2011, 26 (S1): 262-266. DOI: 10.19595/j.cnki.1000-6753.tces.2011.s1.043.

[115] 刘扬洋. 风险管理下的虚拟电厂优化调度和竞价策略研究 [D]. 上海: 上海交通大学,

2016. DOI：10.27307/d.cnki.gsjtu.2016.000170.

[116] 帅江华，张俊飞，张建良. 基于分布式平滑控制的光伏群输出功率控制研究［J］. 可再生能源，2019，37（9）：1274 – 1279. DOI：10.13941/j.cnki.21 – 1469/tk.2019.09.002.

[117] 朱月阳. 规模化电动汽车充电功率分配策略研究［D］. 兰州：兰州理工大学，2021. DOI：10.27206/d.cnki.ggsgu.2021.000484.

[118] 赵玉强. 空调负荷参与需求响应的调控策略研究［D］. 南京：南京师范大学，2021. DOI：10.27245/d.cnki.gnjsu.2021.001016.

[119] 翟笃庆，李常，吕学山，等. 微网控制系统架构及控制方式研究［J］. 南方能源建设，2016，3（2）：113 – 117. DOI：10.16516/j.gedi.issn2095 – 8676.2016.02.022.

[120] 陈皓勇，黄宇翔，张扬，等. 基于"三流分离 – 汇聚"的虚拟电厂架构设计［J］. 发电技术，2023，44（5）：616 – 624.

[121] 施婕，艾芊. 智能电网实现的若干关键技术问题研究［J］. 电力系统保护与控制，2009，37（19）：1 – 4 + 55.

[122] 赵昊天，王彬，潘昭光，等. 支撑云 – 群 – 端协同调度的多能园区虚拟电厂：研发与应用［J］. 电力系统自动化，2021，45（5）：111 – 121.

[123] 汪莞乔，苏剑，潘娟，等. 虚拟电厂通信网络架构及关键技术研究展望［J］. 电力系统自动化，2022，46（18）：15 – 25.